高等学校通识教育系列教材

GENERAL

木工技艺

CARPENTRY

尚 斌 | 林裕熙 | 洪 缨 | 范乾坤 编著

U0180825

中国建筑工业出版社

高等学校通识教育系列教材

图书在版编目（CIP）数据

木工技艺 = Carpentry / 尚斌等编著 . —北京：
中国建筑工业出版社，2023.12
高等学校通识教育系列教材
ISBN 978-7-112-29196-0

Ⅰ.①木… Ⅱ.①尚… Ⅲ.①木工—高等学校—教材
Ⅳ.① TU759.1

中国国家版本馆 CIP 数据核字（2023）第 186347 号

为了更好地支持相应课程的教学，我们向采用本书作为教材的教师提供课件，
有需要者可与出版社联系。
建工书院：https://edu.cabplink.com
邮箱：jckj@cabp.com.cn 电话：（010）58337285

责任编辑：柏铭泽 陈 桦
责任校对：王 烨

高等学校通识教育系列教材
木工技艺
CARPENTRY
尚 斌 林裕熙 洪 缨 范乾坤 编著
*
中国建筑工业出版社出版、发行（北京海淀三里河路 9 号）
各地新华书店、建筑书店经销
北京雅盈中佳图文设计公司制版
北京市密东印刷有限公司印刷
*
开本：880 毫米 ×1230 毫米 1/16 印张：23¼ 字数：613 千字
2023 年 12 月第一版 2023 年 12 月第一次印刷
定价：69.00 元（赠教师课件）
ISBN 978-7-112-29196-0
（41825）

前　言

钻木取火、构木为巢。木材取材方便，色泽温润，纹理美丽，亲和力强，还能够调节环境湿度，保温避震，是人类生活中不可或缺的材料之一。古往今来，以木材制作的建筑和家具提供给我们遮风避雨的场所，让我们坐有凳，卧有床，承有桌，藏有柜。此外，木材在文创产品、工艺品、家居用品及儿童玩具等领域的应用也愈发广泛，深入到我们工作、生活和学习的方方面面，带给我们更有品质的生活体验。

作为充分享有丰富物质生活的现代人，从事的脑力劳动越来越多，而动手能力却在不觉间有所衰退。木工是一门手、眼、脑并用的综合性劳动，要求工作者全神贯注，用脑思考、用眼观察、用手制作。不仅要付出较为艰辛的体力劳动，忍受长时间的重复性劳动，还要审曲面势、操作得当、制作精良、美观实用。所以，木工学习，不仅是对于一门谋生技能的学习，更能够锻炼学习者的耐心和意志，以及对于品质的不懈追求，对于培养劳动精神、工匠精神大有裨益。

本书知识和技能并重。由第 1 章导论引入中华木工文化和木工技艺，从鉴赏优秀木作开始，为学习者打开木工技艺的大门。第 2 章详细讲解木材的各项知识。只有充分了解木材的构造特征、物理特性，学会辨识木材，根据需求合理选料等，才能更好地应用木材创作出精良的木艺作品。木材能够制作的产品丰富多样，各种工具和技法也花样繁多。第 3 章到第 6 章是对木工工具和技艺的全面讲解。这 4 章从木工工具认知、木工工作法、木工接合和表面处理工艺等多个角度对木工工作的全流程进行了详细的理论讲解与操作演示，内容紧扣当前行业实际，理实结合，手脑并练，教学做合一，并留有一定的灵活操作空间。第 7 章安排了 10 个典型案例，介绍了不同结构造型的木作的制作方法。每个案例综述工作目标、整体尺寸、参考图纸、物料列表、设备工具、耗材辅料、工作程序等，展示详尽的操作步骤，具有较强的可参考性。本书每个操作演示和案例均配有相应的视频文件，方便集中教学或对照自学。

本书以细木工实木制作为主要讲解内容。特点之一是将古今中外木工工具、技艺统筹纳入，内容较为丰富、全面，可让读者在贯穿传统到现代的视野中，与国内外木工行业同步现代木工装备和技术成果，不拘一格，制作出贴合当下工艺和审美的创新型木作。特点之二是系统性、操作性强，行文追求简明扼要，注重操作，以明晰的步骤和大量图示展示理论知识、工具、操作方法和制作案例，直观易懂，实用性强。但受作者研究领域所限，本书较少涉及板式家具、建筑及室内装修等木工工作，所述设备及工具适合学校实验室、个人工坊及中小型木作企业，对现代木制品工厂的新型多流程、数控及智能制造设备较少论及。

本书为《高等学校通识教育系列教材》之一。可作为高等学校通识教育类、劳动教育类或设计实践类课程的参考教材，也可作为大中专职业院校木工技术类专业的课程教材，同样可成为广大木工爱好者的自学用书。

本书写作过程中，参考了很多国内外木工技术文献资料；部分图片来自设备厂商和从业者的无私提供；成书过程中，很多专业技术人员为本书内容提供了非常有价值的咨询信息；罗萍嘉教授担任本教材主审专家，并对本书的修改提出了非常有价值的建议；编辑柏铭泽老师为本书的出版付出了大量辛苦的工作；另外，本书还受到中国矿业大学教学改革重点项目（工科高校公共艺术课程数字化转型问题研究：智慧生成与模式创新2022DLZD07）资助。在此一并表示崇高的敬意和衷心的感谢！

因时间有限、作者水平有限，本书不当和错漏之处定然较多。还望同行监督批评，望读者不吝指教！

目 录

操作演示索引

【特别提醒】

参照操作演示工作前，应先熟读该节内容，尤其是安全操作注意事项，务必在保证安全的基础上开始操作。

扫码观看书内操作演示
（需先关注"建筑出版"，方可观看视频）

第1章　导论

1.1　木与中华文明

树木是地球上分布最为广泛的生物资源之一。人类自诞生起，就与树木结下了不解之缘。在石器时期之前，人类祖先就使用木棍当作拐杖支撑身体站立。《韩非子·五蠹（dù）》中记载："上古之世，人民少而禽兽众，人民不胜禽兽虫蛇。有圣人作，构木为巢以避群害，而民悦之，使王天下，号曰有巢氏。"这里的有巢氏就是三皇五帝中的第一位"皇"。自那时起，人类就栖居在树上以躲避猛兽。后来人们将木棍的端头磨尖，使之成为狩猎工具，人类拥有了对付大型野兽的武器，逐渐开始在地面上生活。

人类从被森林大火烧熟的动物身上发现了熟食的好处，就想方设法保存自然火种。然而这样做是非常困难的。传说燧人氏通过钻木取火获得了人造火种，祖先们告别了"茹毛饮血"的生食时代。燧人氏因此被奉为"燧皇"，也就是"三皇"中的第二位"皇"。"三皇"中的第三位"皇"就是神农氏。《周易·系辞下》记载："神农氏作，斫木为耜，揉木为耒，耒耜（耨）之利，以教天下。"神农氏发明了木作农具，教会人们耕田种地，我们的祖先进入到了农业文明时代。

《周易·系辞下》还记载了黄帝、尧帝、舜帝带领人们"刳木为舟，剡木为楫，舟楫之利，以济不通……断木为杵，掘地为臼，杵臼之利，万民以济……弦木为弧，剡木为矢，弧矢之利，以威天下……上古穴居而野处，后世圣人易之以宫室，上栋下宇，以待风雨"（图1-1）。《尚书·禹贡》记载，大禹"随山刊木""桑土既蚕"。从这些记载中我们了解到，至五帝时代，人们已经学会了使用木材制造舟楫、杵、弓矢、房屋等生存器具和建筑生活居所，还学会了使用木材标记地界，栽桑养蚕。另外，大禹还组织人们广泛种植树木，表明当时人类已经有了与自然和谐相处的意识，有了可持续利用树木的观念。传说，大禹还发明了筷子，可以从热鼎中捞取熟食。通过上述内容我们可以看出，在上古蛮荒时代，人类已经开始就地取材，使用树木为生活谋取便利。进入农业时代后，社会生产力进步，文明得以快速发展，文化得以快速传播，木材的应用就更加广泛。可以说，树木为早期中华文明的生存与发展，作出了不可磨灭的贡献。

下面，我们从五个方面简单阐述一下木与中华文明的密切关联。

1. 思想认知方面

我国先民自古就喜欢木，追求"天人合一"。木是阴阳五行之一，是唯一具有生命的元素。木属东方，属水，古人赋予木深厚的文化意味。我国的先哲圣贤常以木论道，留下了诸多经典传说和富有哲理的论断。例如，老子就以车辐轮毂和门窗户室来辩证"有"和"无"的关系。庄子说："既雕既琢，复归于朴。"认为雕琢木材，应该保留木材自然之美。

原始巢居　　　　橧巢　　　　干栏

图1-1　原始时期木建筑的发展过程

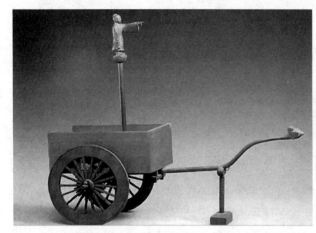

图1-2 指南车

图1-3 木刻活字

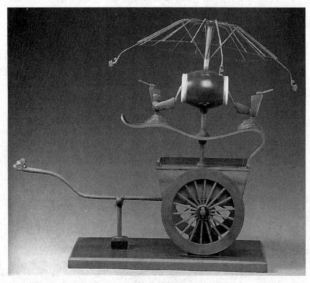

图1-4 计里鼓车

孔子有"朽木不可雕也""岁寒,然后知松柏之后凋也"的感叹。孟子则言:"大匠不为拙工改废绳墨""梓匠轮舆能与人规矩,不能使人巧"。又说"斧斤以时入山林,材木不可胜用也。"其意是砍伐木材要根据时令节气,取之有道,则木材便可取之不尽。《荀子·劝学》有云:"木直中绳,輮以为轮,其曲中规,虽有槁暴,不复挺者,輮使之然也,故木受绳则直,金就砺则利,君子博学,而日参省乎己……",又阐明"锲而舍之,朽木不折,锲而不舍,金石可镂。"墨子更是出身工匠。《韩非子·外储说左上》记载:"墨子为木鸢,三年而成。"《鲁问》记载墨子"须臾斲(刘)三寸之木,而任五十石之重",赞其制作木轮又快又结实。《韩非子·有度》以木论法:"巧匠目意中绳,然必先以规矩为度。"诸子百家的这些论断,至今已然成为中华文化的重要组成部分,融入了中华文明的血脉。

2.科学技术方面

传说黄帝发明了指南车(图1-2)。工匠鲁班发明了墨斗、凿、曲尺等诸多木工工具,还曾"削竹木以为鹊,成而飞之,三日不下"。蔡伦发扬了造纸术。诸葛亮设计了木牛流马。孙思邈发现了火药。毕昇发明活字印刷,王祯又在毕昇泥活字的基础上发明了木刻活字(图1-3)。木匠万户第一次尝试了火箭飞天。黄道婆完善了织布机……这些都是与木相关的发明创造。此外,古人还使用木材制作了算筹、算盘等计算工具,制作了升、斗、斛、石等计量工具,制作了尺子、计里鼓车(图1-4)、墨斗等测量划线工具,制作了圭表(图1-5)、日晷等计时工具,这些科技发明,也都与木息息相关。在发展技术之余,古代文人和工匠还通过文字记录了木工技艺的发展。例如战国时期的《考工记》,北宋的《营造法式》,元代的《梓人遗制》,明代的《鲁班经》《长物志》《园冶》,清代的《工程做法则例》《营造法原》等。这些著作是当时匠人们从事木工作业的教科书。

3. 文化艺术方面

人们用木来制作乐器，如笛、箫、琴、筝、鼓、瑟等，让生活有了音律相伴。人们用木来绘画雕饰，如木版画、木活字，雕梁画栋等，让生活有了艺术装饰。人们用木来制作各类工艺装饰品，如木玩具、木雕工艺品、木家什等，让生活有了情趣雅致。人们用木来制作文房四宝，如笔、墨、纸、砚等，让生活有了文化底蕴。

4. 文学创作方面

自仓颉造字至今，我国与木相关的汉字多达一千多个，与木相关的成语多达两百多个，与木相关的诗词歌赋和文学名篇更是数不胜数。自屈原长叹"惟草木之零落兮"，李白坐胡床"低头思故乡"，杜甫愁吟"无边落木萧萧下"，苏轼"又恐琼楼玉宇"，马致远见"枯藤老树昏鸦"而断肠天涯，杨慎"白发渔樵江渚上"，到高鼎"拂堤杨柳醉春烟"。古往今来，古人借木咏怀，留下大量文学名篇。

5. 生活起居方面

人们的衣食住行同样离不开木。自远古时代起，人们使用树叶、树皮制作衣物，到栽桑养蚕、种麻采棉，纺织衣物，借助木来御寒保暖；人们采集树上的果实，钻木取火制作熟食，到使用木材制作各种食具，借助木来充饥果腹；人们构木为巢，到使用木材建造各种房屋建筑、室内外家具，借助木来营造居室环境；人们借助木棍行走，到搭木为桥（图 1-6）、刳木为舟、斫木为轮、雕木为轿，借助木来行走天下。

可以看出，古往今来，木材都是中国人生活中不可或缺的原料。从木建筑、木家具，到各种木制用品，木与人们的生活息息相关，如影随形。木给人们的生活带来了巨大的便利，也为文化的发展立下了不朽功勋。中国人用木、爱木，还赋予了木制品深厚的文化意味。对木材的打磨加工和精雕细刻，记录了中

图 1-5　圭表

图 1-6　《清明上河图》中的木结构桥梁

华文明数千年的文化与历史。一件件巧夺天工的木制工艺品、木家具，以及或雄伟或精致的木建筑，都承载着中国人的智慧和中华文明数千年的文化底蕴。

时至当代，人们依然将木应用于社会生活的方方面面。虽然，科技的进步让我们对材料有了更多选择，但是木材取材方便、容易加工、减震绝缘、强重比大、温润宜人、调温调湿、亲和宜居的种种特性，让我们对木依然有不舍的情感。木材，作为可再生资源，必将陪伴人类走向未来。

1.2　木工工具的演化

子曰："工欲善其事，必先利其器。"自古以来，人们的工作和生活，都需要借助各种工具。能否使用和制作工具是人类区别于动物的主要特征之一。

据考古发现，在旧石器时代早期，人类先祖已经开始将石片制作成刮削器、砍斫器和尖状器等（图1-7、图1-8）。刮削器的刃口形状多样，可以用于刮削木棒、割制兽皮等。后来，石器形状进一步改良，出现了砍砸器，可以用于砍伐树木、制作木棒。刮削器和尖状器也进一步细化，功能也更加完善。可见在旧石器时期，人类祖先已经开始使用石器作为加工木材的工具。

到了一万多年前的新石器时期，石器技术有了较大进步。人类制作的石器器型更加完善，刃口更加锋利，并且进行了磨光处理。在这一时期，旧石器时期的砍砸器发展为石斧、石锛、石凿等，刮削器发展为石刀、石铲等，尖状器发展为锥、钻等工具。此外，加工木材的工具除了石器，还有骨、角、蚌、陶等材料（图1-9）。

从旧石器末期开始，人们已经尝试在石器等工具上钻孔，捆绑上木棍或骨头，制作各种复合工具。例如骨刃木器、石刃木器、石刃骨器等（图1-10）。到了新石器时期，人们完善了捆绑和榫卯嵌套的方法，制作的工具更加精良。例如杭州老和山及徐州高皇庙出土的石斧，斧腰部带有系绳的凹槽，可以将木柄的一端嵌入，使用绳索绑紧。江苏溧阳出土的带木柄石斧，木柄端部开出卯眼，将石斧嵌入其中。新石器时期的石斧出土分布较广，在我国东北地区、黄河流域、长江流域、珠江流域等都有较多发现。石斧主要用于砍伐树木、耕种、加工木料、营造房屋。在北方仰韶文化和浙江河姆渡遗址中，都能看到使用石斧加工的柱子、梁架等木构件（图1-11）。石锛是与石

图1-7　人类祖先制作石器

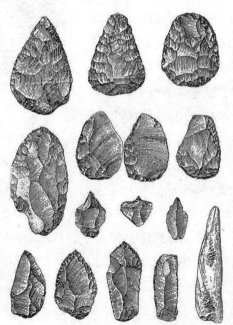
图1-8　各种石器造型

图1-9　不同材质的木材加工工具

图 1-10　各种石器时期的复合工具还原展示

图 1-11　浙江余姚新石器时期河姆渡遗址

斧功能相近的工具，也用于砍斫木材。石锛的刃口安装方式与石斧不同，主要用刨的方式砍削木料。溧阳沙河出土的石锛端头具有榫头的形状，可以安装到木柄上的卯眼内。

在新石器时期遗址中，还发现了较多石楔、石凿、骨凿、骨锥等工具。石楔主要用于劈裂木料，石凿、骨凿和骨锥主要用于在木料上凿钻孔洞。河姆渡遗址出土的带有榫卯的木构件有数十种，说明当时的木工工具和木建筑技术已经发展到了较高的水准（图 1-12）。河姆渡遗址还曾出土一件红漆木碗，证明那个时期人们已经初步掌握了漆器的技术，并能够借助磨石把木碗进行磨光处理了（图 1-13）。总结起来，到新石器时代末期，已经有斧、楔、锛、铲、凿、锯、砥石等木工工具的雏形。

金属工具的出现是人类历史上划时代的大事件。公元前 3000 多年的马家窑和齐家文化遗址中，出土了青铜器。其形制有刀、锥、凿、斧等，皆装有木柄，多为对石器工具的造型仿制。至夏商周时期，青铜器已经成为主要的生产工具。用于木材加工的青铜工具有斤、斧、凿、钻、刀、削、锯、锥等（图 1-14）。《周礼·考工记》记载："金有六齐，六

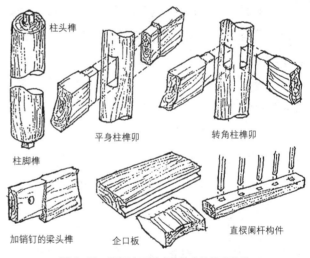

图 1-12　河姆渡干栏式建筑中的榫卯构造

图 1-13　河姆渡遗址出土的红漆木碗

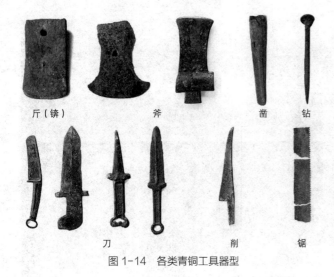

斤（锛）　　　斧　　　凿　钻

刀　　　　　削　　　锯

图 1-14　各类青铜工具器型

分其金而锡居一，谓之钟鼎之齐；五分其金而锡居（其）一，谓之斧斤之齐。"可见，那时候工匠已经掌握了制作刃具的合金的比例。

青铜时代，伐木的主要工具是斧、斤。偶尔用锯，可以用于锯断树木小枝；解木的工具有斧、凿、楔等；粗平木材的工具主要为斤，细平木材的工具是鐁，磨光木材用砻，也就是砥石和砺石；用于木作雕刻的工具主要有凿和刀等；用于榫卯制作的工具为凿和铲。

下面分别简单介绍一下：

青铜斧是由石斧演化而来，种类较多。主要用于伐木或木材的粗加工，还可以用于劈裂木料，加工胚料。

青铜工具中的斤，也就是锛，也主要用于伐木或木料的粗加工。《孙子》曰："良匠提斤斧造山林"，点明了斧斤的主要作用。

青铜凿主要用于凿孔或挖槽，上宽下窄，可以用木槌敲打。《说文解字》中记："凿，所以穿木也。"

锥和钻主要用于在甲骨或木材上穿孔。考古发现的青铜锥主要为尖端细的长条形，青铜钻基本为两面开刃的形制。

刀主要用于刻画或雕刻。削主要用于刮削，可作平木或雕刻用。

在青铜器时期，锯的形制就被发明出来了。青铜锯多为刀锯，主要用于锯解竹、木、骨、角等小料。

锉自石器时期就有应用。《诗经·小雅·鹤鸣》云："他山之石，可以为错。"金属时代的锉可以用于打磨竹、木、骨、角等物品。

鐁是一种柳叶状的刮削器，安装在木柄上，可用于刮平木料，是精细平木的工具。

青铜器的使用一直延续到战国时期，与铁器并存过一段时间。铁器的淬火技术也是延续了青铜器的淬火工艺。战国中期以后，铁器代替铜器和木、石、骨、蚌器，成为主要的生产工具。至战国中晚期，铁器的使用及传播已经相当广泛。铁制工具的使用，使得大规模的土木工程成为可能。铁质的木工工具有锛、斧、锯、凿、锉、锥、钻、鐁、铲等。这一时期，铁质锯有了较大的进步，锻造的锯片厚度越来越均匀，越来越薄，锯片长度也越来越长。

到了商周时期，除了制作工具大大改良之外，辅助工具也有了较大进步。相传"规、矩、准、绳"是尧舜时期名为"垂"的工匠发明的。经过不断发展演变，在商周时期的工程和木作中应用越来越频繁。《管子·乘马》记载："城郭不必中规矩，道路不必中准绳。"表明到了春秋战国时期，规、矩、准、绳已经成为土木工程测量划线的实用器具。《孟子·离娄上》有云："不以规矩，不能成方圆。"这里的规是用于画圆的工具，功能近似于现代的圆规；矩是用于画方的工具，类似现在我们用的直角尺；准是用水位来测量水平的工具，功能近似于我们现在用的水平尺；绳墨是用来测量垂直或者划线用的，至今仍然被用于建筑工程中。在明代著作《三才图会》中，对规矩准绳有相关的图示（图 1-15）。

我国在西汉后期进入完全的铁器时代。魏晋南北朝时期，是制钢技术大发展的时期。这一时期木工工具的一大进步就是钢制刃具的普遍使用。锻造技术也取得了较大的进步，锯的形制也更加完善。

到了唐宋时期，木工工具出现了较大的变化。唐初木工锯已可以用于锯解大木，这是木工技术史上的一个巨大进步。到了北宋时期，有了专门以锯

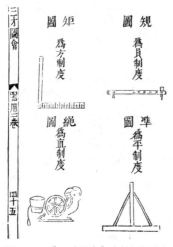
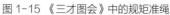

图 1-15　《三才图会》中的规矩准绳

图 1-16　《清明上河图》中的木匠铺子

解木材为职业的工匠。解木锯的应用改革了我国的木料制材技术，促进了建筑大木作和细木作技术的发展。随着南宋晚期平推刨的发明，木匠们有了更加精良的平木工具。在这一时期，伐木工具使用斧和锯，解木主要用锯，平木使用斧和锛，并且开始使用木工刨，制作榫卯也开始使用框锯和凿。在宋代名画《清明上河图》中我们可以看到，北宋时期已经有专门的木匠铺子，木匠们已经在使用框锯等工具制作细木作家具了（图 1-16）。

到了明代，我国的平推刨得到了广泛的应用，各种线脚刨也开始出现。刨的广泛使用，推动了家具等细木作的兴盛。加上夹钢、嵌钢等钢铁技术的进步，工匠们可以进行硬木家具的制作了，因而促成了享誉中外的明式家具的繁荣发展。

明代起，我国传统木工工具的形制和配套使用方式已经完全成熟。这一时期，以斧和锯作为主要的伐木工具，以框锯为解木的主要工具，以平推刨作为平木的主要工具，以锛和单刃斧作为平木的辅助工具，以凿和锯作为制作榫卯的主要工具，以凿和刀作为雕刻的主要工具。这些工具的应用方式，一直传承至今（图 1-17）。清代的木工工具在明代基础上有了一些缓慢的发展，但是没有更大的创新。

可以说，我国木工技艺到明代已经基本成熟，我

们现在用的传统木工工具大多定型在明代中期以后。在这之后的时期，工具的进步主要体现在制作手段的日益成熟和材料的更广泛应用。例如，由于制钢技术的不断进步，刃具的用料也在进步。根据木材硬度较低，抗冲击较强的特点，人们可以选用如碳素工具钢、合金工具钢、高速钢和硬质合金等来制作不同的刃具，将其在弹性、韧性、硬度、耐磨性等方面的特性，用于不同的使用场合。

李浈教授在《中国传统建筑木作工具》一书中，用这张表直观展示了我国木作加工工具的演变历程（图 1-18）。

随着西方工业革命的进步，各类木工机械被陆续发明出来。民国时期开始，以电力驱动的木工机械和手持工具逐渐引入我国，改变了我国木工行业的常用技术手段。尤其是近几十年，随着数字技术的进步，木作加工行业也进入到工业 3.0 时代，各种数控机床和智能制造设备极大地提高了木工工作的效率和精度，木工行业进入到了新时代（图 1-19、图 1-20）。

纵观当前我国的木工行业，存在着传统手工工具、传统木工机械、手持电动工具和智能制造设备并存并用的现状（图 1-21）。在手工工具领域，日式工具和欧式工具也逐渐成为木工工作者的可选工具（图 1-22、图 1-23）。而我国的木工机械和制造设备

图 1-17 传承延续下来的各类木工工具

工序	工具	石器时代	青铜时代	铁器时代前期		铁器时代中期												铁器时代后期	
			夏 商 西周	春秋	战国 秦 西汉	东汉	三国	两晋	南北朝	隋唐	五代	北宋	南宋	元	明		清	今
伐木	斧 斤																	
解木制材	锯 锉 斫 锛 斤 锯																	
平木	斤 削 锛 锤 斧 铇																	
制榫及雕刻	凿 锉 钻 制圆																	

图 1-18 我国木作加工工具的演变历程

图 1-19 数控加工

图 1-20 智能制造中心

图 1-21　各类手持电动工具

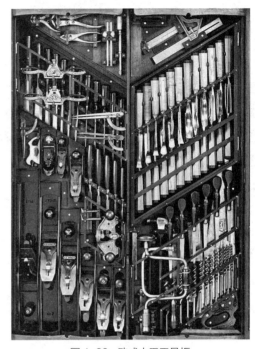

图 1-22　欧式木工工具柜

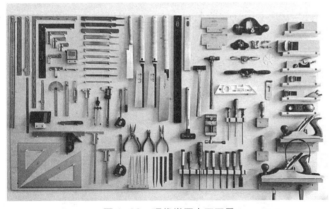

图 1-23　现代常用木工工具

也在近些年有了较大的进步，很多精良的木工设备和工具也出口到国外，赢得海外消费者的青睐（图 1-24~ 图 1-26）。

在本书第 3 章，我们将详细介绍当前木工行业常用的各种工具和器械。

【拓展思考】

1. 我国传统木工工具对世界的影响有哪些？
2. 木工工具的未来发展趋势是怎样的？传统手工工具会被淘汰吗？

图 1-24　国产木工车床

图 1-25　国产异形曲面砂光机

图 1-26　国产自动送料平刨

1.3 木工技艺的发展历程

工具的使用与演变是一个渐进的过程，贯穿于人类生产生活的漫长历史中。在这个进程中，人们对于工具的使用越来越熟练，对材料的认知越来越充分，积累了大量的实践经验，所加工制作的器物也就愈发成熟，木工技艺也就随之发展起来了。可以说，木工技艺的发展，与木工工具的演变是相辅相成的。

在旧石器时代早期，人类所能够制作的木质器具主要为各种木棒及一头削尖的木质长矛等，借助各类石器砍砸和刮削制得，比较粗糙。在旧石器时代后期，发明了磨削技术，能够将工具及其制品打磨得更为光滑圆润（图1-27）。还发明了钻孔技术，能够在石器和木质器物上挖出孔洞，以方便穿绳捆绑。自那时起，人类已经初步开始使用"伐""斫""砍""削""磨""钻"等基本的木作技术了。

到了新石器时期，工具加工技术有了一定的进步，各种石器更加尖锐，工作效率大大提高。这个时期，人类已经开始大量使用复合工具。将木棍和石器、骨、蚌、陶等穿孔，捆绑在一起，组合成为更加高效的木作加工工具。在新石器晚期，良渚文化的张灵山遗址和南京北阴阳营遗址都有出土过肩石斧。将

石器的后端做出肩形，然后装入木棒的孔洞中，这便是榫卯技术的雏形（图1-28）。这一时期，石斧和石锛的加工能力增强，除了用于伐木和去除枝丫，单刃的石锛和石斧还能够将木材表面加工得更为平整、精细，用于制作建筑中的梁柱结构，同时还能制作木桨、木耜等更具实用功能的木器。这一时期的石斧还使用了弧形刃口的造型，可以进行划拉操作，这是一种"切"的技术。此外，这个时期已经开始使用骨凿、石凿、骨锥、石楔等多样的木作加工工具。"凿""雕""钻孔""裂解"等木作技术得到了发展。

本书第1.2节介绍过，在距今7000多年的浙江余姚河姆渡遗址，考古学者们发现了干栏式建筑群，并发掘出大量的木结构件和木质器具。建筑构件已经出现直榫、柱头榫、企口榫、加销榫等榫卯形态。这表明当时的人们已经学会将木材作为结构件使用，有了装配组合的概念，形成了原始的木结构建筑技艺（图1-29）。另外，该遗址出土的红漆木碗（图1-13），证明了至少在7000多年前我国的先民已经发现了漆的用途，开始制造漆器。这应该看作我

图1-27 打磨光滑的石器

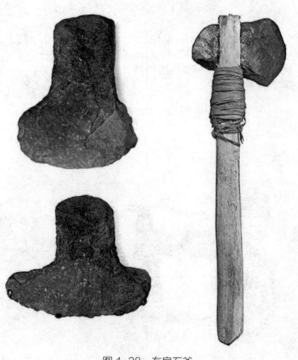

图1-28 有肩石斧

国最早的表面涂装技术。后来，在距今 3000 多年的辽宁敖汉旗大甸子遗址中，也出土过斛形朱漆器皿，并且表面进行了磨光处理。这证明，在新石器时期，人们已经发明了磨砻工具，开始使用砺石等对木材进行打磨。由此可见，木作的磨光技术已经具有较为久远的历史了。新石器时期在木工技术上的进步主要有四点：一是钻孔技术，二是磨制技术，三是榫卯嵌套技术，四是弧形刃口的发明。

从原始社会末期到夏朝，专业木工就已出现。到了商代，社会生产中出现了手工艺的明确分工。至周代，已经有了"百工"之分。《礼记·曲礼》中记载："天子之六工，曰土工、金工、石工、木工、兽工、草工，典制六材。"《考工记》中记载："凡攻木之工七……攻木之工：轮、舆、弓、庐、匠、车、梓"。《墨子》有云："凡天下群百工，轮、车、鞼、鲍、陶、冶、梓、匠。"这里的梓、匠即是木工。可以看出，彼时木工行业已出现了非常细致的分工。在这个时期，"百工居肆"，工匠们在专门的工作场所中以合作分工的方式制作各种木作器物（图 1-30）。木工技艺得到了长足的进步。当时，人们对于"工"的理解是"审曲面势，以饬五材，以辨民器，谓之百工"，又有

"知者创物，巧者述之，守之，世谓之工"。"审曲面势，以饬五材"说的是工匠基于对材料的认知和观察而进行制作。关于"知者创物，巧者述之"，其中的"知者"和"巧者"指代的是能工巧匠，要求工匠既要能够发明创造器物，还要将技艺进行不断传承。

《考工记》中又言："天有时，地有气，材有美，工有巧，合此四者，然后可以为良。"这句话反映了人们对于造物制器的深刻理解：认为制作器物，必须要根据天时和地气选材用材，还要选美材良材，再施以巧工，才能制作出来优良的器物。我国先民们很早就发现了木材具有热胀冷缩和干缩湿胀的特性，在不同季节、气温和湿度环境下，木材会表现出明显的各向异性特征。这影响了工匠们对于选材和工艺的考量。因此有"季春无伐桑、柘""孟夏之月……毋伐大树""季夏取桑、柘之火"的经验教诲。从这里可以看出，至少在周代，木工技艺就已经进入到了从现象到经验，再到工艺传承的发展途径了。

夏商时期，人们已经广泛使用青铜器工具制作小型木器，常见的工具有斧、斤（也就是锛）、凿、刻刀、削、锯、锉、锥、钻、锄等。伐木用斧、斤，解木用斧、凿，平木用斤、锄，磨光用砥、砺。但因青

图 1-29　干栏式建筑场景还原

图 1-30　百工居肆的场景

铜器材质相对较软，没有大规模使用。

到了战国时期，铁器技术广泛传播。斧、锯、钻、凿、铲、锛等工具得到大量使用，使得木工技艺水准和工作效率得到大幅提升。这一时期，伐木除了用斧之外，还用到了锯。在"解木""平木"等技术方面，铁质工具起到了巨大的推动作用。另外，当时的木工已经开始使用"规矩准绳"，以取圆、归方、定平、校直。墨子说："百工为方以矩，为圆以规，直以绳，正以悬，平以水。无巧工不巧工，皆以此五者为法，巧者能中之，不巧者虽不能中，仿依以从事，犹逾己。故百工从事，皆有法所度。"《考工记》中对匠人的要求是："故可规、可萬、可水、可县、可量、可权也"，即掌握画圆、画直、垂直测量、水平测量、空间测量、重量测量的六种技术才能称为"国工"。

自汉代以后，铁制工具已经成为木工工具的主流。随着弓锯、框锯、平推刨等工具的发明，木作的加工技术逐渐成熟，木作作品也更为精致实用，建筑大木作技术日臻成熟。如北宋《营造法式·锯作制度》所述："抨绳墨之制，凡大材植，须合大面在下，然后垂绳取正抨墨。"表明当时已经有木材加工基准面的概念，其平木技术已经相当完善。《营造法式》一书中，对建筑斗栱技术做了详细的图文记载，为古代木建筑的形制制定了完备的法则和制度，表明当时建筑大木作技术已经具备系统化、体系化、标准化的特征（图1-31）。另外，还有《梓人遗制》《鲁班经》《工程做法则例》《营造法原》等著述流传至今。这些著作分别从型制、尺度、做法、空间布局、审美情趣等角度阐释木构建筑和家具器用的技艺，是研究我国古代木工技艺的重要典籍。其中的很多记述与规范历久弥新，吸引了大量当代学者不断考据和研究。

在木作雕刻方面，我国的木雕技艺自石器时期就开始发源，新石器遗址中就有雕刻件的发现。自商代开始，雕刻技艺和髹漆技艺就被同时用于小木器甚至棺椁、舟车的表面。春秋时期，雕刻盛行。《墨子》记载："女工作文采，男工作刻镂。"《管子·立政》曰："工事竞于刻镂，女事繁于文章，国之贫也。"可见当时的统治阶级和民众对于雕刻的重视和热爱，木作雕刻技术已有相当的繁荣度。木雕技艺到唐宋时期愈发成熟，至明清时更是发展到了鼎盛（图1-32）。明代家具的雕饰还较为克制，主要用于点缀和局部装饰。而清代中后期家具则更崇尚雕饰，尤其是宫廷家具，其雕刻华丽繁复，透雕、半透雕、圆雕技法层出不穷，在技艺层面达到了顶峰。但由于施加过多雕刻镶嵌，其形制往往粗笨繁复，为当代审美所不取。

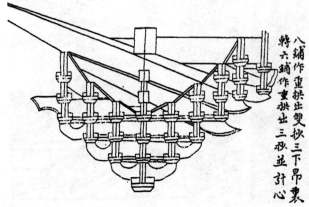

图1-31　《营造法式》斗栱制度插图

图1-32　晋祠圣母殿的宋代蟠龙柱雕刻

唐宋至明清的 1000 多年时间，是我国木工技艺的大发展时期。唐代的木结构建筑至今仍屹立于中华大地，甚至辐射影响到整个东亚地区。明代的红木家具至今仍享誉国内外，被当代人所追捧和仿制。在本书第 1.4 节的经典木作赏析中，我们会介绍部分经典木作作品，可从中进一步体验到古人巧夺天工的木工技艺和精妙绝伦的木作智慧。

现代人们所运用的建筑大木作技术、古典家具制作技术、木作雕刻技艺等，离不开历代工匠的潜心创造、苦心经营、心传口授，也得益于经典木作论著的流传，才使得我国的木工技艺代代相传，源深流远，至今仍然繁荣昌盛，生生不息。

在本书的后面章节中，会陆续介绍木工工具、木结构技术、木雕技艺、表面处理工艺以及日用品、家具的制作技术等。这些工艺和技术，大多来自对古代木工技艺的传承，也融合了现代西方木作加工技艺。随着现代木工工具的革新和新型工艺技术的发展，尤其是电力驱动的木工机械和工具的使用，以及现代材料如胶粘剂、表面处理材料的进步，大大提高了木工的工作效率、精度和成品的耐久度，也使得木工技艺的学习门槛越来越低。但无论如何，想要全面学习木工技艺，必然要向古代匠哲取经。传统木工技艺中包含了大量的经验智慧，蕴含了丰富的木艺文化，甚至是做人的哲理。因此，学习木工技艺，不是简单地学会使用工具制作木器，而要在木艺学习和创作中，传承和发扬中华优秀木艺文化，博采中外现代木工技艺，体会木工这种劳动技术中所包含的不辞辛苦的劳动精神、精益求精的工匠精神，并在其中感悟造化、体悟审美，感受全身心投入木工工作带给我们的精神力量。另外，我们还要在木工技艺的学习中，充分发挥劳动智慧，有意识有目的地改善工作环境，改良工具条件，改进技术手段。在学习中深度思考，反复推敲，刻苦磨炼，提升技能水平，不断创新创造，全面发展各项素质，成为当今社会亟需的高技能高素质人才。

【拓展思考】

1. 在自己生活的周边有没有技艺优秀的木匠？他们的技艺体现在哪些方面？有没有传承人？

2. 木工技艺的未来发展趋势将会怎样？

1.4　经典木作赏析

古往今来，木工匠人们将一棵棵原木制作成建筑的梁、枋、椽、门、窗，制作成桌椅、橱柜、架几、床榻等家具，马车、木船、乐器、农具等生活器具，还制作成各类精美绝伦、雕饰华丽的陈设装饰工艺品。木材被广泛应用于人类生活的方方面面。几千年来，匠人们创作出了无数的优秀木艺作品，发展出了深厚的木工文化和璀璨的木工技艺。本节，我们来赏析一些经典木作作品，感受一下匠人们出神入化、巧夺天工的木工技艺。

1. 经典木构建筑

西方建筑以石为主，东方建筑以木为主。中国古代建筑的主要用材就是木材。而且木建筑的种类很多，有宫殿、民居、园林、寺院、道观、桥梁、塔刹等。本节选取几个典型代表介绍一下。

1）南禅寺大殿（图 1-33）

位于山西省忻州市五台县的南禅寺大殿是中国现存最古老的一座唐代木结构建筑。南禅寺大殿外观秀丽、形体俊美、古朴。面宽 11.6m，进深 9.9m，下有方形基台。全殿由台基、屋架、屋顶 3 个部分构成，单檐、灰瓦、歇山顶。墙身不负重，殿内无柱，4 根角柱支撑层层迭架、层层伸出的斗栱。出檐深而不低暗，使整个大殿看起来收放自如、轮廓秀美、气势雄浑。虽经历 1200 多年的风雨洗礼，至今仍安然无恙，令人钦佩。

2）应县木塔（图 1-34）

应县木塔一般称作释迦塔，位于山西省朔州市应

图 1-33　南禅寺大殿

图 1-34　应县木塔

县县城内。塔高 67.3m，底层直径 30.3m，平面为八角形。始建于辽代（大约在公元 1056 年），是世界上最古老最高大的木塔。塔顶为八角攒尖式，整体采用双环形重楼架构，明暗多层用梁枋斗栱接合，并加设不同方向的斜撑，使每层形成 1 个八边形的中空结构。释迦塔历经千年的风霜雨雪和多次地震仍屹立不倒，源于其建筑结构的巧妙设计，至今仍吸引着众多学者专家潜心研究。

3）岳阳楼（图 1-35）

岳阳楼位于湖南省岳阳市。始建于东汉（约公元 215 年）。现存楼体为清光绪年间重建，是古代四大名楼之一。岳阳楼为纯木结构，主体采用 4 根直达

三层的楠木承重，其中廊柱 13 根，檐柱 32 根，斗栱承托如意飞檐形成盔顶。岳阳楼造型独特、线条优美，具有鲜明的民族风格。李白、杜甫、韩愈、刘禹锡、白居易、李商隐、范仲淹等都在此留下名篇佳作，使岳阳楼名满天下。

4）真武阁（图 1-36、图 1-37）

经略台真武阁位于广西壮族自治区玉林市容县。始建于明万历年间，距今已有 400 多年历史。真武阁属道教建筑，采用三层檐、歇山顶、穿斗式构架，高度 13.2m。建筑整体采用 3000 余根条木，使用榫卯嵌套，用柱 20 根，其中 8 根通顶，柱间使用梁枋相连，柱上各有 4 组斗栱，承托 4 根棱木，结构件相互约束扶持，稳定耐久，是我国少数未经重修而屹立至今的木结构建筑之一。

5）故宫建筑群（图 1-38、图 1-39）

故宫为明清两代所建皇家宫殿，又称为紫禁城。位于北京中轴线的中心，是中国古代宫廷建筑的代表。故宫以三大殿为中心，占地面积 72 万 m²，建筑面积约 15 万 m²，大小宫殿 70 多座，房屋 9000 余间。故宫是世界上现存规模最大、保存最为完整的木结构古建筑群。故宫庄严和谐、气势雄伟，享誉海内外。

图 1-35　岳阳楼

图 1-36 真武阁

图 1-37 真武阁梁柱结构

图 1-38 故宫建筑群

图 1-39 故宫中的雕梁画栋

6）苏州园林（图 1-40、图 1-41）

苏州园林是苏州市内中国古典园林的总称。苏州园林源于春秋时期，全盛于明清时期。著名园林有拙政园、留园、网师园、环秀山庄、狮子林、沧浪亭等。苏州园林是我国私家园林的典型代表，在有限的空间内，通过叠山理水，栽植花木，配置园林建筑，使用大量的匾额、楹联、书画、雕刻、碑石、家具陈设和各式摆件来写意山水园林，赋予园林深厚的文人气息和文化意蕴，折射出中国文化取法自然而又超越自然的深邃意境。

7）徽派民居（图 1-42、图 1-43）

徽派民居是中国传统民居的一个重要流派。广泛分布于安徽黄山、绩溪，浙江淳安，江西浮梁、婺源等地。民居建筑以木梁承重，以砖、石、土砌墙。以雕梁画栋和装饰屋顶及檐口见长。民居外观整体性和美感很强，高墙封闭，马头翘角，墙线错落有致，粉

图 1-40　网师园

图 1-41　拙政园

图 1-42　徽派民居

图 1-43　徽派民居的木雕

墙黛瓦，典雅大方。徽派民居有"三雕"特色，分别为木雕、砖雕和石雕。青砖门罩、木雕楹柱门窗、石雕漏窗，与建筑融为一体，交相辉映。徽派至今仍为建筑行业的流行风格，有着独特的艺术生命力。

8）程阳永济桥（图1-44、图1-45）

程阳永济桥又叫程阳风雨桥、回龙桥，位于广西壮族自治区柳州市三江侗族自治县，始建于民国元年。永济桥是典型的侗族建筑，为石墩木结构楼阁式建筑。不用一钉一铆，通过大小条木榫接而成，结构斜穿直套，纵横交错，紧密严实。风雨桥集廊、亭、塔于一身，是目前我国保存最好、规模最大的风雨桥，是中国木建筑中的艺术珍品。

以上介绍的仅为中国传统木结构建筑的少数几个典型代表，中国木结构建筑是世界上历史最悠久、体系最完整的建筑种类，体现了"天人合一"的建筑思想。虽然现代生活中我们已经较少居住在木结构建筑中，但其设计思想和用木的智慧仍然是当代建筑设计的重要灵感来源。

2. 经典的家具作品

中国古代家具的主要用材是木材。中国传统家具的历史源远流长，经历了史前、夏、商、西周时期朴拙的家具，春秋战国、秦、汉时期浪漫的低矮家具，魏晋南北朝时期秀逸的渐高型家具，隋唐五代时期华丽的高低并存的家具，宋元时期简洁的高型家具，明代雅致的明式家具和清代华贵的清式家具等不同风格流派。在其中，尤以明式家具因其造型典雅、结构精巧、用材考究等特色，被世人广为推崇。明式家具按

图 1-44 程阳永济桥

图 1-45 程阳永济桥的木结构

类型大致可分为椅凳类、桌案类、箱柜类、屏风类、架几类等。按流派大致可分为苏派、广派和京派三系。我们从王世襄先生生平收藏或所见的系列明式家具中，挑选几件典型的优秀作品一起赏析。

　　王世襄先生把明式家具分为有束腰和无束腰两个类别。如图 1-46 所示为无束腰直足直枨长方凳。凳子整体光素，混面素牙，凳腿稍微外爹，外圆内方，做了一点起线作为装饰，凳面采用细藤软屉，坐感舒适。这款凳子是明式家具中机凳的典型代表，简洁大方，实用性强，符合现代人的审美观。

图 1-47 交机

　　如图 1-48 所示为灯挂椅，是靠背椅的一种。上部搭脑出头，是明代北方做法。椅面中间是藤编软屉，松软透气，坐感舒适。椅面以下三面装有洼膛肚

图 1-46 方凳

　　如图 1-47 所示为一件小交机，也就是我们生活中常见的马扎，古代也称胡床。作品整体采用光素圆材相接，绳索编制凳面，简洁轻便。李白诗云："床前明月光，疑是地上霜。"有一种观点，这里的床就是指胡床。千百年来，交机（胡床）的基本形制变化不大，其便携的特征使其在民间被广泛应用。

图 1-48 灯挂椅

券口牙，手法简洁素雅。四根管脚枨，前面一根最低，两侧两根次之，最后一根最高，所以也被称为"步步高"。灯挂椅至今仍是常见的靠背椅类型，在很多生活场景中可以看到。

如图 1-49 所示为四出头官帽椅。官帽椅得名于古代官帽。有南官帽和北官帽之分，主要区别在于其搭脑和扶手是否出头。官帽椅与灯挂椅在形制上的区别主要是官帽椅多了一对扶手。此椅的搭脑、扶手、后腿等皆采用弯材大料制作，但却做得很单细，借助曲线取得柔婉的效果。椅面下采用洼膛肚券口牙，与上例灯挂椅较为相似。椅子整体光素，仅在椅盘做一圈冰盘沿为装饰，造型柔婉却不失坚毅，落落大方。

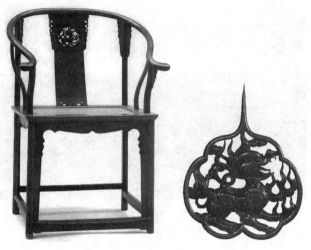

图 1-50　圈椅　　　图 1-51　圈椅靠背的麒麟纹透雕

如图 1-52 所示为黑漆素炕几。此几为木胎髹黑漆，色如乌木，遍体牛毛纹，不施雕刻，也没有描画。两侧足上开孔，足底稍外翻，成卷曲之势，造型古朴。用板厚逾两寸，用材重硕，圆浑无棱角，气质沉穆，独具一格。

图 1-49　官帽椅

图 1-52　黑漆素炕几

如图 1-50 所示为圈椅。圈椅是明式家具中的典型代表。其后背和扶手一顺而下，可以让臂膀、肘部和手部都有所倚托，舒适性非常好，是明式家具符合人体工程学的典型范例。这把圈椅的椅圈由三段木材通过楔钉榫相接而成，圆中略带扁形。靠背板做出壶门形开光，透雕麒麟纹图案（图 1-51），两侧接木条镂雕卷草纹。椅面下券口牙圆劲有力。这件作品是明式圈椅中不可多得的佳作。

如图 1-53 所示为五足内卷霸王枨圆香几。香几在当代生活中已不常用，但可作为陈列或花几用途。此圆几在束腰以下，用插肩榫结构使牙腿接合，与鼓腿彭牙式近似。肩部及腿部平坦，沿着边缘起阳线，顺腿而下，十分醒目。下部以托泥接内弯足，整体形如木瓜，简洁通透，独具匠心。

如图 1-54 所示为无束腰罗锅枨加卡子花方桌。明式方桌实物传世颇多，分无束腰直足、一腿三牙、有束腰马蹄足三种。能够八个人围坐的称为"八仙桌"。无束腰方桌常见的做法是直枨或罗锅枨加矮老，

图 1-53　圆香几

图 1-54　方桌

也有的使用卡子花代替矮老。这张方桌的卡子花高度较矮，留足了桌下的空间。

如图 1-55 所示为插肩榫独板面翘头案。案的板面用独板，厚度 35mm。牙、腿边缘起灯草线，在腿肩左右的牙条上透雕卷云，圆转简洁，生动有力。腿的上部做出叶状轮廓，安装两根横枨，足端又用阳线做出卷云纹，颇具古风。

图 1-55　翘头案

如图 1-56 所示为架几书案。两几用方材制成，足端做出内翻马蹄，落在托泥上。几的中部设抽屉一个，上下空档不加券口。案面攒边镶板，与架几等宽。架几全身光素，线条棱角爽利明快，转角处用四面平榫接，是一件工料精良的明式家具。

图 1-56　书案

如图 1-57 所示为三屏风独板围子罗汉床。三块围子厚板，不加雕饰，十分整洁。床身为无束腰直足式，素冰盘沿，腿足用四根粗大圆材，直落到地。四面施裹腿罗锅枨加矮老。此床从结构到装饰，都简练至极，却隽永耐看，不显单调。

图 1-57　罗汉床

如图 1-58 所示为月洞式门罩架子床。架子床是有柱有顶的床的统称。有四柱床、六柱床、满罩式，以及拔步床等多种造型。此床门罩用三扇拼成，以云纹和十字连缀，图案十分繁复。床身高束腰，束腰间嵌装绦环板，浮雕花鸟纹。牙条雕草龙纹和缠枝花纹，挂檐雕云鹤纹。它是明代家具中形体高大而又综合使用多种雕刻手法的作品，豪华秾丽，有富贵气象。

如图 1-59 所示为攒接品字栏加卡子花架格。采用方材打洼，踩委角线。格板三层，安装抽屉两具。

图 1-58　架子床

图 1-59　架格

图 1-60　圆角柜

抽屉面板浮雕螭龙纹。栏杆用横竖材组成，最上横材间加卡子花。下层足间用宽牙条。整体呈现出轻盈富丽的风貌。

如图 1-60 所示为圆角柜。圆角柜也是明式家具的典型范例。圆角柜的柜门出轴，与柜帽及下部框的臼窝相接。圆角柜的立柱外多，开门后柜门会因重力的作用自动关闭，设计十分巧妙。本例的圆角柜立柱外圆内方，多处用材混面起线，下部装有素面券口，整体造型素雅大方，简洁明快。

如图 1-61 所示为黄花梨素小箱。这件作品代表了明式小箱的基本形式，全身光素，只在盖口起两道灯草线。立墙四角用铜页包裹，盖顶四角镶钉云纹铜饰件。正面圆面页，拍子云头形，两侧安提环。

如图 1-62 所示为雕花衣架。用两块横木做墩子，上植立柱，每柱前后用站牙扶持。横枨间透雕凤纹绦环板。上部搭脑两端出头，立体圆雕翻卷的花叶纹。横材与立材间皆以雕花挂牙和角牙支托。这件衣架雕工精美，是不可多得的精品。

图 1-61　小箱

图 1-62　衣架

以上我们介绍了几款经典的明式家具。其实，我国历代都有精美的细木作家具，但仅有明清家具留存下来的较多。明清风格的家具在当今仍被众多消费者青睐，红木家具行业有很多企业专门从事明清家具的仿制与生产，以满足市场需求。

3. 经典木雕流派

我国的木雕技艺历史悠久，自原始时期人们就在木头上雕刻一些图形图案，至商周时期木雕更是被推崇备至。历朝历代，木雕技艺都被广泛应用于各种使用木材的场合。尤其是明清以来，木雕艺术大放异彩，名家辈出，留存下了许多精品。在以上作品的介绍中，我们看到了很多建筑和家具中都有雕刻的装饰元素。下面我们专门针对木雕工艺品作一些简单的介绍。

木雕工艺品一般采用质地细密坚韧、不易变形的树种，如楠木、樟木、柏木、黄杨木、龙眼木及各类红木等。近千年以来，我国逐渐形成了四大木雕流派，分别是浙江东阳木雕、乐清黄杨木雕、福建龙眼木雕、广东潮州木雕。

1）东阳木雕（图1-63、图1-64）

东阳木雕发源地在浙江省东阳市，起于商周，发展于宋，鼎盛于明清。早期以当地出产的樟木等为主要材料。近代以来，红木也被广泛应用。东阳木雕以平面浮雕为主，属于装饰性木雕流派。其浮雕技法还可细分为阴雕、薄浮雕、浅浮雕、深浮雕、透雕、镂空雕、高浮雕及多层叠雕等。东阳木雕的构图多为散点透视，构图饱满，层次丰富，注重平面装饰效果。表面多保留木材本色，崇尚素淡清雅。在雕刻题材方面取材广泛，吉祥动物、神话传说、花木鱼虫、人文风物、书法图案等都有涉及。东阳木雕的种类丰富，大师云集，作品争奇斗艳，美不胜收。

2）黄杨木雕（图1-65、图1-66）

黄杨木雕主要指浙江省乐清市的取材为黄杨的木雕流派。黄杨木生长缓慢，质地坚硬密实，色泽金黄，手感温润，非常适合雕刻。因黄杨很少有大料，所以多用于雕刻小件作品，以圆雕为主。黄杨木雕的技艺特色是因材施艺，观察材料大小和形状，精心推敲造型形态。黄杨木雕的雕刻题材有宗教佛像、社会人物、生活中的物象等。优秀的黄杨木雕能做到刻画

图 1-63 东阳木雕作品（一）

图 1-64 东阳木雕作品（二）

图 1-65　黄杨木雕作品（一）

图 1-66　黄杨木雕作品（二）

细致，形象生动，栩栩如生。

3）龙眼木雕（图 1-67、图 1-68）

龙眼木雕发源于福建省，以福建省出产的龙眼木为主要材料。龙眼木材质坚实、木纹细密、色泽柔和，适于雕刻。龙眼木雕以圆雕为主，也有浮雕和透雕等。题材多为各类人物，如老翁、侍女、仙佛、武将等，也有以鱼虫草木和珍禽异兽为题材的。龙眼木雕造型生动稳重、布局合理，结构优美，刀法多样，作品形神兼备、色泽古朴、质感较强。

4）潮州木雕（图 1-69、图 1-70）

广东潮州木雕始于唐代，盛于明清。常以樟木为主要材料，题材丰富。民间传说、古今人物、花鸟鱼虫、社会风情、戏剧故事等都是常见题材。其雕刻形式有浮雕、透雕、圆雕等，尤以层次丰富的镂空雕刻见长。通常在作品表面饰以金漆，有描金、髹漆贴金、金漆画等不同工艺。作品金碧辉煌、玲珑剔透、富丽堂皇，具有浓郁的地域特色。

数千年中华文明中，经典木作浩如烟海，不胜枚

图 1-67　龙眼木雕作品（一）

图 1-68　龙眼木雕作品（二）

图 1-69　潮州木雕作品（一）　　　　　　　　　　图 1-70　潮州木雕作品（二）

举，本节仅列举了部分经典木艺作品。我们平时可留意参观和鉴赏经典作品，从经典木作中学习木作技艺和创作手法，感悟历代工匠们呕心沥血的创作历程，汲取经典木作蕴含的丰富精神营养，继承和发扬中华木艺文化和木工技艺。

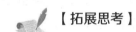
【拓展思考】

1. 在自己的家乡有哪些值得推荐的木艺作品？

2. 我们应该从经典木作作品中学习哪些东西？

第2章 木材

木材是日常生活中最常用的材料之一，产量丰富、质地优良，采伐、加工相对方便，并且是可再生资源，在建筑、家具、工艺品等领域应用广泛。

木工所使用的木材主要来自乔木树种。将树的枝叶和根部去掉，保留下来的树木主干部分即为木材（图2-1）。现代木工中通常将成形木材以软木和硬木进行区分，分别来自针叶树和阔叶树两个大类。来自针叶树的木材通常称为软木，如各类松木、柏木、杉木以及银杏等；来自阔叶树的木材通常称为硬木，如橡胶木、桉木、桦木、榆木、榉木、胡桃木、樱桃木、白蜡木、橡木、水曲柳、枫木，檀木、花梨木、乌木等。

这里要说明一点，木材的软硬之分并不能代表其木料的真实硬度。例如软木中的红豆杉质地坚硬，品质优良，而属于硬木树种的轻木则较为轻软，是世界上最轻的木材。

为了更合理地使用木材，提高木材的利用价值，减少浪费，我们需要充分了解木材的构造特征、物理特性、种类特征、干燥方法、切割方式，以及优缺点等基本知识。

2.1 木材的构造特征

学习木材的构造特征，一般从了解木材的三切面开始。

木材三切面是指从不同方向对木材切割而形成的表面，分别为横切面、径切面和弦切面（图2-2）。在鉴别和选用木材的时候，通常要通过这三个切面来综合判断。

1）横切面

横切面也叫横断面，是指与树干主轴垂直方向的切面（国家标准《红木》GB/T 18107—2017）。在横切面上可以看到木材的生长轮、心材、边材、薄壁组织、木射线、管孔、胞间道等，常用来判断木材种类及纹理特征。

2）径切面

径切面是顺着树干轴向，通过髓心与木射线平行或与生长轮垂直的切面。在径切面可以看到近似平行的生长轮、边材、心材、导管及木射线等。

3）弦切面

弦切面是没有通过髓心的树干纵切面。在弦切

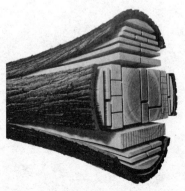

图2-1 木材一般取自树木的主干部分

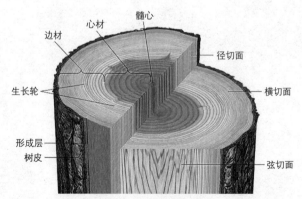

图2-2 木材的三切面

面可以看到木材的生长轮纹理呈现为山水纹或闭合环形纹等状态，还可以看到木射线管孔、树脂道等结构。

1. 木材的宏观构造

从木材的横切面观察，由外而内，可以看到如下各种构造（图2-3）。

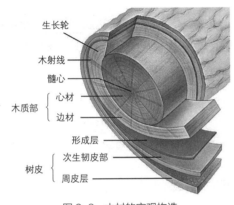

图2-3　木材的宏观构造

1）树皮

树皮内侧是韧皮部，能够输送由树冠制造的有机物至树木各部位。树皮外侧是由死细胞组成的周皮层，通常松软易脱落、易腐朽，加工木材时一般会去除。

2）形成层

形成层是位于树皮和木质部之间的薄层，是树木细胞生长分裂的主导部位。形成层的分裂，向内生成新的木质部，向外生成树皮。

3）木质部

形成层内部是木质部，木质部又可分为边材和心材两个部分。

（1）边材。木质部靠近树皮侧的称为边材。其木质细胞可传输和储存由根部吸收的营养物质（图2-4）。边材通常颜色较浅，木质较软，水分含量高，干燥后易收缩变形。有些树种的边材松软且易腐朽、虫蛀，不宜使用，需要舍弃。

（2）心材。木质部靠近髓心的部分称为心材。心

图2-4　木材的营养物质输送方式
1—有机物；2—营养物质；3—木质部；4—心材；5—形成层；6—周皮层；
7—韧皮部；8—边材；9—根系

材细胞已经失去活性，成为支撑树木的主要结构。心材的生长轮密度大，水分含量少，木质相对坚硬，干燥后变形量小，受单宁、色素、侵填体等沉积的影响，通常颜色比边材更深。制作高级细木作品时，一般只用木材的心材部分。

从木材的横切面判断，边材和心材的面积占总面积的比例称为边材率和心材率。不同的树种，边材率和心材率差异较大。我们通常把边材和心材颜色差异明显的树种称为心材树种，如红松、落叶松、水曲柳、橡树、胡桃、紫檀等。而把边材和心材颜色差异较小的树种称为边材树种，如杨树、椴树、桦树、枫树等。一般来讲，心材树种的硬度更高，耐腐性更好，价格也相对较高。如果是心材和边材差异不明显，但心材含水率较低的树种，则称为熟材树种（图2-5），如云杉、冷杉等。

4）生长轮

随着形成层的分裂，在次生木质部的一个生长周期内形成的一个木质部圈层称为生长轮（图2-6）。

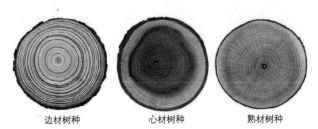

边材树种　　　　心材树种　　　　熟材树种

图2-5　边材树种、心材树种与熟材树种

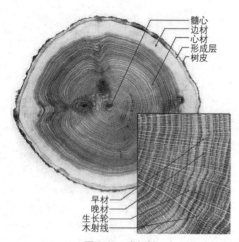

图2-6 生长轮

树木的每一圈生长轮分为早材和晚材两部分。早材生长速度快，细胞大且壁薄，木质较软，颜色较浅，生长轮条带较宽；晚材生长慢，细胞小且壁厚，木质较硬，颜色较深，生长轮条带较窄。生长轮是木材呈现纹理的主要原因。通过观察木材的生长轮特征，大致可推断出树木的年龄及生长周期中的各种环境和气候问题。不同树种早材和晚材的比例不同，一般晚材率高的树种，其木材强度也较高。

知识点：生长轮、年轮的区别

这里要明确一下年轮和生长轮的概念区分。在亚热带及更高纬度地区，树木通常一年只产生一个生长轮，我们可以称其为年轮。而在部分热带地区，受季风气候影响，有的树木一年可能产生两个或多个生长轮，这种情况就不能叫作年轮了。

5）木射线

木射线是垂直于生长轮，呈辐射状的线状组织，负责在细胞间水平方向运输营养物质。在木材端面或径切面可以观察到木射线结构。不同树种的木射线显现情况不同，部分硬木中木射线较为明显（图2-7）。软木树种的木射线很难通过肉眼观察到（图2-8）。木射线的状态是判断树种的一种重要依据。

6）髓心

髓心位于木材横切面的中心位置，由轴向薄壁组织构成。髓心含水量大，木质松软，易腐朽，易形成空洞，一般舍弃不用（图2-9）。

另外，部分针叶树种还有树脂道。部分阔叶树种有树胶道、髓斑、色斑等形态构造。这些特征也是区分木材种类的重要参考因素。

2. 木材的微观构造

借助显微镜等工具可以看到，木材由大量的管状纤维素、半纤维素和木质素结合而成（图2-10）。木材细胞呈管状，每个细胞都有细胞壁和细胞腔。细胞壁由若干层微纤丝组成，由木质素紧密粘合在一起，纵向强度高，横向强度低。在细胞壁的纤维之间有极小的空隙，能吸附和渗透水分（图2-11）。细胞壁的成分和细胞之间的组织方式决定了木材的物理性质。细胞壁越厚，腔越小，木材组织越均匀，则木材越密实。

图2-7 硬木的木射线

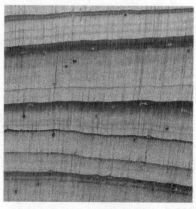

图2-8 软木的木射线

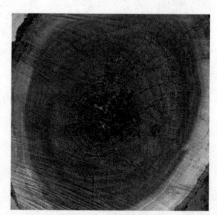

图2-9 易腐朽的髓心

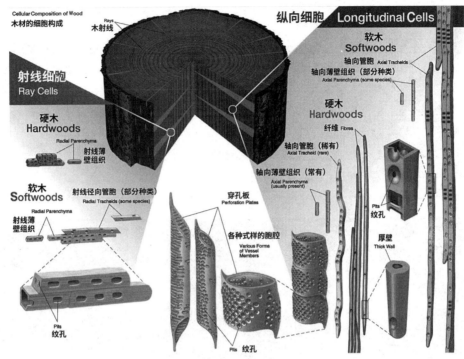

图 2-11　木材细胞微观结构

　　针叶材（图 2-12）主要由管胞细胞组成，呈较为规则的辐射状排列。部分针叶材中含有树脂道等结构。阔叶材（图 2-13）中有木纤维、木射线、导管、轴向薄壁组织等多种细胞结构。各种细胞的比例在不同木种间差异很大。总体上阔叶材中的纤维比针叶材中的纤维更短。木纤维细胞壁较厚，影响木材的强度。木射线是垂直于木纤维的结构，射线细胞较为脆弱，易导致木材形成开裂或切削戗茬。在阔叶材的横断面由导管切面呈现出的大小不同的孔眼称为管孔。管孔是阔叶树种所独有的中空状轴向导管组织，用于输送养分，中空大且细胞壁较薄，影响木材的强度、干燥程度、加工性能和外观。有无管孔结构是区分针叶材和阔叶材的主要方法之一。我们可以根据管孔排列特征将阔叶材分为环孔材、半环孔材（半散孔材）和散孔材三类。这三类管孔特征是区分阔叶木材种类的重要参考依据。

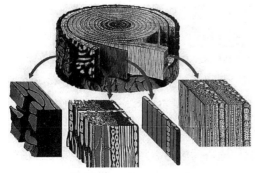

图 2-10　木材的微观构造

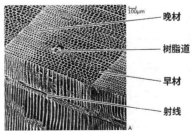

图 2-12　针叶材细胞组织

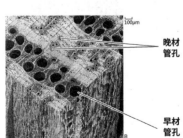

图 2-13　阔叶材细胞组织

知识点：环孔材、散孔材、半环孔材

　　环孔材是指在一个生长轮内早晚材管孔的大小区别明显的木材。环孔材的早材细胞疏松粗大，晚材纤维和细胞更为致密，因而使生长轮线条两侧产生不同的硬度特征，易形成粗犷的花纹（图2-14）。常见环孔材有榆木、白蜡木、水曲柳、橡木等。

　　散孔材是指在一个生长轮内早晚材管孔的大小区别不明显，分布较均匀的木材。散孔材的生长轮特征不太明显，质地细腻，硬度均衡（图2-15）。常见散孔材有椴木、桦木、黄杨木、榉木等。

　　半环孔材是指在一个生长轮内，早材管孔较晚材管孔更大，但是过渡不明显，分布不均匀的木材（图2-16）。常见半环孔材有黑胡桃木、乌桕木、香樟木等。

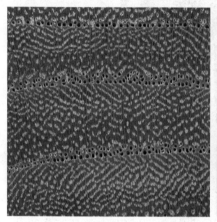
图2-14　环孔材

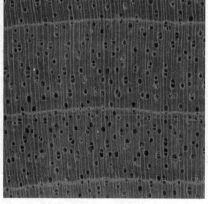
图2-15　散孔材

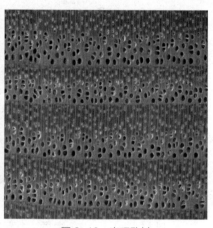
图2-16　半环孔材

【拓展思考】

1. 我们日常所使用的木材主要取材自树木的哪个结构部分？

2. 木材的管孔有哪些特性？对木材的物理特性可能会有什么影响？

2.2　木材的物理特性

　　木材的树种、生长环境、生长速度和结构特征的不同，导致其颜色、纹理、光泽、气味、密度、硬度及力学特性等方面的较大差异。研究木材的物理性质，有助于科学合理使用木材，实现木材的更高利用价值。

1. 木材的视觉特征

　　木材的颜色、生长轮、木射线、边材、心材、节疤、瑕疵等共同组成了千变万化的木材花纹，形成了木材的视觉特征。

1）颜色

　　木材的颜色是由木材细胞内含有的各种色素、树脂、单宁、油脂、树胶等成分共同呈现出来的。比如云杉、椴木、梧桐木、白蜡木、枫木等呈现白色或奶白色，红花梨、血檀、科檀、桃花芯木等呈现红色，黄檀、柚木、黄杨、榆木等呈现黄色或黄褐色，黑檀、乌木等呈现黑色。多数情况下，来自低纬度热带地区的木材颜色偏深，而高纬度地区的木材颜色偏浅。部分材种锯切一段时间后，还会慢慢氧化转变为其他颜色。如檀香紫檀初切为深红色至红褐色，长时间氧化后表面会变成紫黑色。在木作制作过程中，我们还可以使用漂白、炭化或染色等工艺为木材改色，满足人们的不同审美和使用需求（参见第 6.2 节表面修饰）。

2）纹理

木材纹理是指木材纤维组织排列形成的结构特征，主要通过生长轮、木射线、节疤和轴向薄壁组织等呈现。同一种木材，使用不同的切割方法，也会呈现不同的纹理形态。木材径向切割会呈现带状的平行直纹（图 2-17），弦向切割可能产生火焰纹、山纹、宝塔纹等（图 2-18）。如果木材呈现螺旋纹或波纹则表示其在生长过程中受到了周期性的环境影响。如果木纹呈现不规则纹理，表示树木的生长环境经常发生变化。部分树种受木射线等影响还会呈现特殊纹理效果，如鸡翅木弦切板会出现鸡翅状花纹（图 2-19），枫木刨平后可能出现漂亮的鸟眼纹（图 2-20）或水波纹（图 2-21）。树干基部和树根部分的木纹复杂多样，产生病变的树木可形成瘿木（树瘤）（图 2-22、图 2-23）。瘿木切割后可见美丽

的花纹，常用于制作木皮饰面或车旋工艺品。

3）光泽

木材的光泽是由光线在木材表面被反射后形成的。木材的光反射呈现各向异性特征，形成一定的漫反射效果，给人一种柔和温暖的视觉感受。木材表面处理成不同的光滑度，会带来不同的视觉观感。光泽度高、表面光滑的木材带给人坚硬清冷的感觉（图 2-24）；光泽度弱、表面略粗糙的木材给人温暖亲和的感觉（图 2-25）（木材能够产生温暖感的另一个原因是其能够吸收紫外线，反射红外线，对人体具有一定的保护作用）。将木材用于室内外装修，可让人产生温暖、舒适和沉静的感受。

2. 木材的气味特征

木材中含有各种树脂、油脂、树胶等物质，会产生气味。不同的树种，其木材的气味差异较大。松柏类木材会散发松脂或芬芳味道，香樟木会散发樟脑的刺激性气味，酸枝木有酸臭味，檀木类具有不同类型

图 2-17　径切面纹理　　图 2-18　弦切面纹理　　图 2-19　鸡翅木纹理　　图 2-20　鸟眼纹　　图 2-21　水波纹

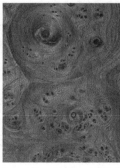

图 2-22　树瘤纹理（一）　图 2-23　树瘤纹理（二）　　图 2-24　打磨光滑的木材　　图 2-25　粗糙的木材

的芳香气味。因此，木材的气味也可用于识别木材种类。有特殊气味的木材常用于制作工艺品、香料或精油等，可安神醒脑，对人体有保健作用。部分木材的气味还可用于驱虫、除臭等。另一方面，木材的气味也影响了其用途，如食品包装盒不能使用气味较重的木材。对木材气味敏感的人群还要注意规避过敏或中毒风险。

3. 木材的触觉特征

木材的触觉特征与木材的构造和表面处理状态直接相关。不同的木材触觉特征有较大差异，呈现出不同的冷暖感、粗滑感、软硬感等。木材的导热系数小，与钢铁、混凝土等相比，人的皮肤接触到木材表面后更能感觉到温暖。木材的构造特征决定了木材有不同的粗糙度。经过刨光和打磨后，木材能够呈现丝滑宜人的触觉感受。

4. 木材的密度及硬度特性

木材的密度一般分基本密度、生材密度、绝干密度，以及气干密度四种指标。商用材一般以气干密度作为木材质量的参考。木材的气干密度是指单位体积的木材干燥至大气平衡含水率时的质量。行业内一般以 12% 的含水率作为木材的气干密度计算基准。木材的密度大小主要取决于木材的孔隙度、抽提物含量及晚材率。孔隙度小、抽提物含量大或晚材率高的木材密度更大。除此之外，木材的密度还与其生长环境及树龄有关。同种木材，在不同的生长环境和生长周期中，其密度也可能有较大的差异。

一般木材密度越大，其硬度越高。如图 2-26 所示为詹式硬度测试法测算的木材硬度，可以看出不同木材的硬度差异巨大。

5. 木材的力学特性

木材的力学强度是指木材抵抗外力变形的能力。木材的力学性质主要包括弹性、塑性、韧性、刚性、

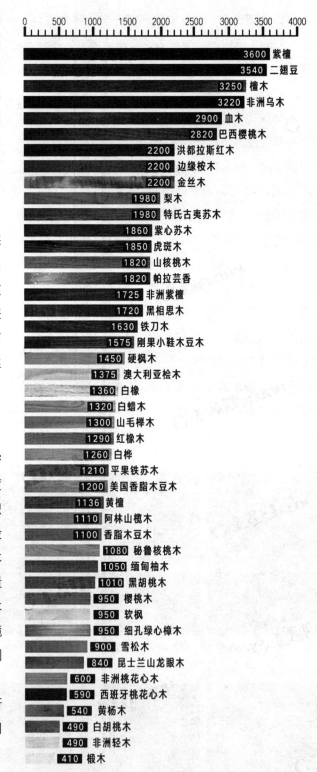

单位为詹式硬度（Janka Hardness）:bf

图 2-26　木材的詹氏硬度
图注：詹氏硬度（Janka Hardness）测试方法是用压力器将直径11.28mm 的钢珠压入木材中，深度达钢珠高度一半时所需要的荷载。

图 2-27　木材分子链

图 2-28　木材力学试验机

脆性、耐磨性及抗压强度、抗拉强度、抗弯强度、抗剪强度和抗扭强度等。木材各方向的力学强度主要是由组成细胞壁的纤维素、半纤维素和木质素决定。木材纤维素分子大多沿细胞壁的长轴平行排列，以 C—C 键、C—O 键结合，键能较高，横向则以—OH 键结合，键能较弱（图 2-27）。这种构造特征，决定了木材的力学强度具有各向异性，与受力方向密切相关。木材的力学特征测定，可以使用木材力学试验机来完成（图 2-28）。

1）抗压强度

　　木材的抗压强度是指木材承受压力的最大能力。木材的抗压分为顺纹抗压和横纹抗压两种

（图 2-29）。木材的顺纹抗压是应用最多的一种形式，建筑中的柱、桩，家具中的腿、脚等都是利用了木材的顺纹抗压能力（图 2-30）。我国木材顺纹抗压强度平均值约为 45MPa。俗语讲："立木顶千斤"，就是形容木材的顺纹抗压能力很强。当木材存在斜纹和节疤时，顺纹抗压能力会变弱很多，应避免使用。木材的横纹抗压多用于建筑梁枋、拱券，家具的面板、拱腿、牙条，以及桥梁、枕木等用途（图 2-31）。木材横纹抗压能力还与木材的受压面积、径向弦向、木射线特征、晚材占比率等因素相关。

2）抗拉强度

　　木材的抗拉强度是指木材在外力作用下，抵抗拉

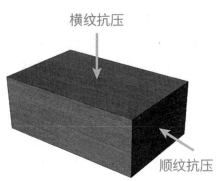

图 2-29　木材抗压力方向

图 2-30　建筑中的立柱承受顺纹压力

图 2-31　家具的面板承受横纹压力

伸变形的最大能力。木材的抗拉强度分为顺纹抗拉和横纹抗拉两种（图2-32）。木材的顺纹抗拉强度很高，平均能达到117~147MPa，横纹抗拉较弱，仅为顺纹抗拉强度的2.5%~10%。如果木材有裂纹，则横纹抗拉强度接近于零。故而应尽量避免将木材应用于横纹受拉的情况（图2-33）。

图2-32　木材抗拉力方向　　　图2-33　家具横纹受拉开裂

3）抗剪强度

木材抗剪强度是指其抵抗剪应力的最大能力。木材可受到顺纹、横纹和截断纹三个方向的剪切力（图2-34）。木材的横纹抗剪能力是顺纹抗剪能力的一半左右。截断纹抗剪能力最强，是顺纹抗剪能力的三倍左右。建筑和家具中部框架交接的榫卯端头结构就是利用了木材的截断纹抗剪能力（图2-35）。

图2-34　木材抗剪力方向　　　图2-35　榫卯端头受到剪力作用

4）抗弯强度

木材的抗弯强度是指木材承受弯曲荷载的最大能力（图2-36）。其强度与木材的温度、部位、含水率、品种和木材跨度相关，其值在顺纹抗压强度和顺纹抗拉强度之间，平均约为90MPa。木材的抗弯能力主要应用在建筑桁架（图2-37）、桥梁、家具柜体层板等结构中，对结构跨度有严格要求，且应避免使用有节疤或斜纹的木材。

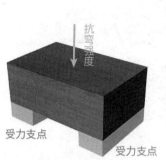
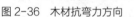

图2-36　木材抗弯力方向　　　图2-37　建筑桁架承受弯曲力

下面这张表大致反映了木材的各种力学强度之间的比值关系（表2-1）。

表2-1　木材的力学强度的比值关系

抗压强度		抗拉强度		抗剪强度			抗弯强度
顺纹	横纹	顺纹	横纹	顺纹	横纹	截断	
1	$\frac{1}{10} \sim \frac{1}{3}$	2~3	$\frac{1}{20} \sim \frac{1}{3}$	$\frac{1}{7} \sim \frac{1}{3}$	$\frac{1}{12} \sim \frac{1}{6}$	$\frac{1}{2} \sim 1$	1.5~2

木材的力学强度与木材的密度、含水率、温度、结构跨度、负荷时间及缺陷等因素密切相关。木材含水率大时，抗弯强度降低。含水率低时，木材各项强度都增强。木材温度过高时，易产生结构炭化，导致整体强度降低。木材结构的接合方式和荷载时间对木材的抗剪力影响最大。木材的节疤、斜纹、虫蛀和腐朽等缺陷对木材的各向力学强度都有较大影响。

除以上介绍的特性外，木材的其他物理特性也影响了其加工方式和应用领域。比如木材可以吸能减振，广泛应用于制作地板、垫板、包装箱等；部分木材的弹性和韧性较好，可用于体育器械等；干燥木材的热传导性能低，不导电，可以用作保温和绝缘材料；部分木材具有较好的声共振特性，可以用于制作乐器等；木材的声反射较好，常用于演播大厅的内部装修中；木材还有一定的环境调湿能力，一定程度上抑制细菌繁殖，对人体具有良好的保健作用，在室内外装修中应用较多。

【拓展思考】

1. 除了本节介绍的内容，日常生活中我们还利用了木材的哪些物理特性？
2. 观察身边的建筑和家具，尝试分析木材各部分的受力情况，并分析其利弊。

2.3　木材的种类

我国木材用量巨大，每年消耗近 5 亿 m³。其中有 50% 以上依赖进口，主要用于工业与建筑、林农自用和出口木制产品。随着人类环保意识的增强，森林的砍伐量逐渐得到控制。我们要倍加珍惜木材资源，在生活、学习和木工工作过程中要善于观察，正确识别木材种类，了解木材特性和适用场景，通过对比分析，不断总结、积累经验，掌握规律，扬长避短，才能更科学合理地使用木材。

自然界中，树木种类繁多，仅裸子植物门就有 800 多种。常见的松树、杉树、柏树等针叶树都属于裸子植物。而被子植物门的树种则多达 16.5 万种。木工工作所使用的阔叶林树种主要来自被子植物门的双子叶植物纲。这些木材在全球分布广泛，主要可划分为寒带针叶林、温带混交林、亚热带湿润林、热带雨林和热带季雨林五个分布地带。商用木材中的大多数软木树种来自北半球寒温带或高海拔地区，俄罗斯、加拿大、美国、芬兰、瑞典、挪威，以及中国东北、朝鲜北部和日本北海道等地区产量较大。常用的商用阔叶材一部分来自温带地区的落叶阔叶和常绿阔叶树种，广泛分布于北半球中部和南半球的澳大利亚、新西兰和智利等地。另一部分来自非洲、南美洲、中美洲，以及东南亚的热带雨林地区，我国国标中的多数红木品种都来自这些地区。

受地域和文化影响，同一树种在不同地区名称可能不同，国际上一般通用树种的拉丁学名来区分木材，每个树种只有一种拉丁名称。使用树木的拉丁名称可有效避免概念混淆和商品流通中的问题。我国目前有四个关于木材名称的国家标准及行业标准，分别为《中国主要木材名称》GB/T 16734—1997、《中国主要进口木材名称》GB/T 18513—2022、《中国主要木材流通商品名称》WB/T 1038—2008、《红木》GB/T 18107—2017。

1. 国内常用木材简介

本书所介绍的木材名称都是当前国内常用木材的商品名称，主要以属和种区分，在名称上可能存在不确切性。下表为国内常见商用木材（包括进口材）种类和特征（表 2-2）。

表 2-2　我国常用木材、特征及用途

名称	产地分布	材质特征	用途及价格	纹理	应用案例
樟子松	常绿乔木；高20~45m，胸径可达 1.5m；主要分布于欧洲、俄罗斯和我国东北地区	心材边材区分明显；心材呈浅红褐色，边材呈浅黄褐色，生长轮明显；纹理通直，结构略粗，质轻软，强度低，干缩中，易加工，切面光滑；耐磨性、胶黏性、油漆性能好，握钉力弱，干燥快，不耐腐，缺陷少；气干密度约为 0.41~0.5g/cm³	建筑、细木工、家具、枕木、桥梁、胶合板、车船等；价格低		
落叶松	乔木，高约 30m，胸径 0.5m 左右；分布于俄罗斯西伯利亚、北美和我国北方地区	心材边材区别明显；心材呈浅红棕色至黄褐色，树脂多，边材呈黄白色且窄，生长轮明显；纹理直，结构略粗，重量轻，材质硬，有韧性，强度高，干缩大；易加工，切面光滑，染色、油漆性能好，握钉力强，耐腐，干燥快，易开裂翘曲；气干密度约为 0.54g/cm³	建筑、桥梁、枕木、车辆、船舶、坑木等；价格低		

名称	产地分布	材质特征	用途及价格	纹理	应用案例
辐射松	又称新西兰松；大乔木，高约25m，胸径约0.7m；原产于北美，我国主要从新西兰、澳大利亚、智利等国进口	心材边材区别明显；边材宽呈黄白色，心材窄呈黄红色，生长轮明显；质脆，结构粗，强度低，易加工，切面光滑，略耐腐，易翘曲；气干密度为0.48g/cm³	胶合板、建筑、包装、刨花板、造纸、家具等；价格低		
花旗松	又称黄杉；大乔木，高达24~60m，胸径0.5~1.5m；主要分布于加拿大、美国	心材边材区别明显；心材呈橘黄色至红褐色，边材呈灰白色，生长轮明显；纹理直，花纹明显，结构中粗，强度高，干缩中等，易于加工，胶黏性、磨光性、染色性好，握钉力差，耐腐，易干燥，有松脂；气干密度约为0.52g/cm³	建筑、胶合板、造船、枕木、门窗、地板、家具等；价格低		
冷杉	大乔木，高约35m，胸径约0.8m；主要分布于俄罗斯远东地区	心材边材区别略明显；心材呈浅黄白略带褐色，边材窄呈粉灰色，生长轮明显；纹理直，结构中粗，材质轻软，易加工，油漆性能好，不耐腐，易干燥，不易开裂；气干密度约为0.36g/cm³	造纸、板材、建造、包装箱、室内装修等；价格低		
铁杉	大乔木，高达15~20m，胸径约0.5m；分布于加拿大、美国等北美地区	心材边材区别较明显；心材呈浅黄褐色，边材呈灰红褐色，生长轮明显；纹理直，结构均匀，干缩小，加工略困难，切面光滑，油漆、染色、胶黏性能好，握钉能力差，不耐腐；气干密度约为0.47g/cm³	建筑、模板、细木工、室内装修、枕木、包装箱、家具等；价格低		
云杉	常绿乔木，高约35m，胸径约0.8m；分布于俄罗斯西伯利亚和我国东北地区	心材边材区别不明显，木色呈黄白色至黄褐色，略带红色，有松脂气味，生长轮明显；纹理直，结构细，材质轻，有弹性，易加工，切面光滑，油漆、胶黏、着色性能良好，握钉力低，略耐腐；易干燥，易翘曲变形；气干密度约为0.5~0.6g/cm³	胶合板、家具、航空器材、造船、桥梁、枕木、乐器、模型、体育用品、造纸等；价格低		
椴木	乔木，高约20m，直径约1.2m；主要分布于我国东北、华东地区及福建、云南等地区，美国、南非等地也有分布	散孔材；心材边材区别不明显，色白质轻，生长轮明显，纹理通直，结构细腻，加工性能良好，韧性好，不易开裂，耐磨耐腐；气干密度约为0.5~0.55g/cm³	雕刻、胶合板、乐器、家具、建筑模型、木制工艺品、漆器木胎等；价格较低		
泡桐木	乔木，高约40m，直径约2m；广泛分布于我国华北、中原地区，国外也有移植	环孔材；心材边材区别不明显，显黄白色，材质轻软，耐腐、耐磨、耐虫蛀，木质细腻，纹理优美，有光泽，有香味，干缩小，胶黏、油漆、上色能力佳，握钉力弱，导热低，易于加工，缺陷少，干燥快，不易变形翘曲；气干密度约为0.23~0.4g/cm³	家具、建筑、乐器、模型、玩具、雕刻、工艺品、棺材等；价格较低		
桦木	落叶乔木，高约27m，胸径约0.8m；主要分布于俄罗斯远东地区及我国东北、华北地区及内蒙古地区	散孔材；心材边材区别不明显，木材呈黄白色略带褐色，生长轮明显；纹理直至斜，结构细腻均匀，重量、硬度、强度中等，有弹性，干缩小，加工性能良好，切面光滑，胶黏、油漆、磨光、握钉性能好，不耐腐，干燥快，易翘曲开裂；气干密度约为0.67g/cm³	胶合板、细木工、家具、运动器材、乐器、车辆、造纸等；价格中等偏低		

续表

名称	产地分布	材质特征	用途及价格	纹理	应用案例
杨木	大乔木，高约 30m，直径约 1m；分布于美国、加拿大、俄罗斯及我国北方地区	散孔材；心材边材区别不明显；木材呈奶黄色至浅黄褐色；光泽好，纹理直，结构细，质轻软，强度低，干缩小，加工容易；胶黏、上钉、染色性能较好；干燥快，不耐腐，易开裂翘曲；气干密度约为 $0.4g/cm^3$	胶合板、包装、火柴、铅笔、造纸、地板、日用器具等；价格低		
橡胶木	乔木，高约 30m，直径约 0.15~0.4m；分布于我国南部沿海地区，东南亚及南美地区	散孔材；心材边材区分不明显，心材呈浅黄至黄红褐色，边材色浅；材质较轻软，生长轮略明显至不明显；干缩小，密度轻至中，机械加工和涂装性能良好；气干密度约为 $0.4~0.64g/cm^3$	家具、板材等；价格较低		
柳桉	分为白柳桉和红柳桉；常绿乔木，高约 60m，胸径约 2m；分布于东南亚地区，我国主要从印尼、马来西亚进口	散孔材；心材边材区别略明显，心材呈红褐至砖红色，边材呈黄白色，生长轮不明显；有光泽，纹理交错，结构粗，重量中至重，强度中至高，干缩小，容易加工，刨面光滑；胶接、油漆及握钉性能好，略耐腐，干燥稍慢；气干密度约为 $0.56~0.86g/cm^3$	胶合板、细木工板、家具、地板、建筑、造船等；价格低		
榆木	落叶乔木，高约 25m，胸径约 1m；广泛分布于我国北方和俄罗斯、蒙古、欧洲及北美地区	环孔材；心材边材区分明显，边材暗黄，心材呈紫灰色；木纹美丽粗犷，木性坚韧，耐腐，力学强度高，硬度较高，易加工，胶接、油漆、握钉性能好，易烘干，不易开裂翘曲；气干密度约为 $0.68g/cm^3$	家具、建筑、雕刻等；价格中等		
黄杨木	常绿灌木或小乔木；树高达 1~6m，直径达 0.15~0.3m；广泛分布于我国温带及亚热带地区和南欧、西亚	散孔材；心材边材区别不明显，色泽黄白，材质坚硬，有光泽，生长轮不明显，纹理细腻，棕眼小，气味清香，干燥性能差，稳定，易加工，耐腐，不易开裂翘曲；气干密度约为 $0.85g/cm^3$	雕刻、工艺品等；价格较高		
香樟木	常绿乔木，高约 16m，直径达 0.3~0.8m；广泛分布于我国长江以南及西南地区	散孔材；心材边材区别明显，边材呈黄褐至灰褐色，心材呈红褐色；木质细密，结构均匀，纹理交错细腻，重量中，强度中等，质地绵软，易加工，胶接、油漆、握钉性能好；具有樟脑气味，较难干燥，干缩小，不易变形，防虫蛀；气干密度约为 $0.59g/cm^3$	家具、雕刻、工艺品等；价格中等		
山毛榉	乔木，高达 30~45m，直径 1.2m 左右；分布于欧洲及北美地区	环孔材；心材边材区别略明显，边材呈白色，心材呈浅黄褐色微红，纹理直，结构细腻，重量中等，干缩中，易加工，切面光滑，胶黏、油漆、弯曲、染色、握钉、磨光性能好，不耐腐，干燥速度中等，易翘曲开裂；气干密度约为 $0.67~0.72g/cm^3$	家具、地板、贴面板、胶合板、细木工制品、玩具、室内装修、运动器械等；价格中等		
水曲柳	落叶乔木，高达 25~30m，胸径约 1m；分布于俄罗斯远东地区、朝鲜、日本及我国东北、华北地区	环孔材；心材边材区别明显，心材呈暗灰褐色，边材呈黄白色，生长轮明显；纹理通直，花纹美丽，结构粗，重量和硬度中等，强度高；干缩较大，易加工，切面光滑，胶黏、油漆、着色性能好，握钉力强，略耐腐，干燥慢，易翘曲开裂，适合蒸汽弯曲；气干密度约为 $0.6~0.72g/cm^3$	家具、胶合板、运动器材、室内装修、机械制造、车船、地板、军工等；价格较高		

名称	产地分布	材质特征	用途及价格	纹理	应用案例
白蜡木	乔木，高达 25~36m，直径达 0.6~1.5m；主要分布于北美和欧洲地区，我国主要从美国、加拿大进口	环孔材；心材边材区分明显，心材呈黄褐色，边材呈奶白色，纹理直，结构较粗，硬度较高，油漆、上色、胶黏、抛光性能佳，有弹性，耐冲击，可蒸汽弯曲，易虫蛀，易加工，干燥快，不耐腐；气干密度约为 0.66g/cm³	家具、运动器材、船舶等；价格中等偏高		
白橡木	乔木，高达 15~30m，直径可达 1m 以上；主要分布于欧洲、亚洲北部、北美地区	环孔材；心材边材区分明显，心材呈浅红褐色至浅褐色，边材呈黄白色，生长轮明显；纹理直，结构粗，材质硬，干缩小，加工较难，切面光滑，油漆、胶黏、弯曲性能好，磨光性能一般，握钉力强，略耐腐，边材易虫蛀，干燥慢，易开裂翘曲；气干密度约为 0.63~0.79g/cm³	葡萄酒桶、装饰板、高档家具、地板、楼梯、运动器材、船舶、仪器箱盒等；价格较高		
红橡木	乔木，高约 36m，直径达 0.6~0.9m；主要分布于欧洲、亚洲北部、北美地区	环孔材；心材边材区别明显，心材呈粉红至浅红褐色，边材呈灰白色，生长轮明显；纹理直，结构粗，材质中硬，干缩小，加工难，切面光滑，油漆、胶黏、弯曲、磨光性能一般，握钉力强，略耐腐，干燥慢，易开裂翘曲；气干密度约为 0.66~0.77g/cm³	高档家具、胶合板、地板、装饰板、运动器材、车船、室内装修等；价格中等偏高		
软枫木	又称为软槭木，落叶乔木，高达 15~28m，胸径约 0.75m；主要分布于加拿大、美国东部及北欧地区	散孔材；心材边材区别明显，心材呈浅红褐色，边材呈白色至灰白色，生长轮明显；纹理通直，花纹美丽，材质细腻，密度中等，易加工，胶黏、上色、油漆、握钉性能好，干燥较慢；气干密度约为 0.49~0.55g/cm³	家具、细木作、地板、乐器、工艺品、胶合板、木皮等；价格较高		
硬枫木	又称为槭木；乔木，高达 20~37m，直径达 0.6~0.9m；分布于我国南方和北美地区，我国主要从美国、加拿大进口	散孔材；心材边材区别明显，心材色泽红棕，边材暖白，具有自然光泽，部分可见"鸟眼纹""虎纹"，密度大，硬度高，质地细腻，耐磨，难加工，胶黏、握钉性能好，干燥慢；气干密度约为 0.72g/cm³	家具、乐器、板材、工艺品、地板、木皮、室内装修等；价格高		
黑胡桃	乔木，高约 30m，胸径约 1.5m；广泛分布于北美、中美和东亚地区，我国主要从美国、加拿大进口	半环孔材；心材边材区别明显，心材呈紫褐色至黑褐色，具有褐色细条纹，边材呈黄白色，生长轮明显；纹理美丽，结构均匀，中等密度，硬度较高，耐用性好，易加工，切面光滑，胶黏、油漆、磨光性能较好，耐腐；气干密度约为 0.56~0.67g/cm³	家具、器皿、日用品、装饰木皮、乐器、胶合板、室内装修等；价格高		
樱桃木	中乔木，高达 18~24m，胸径约 0.75m；分布于北美、欧洲及地中海地区，我国主要从美国、加拿大进口	半环孔材至散孔材；心材边材区别明显，心材呈红褐色，边材粉白，纹理美丽，材质细腻，光泽较好，硬度较高，耐用，易加工；气干密度约为 0.58g/cm³	家具、地板、模型、乐器、高档细木工制品、室内装修等；价格高		
沙比利	又称为筒状非洲楝；大乔木，高约 40m，胸径达 1m 以上；分布于非洲热带雨林地区，我国主要从喀麦隆、加蓬、刚果进口	散孔材；心材边材区别明显，心材新切面呈红褐色，久置氧化成铁锈红色，边材呈浅黄白色，生长轮不明显；纹理交错，结构细匀，重量及硬度中等，强度高，干缩大，易加工，胶黏、油漆、着色、握钉、磨光性能好，略耐腐，干燥快，易翘曲变形；气干密度约为 0.61~0.67g/cm³	乐器、家具、地板、船舶、装饰木皮、板材等；价格中等偏高		

续表

名称	产地分布	材质特征	用途及价格	纹理	应用案例
柚木	乔木，高达 39~45m，胸径约 1.5m；主要分布于东南亚，主要从缅甸进口	环孔材至半环孔材；心材边材区别明显，心材呈金黄褐色，边材呈黄白色，生长轮不明显；具有金色光泽，有油性，纹理直，结构略粗，重量和硬度中，干缩小，易加工，切面光滑，油漆、胶黏、握钉性能好，很耐腐，干燥性能好；气干密度约为 0.58~0.67g/cm³	高档家具、船舶、车辆、地板、乐器、雕刻、饰面板、器皿等；价格高		
斑马木	又称为乌金木；大乔木，高约 45m，直径达 1m 以上；分布于西非地区，我国主要从加蓬、喀麦隆进口	散孔材；心材边材区别明显，心材呈浅褐色，具有深浅相间的细条纹，边材呈白色，生长轮明显；纹理交错，结构粗，均匀，材质中至重硬，强度高，干缩甚大，易加工，胶黏、握钉、油漆、刨光性能好，耐腐，易开裂变形；气干密度约为 0.73~0.8g/cm³	家具、装饰木皮、工艺品、乐器、工具手柄等；价格高		
菠萝格	又称为印茄、铁梨木；大乔木，高约 45m，胸径可达 1.7m；分布于东南亚及太平洋群岛，我国主要从印度尼西亚、马来西亚进口	散孔材；心材边材区别明显，心材呈暗红褐色，边材呈淡黄白色，生长轮明显；纹理交错，结构粗，质重硬，强度高，干缩甚小；加工较难，易钝锯，胶黏、油漆、握钉性能好，耐腐，干燥慢，稳定性好；气干密度约为 0.8g/cm³	室内家具、户外家具、楼梯围栏、地板、细木工、雕刻、桥梁码头、船舶等；价格中等		
红花梨	又称为非洲紫檀；大乔木，高可达 30m 以上，直径约 1.5m；分布于非洲中部热带地区，我国主要从喀麦隆、加蓬、刚果进口	散孔材；心材边材区别明显，心材新切面呈血红色，久置变为暗红色，边材呈黄白色，生长轮不明显；有微弱香味，纹理直至交错，结构中，重量中至重，硬度及强度中等，干缩中等，易加工，胶黏、握钉性能好，耐腐，干燥慢，缺陷少；气干密度约为 0.67~0.82g/cm³	家具、装饰木皮、雕刻、工艺品、工具等；价格高		
古夷苏木	又称为巴西花梨；大乔木，高达 24~30m，胸径可达 1m 以上；分布于非洲和美洲热带地区，我国主要从喀麦隆、赤道几内亚、加蓬进口	散孔材；心材边材区别明显，心材呈红褐色，常具紫色条纹，边材呈白色，生长轮明显；纹理交错，结构细而匀，质重硬，强度高，干缩性大，易加工，胶黏、油漆、握钉、刨切性能好，耐腐，干燥较快，缺陷少；气干密度约为 0.87~0.92g/cm³	高档家具、地板、建筑、装饰木皮、乐器、细木工、雕刻、工艺品等；价格较高		
绿檀	又称为乔木维腊木；大乔木，高可达 30m，直径达 0.35~0.5m；分布于中南美洲，主要产自委内瑞拉、阿根廷、巴拉圭、哥伦比亚等国	散孔材；边材呈浅黄白色，心材呈灰绿色，木质坚硬，油性大，香气浓郁，强度大，耐磨，耐腐蚀，干缩大，加工困难，胶粘难，弯曲性差，干燥困难，略有开裂翘曲；气干密度约为 1.15~1.25g/cm³	高档家具、地板、雕刻、工艺品、体育器材等；价格高		
紫心苏木	大乔木，高约 50m，直径 1m 以上；分布于南美洲热带地区	散孔材；心材边材区别明显，心材新切面为浅褐色，逐渐转为深紫色至紫色，边材呈近白色，生长轮明显；纹理直，结构细腻，质重硬，强度高，干缩小，加工略难，刨切、着色、胶黏、油漆性能好，握钉力好，耐酸耐腐，干燥慢，易开裂翘曲；气干密度约为 0.8g/cm³	高档家具、地板、室内外装修、雕刻、工艺品、乐器、造船、运动器材等；价格高		
鸡翅木	国标红木崖豆属鸡翅木类，又名非洲崖豆木；大乔木，高达 15~18m，胸径约 1m；分布于喀麦隆、刚果、加蓬等中非地区	散孔材；心材边材区别明显，界交处有一条黑线，心材新切面呈黄褐色，久置变黑褐色，具有细密黑条纹，边材呈浅黄色，生长轮明显；有油性，纹理直，结构粗而不均匀，质重硬，强度高，干缩较大，加工略难，易钝锯，握钉力好，可弯曲，耐腐，干燥慢；气干密度约为 0.88g/cm³	高档家具、地板、船舶、装饰木皮、工艺品等；价格高		

名称	产地分布	材质特征	用途及价格	纹理	应用案例
东非黑黄檀	国标红木黄檀属黑酸枝木类，又称为黑檀、紫光檀；小乔木，枝丫多，高达4~6m，胸径约0.2m；分布于热带地区，我国主要从坦桑尼亚、莫桑比克进口	散孔材；心材边材区别明显，心材呈深紫褐色至黑色，带黑条纹，边材窄，呈浅黄色；生长轮不明显；常有空洞等缺陷，截面常呈波浪形；有油性，纹理直，结构细而均匀，甚重硬，强度极高，干缩率小，难加工，易钝锯，耐腐，干燥慢，易开裂；气干密度约为1.32g/cm³	乐器、红木家具、雕刻、工艺品、工具手柄等；价格高		
微凹黄檀	国标红木黄檀属红酸枝木类；小至中乔木，高达10~20m，直径可达0.5m以上；产于中美洲巴拿马、墨西哥、尼加拉瓜、厄瓜多尔等地区	散孔材；心材边材区分明显；边材呈浅黄白色，心材有黑黄相间条纹，久则转红褐或紫褐，带黑色条纹，生长轮明显；油性大，有蜡质感，结构细腻，肌理丰富，密度大，硬度高，干缩小，较易加工，油漆性佳，胶黏性能较差，耐腐耐磨，干燥缓慢；气干密度约为0.98~1.22g/cm³	家具、装饰木皮、工艺品、乐器、工具手柄、室内装修等；价格高昂		
卢氏黑黄檀	国标红木黄檀属黑酸枝木类；乔木，高达10~12m，胸径达0.16~0.6m；主要产于非洲马达加斯加地区	散孔材；心材边材区别明显，心材新切面呈橘红色，具有黑色条纹，久置颜色变为紫红色至黑紫色，边材呈灰白色，生长轮不明显；具有酸香气味，纹理交错，结构甚细，质重，易加工，耐腐，干燥难；气干密度约为0.95g/cm³	高档家具、雕刻、工艺品、木皮等；价格高昂		
大果紫檀	国标红木紫檀属花梨木类；乔木，高达10~33m，胸径达0.5~1m；主产于泰国、缅甸、老挝、柬埔寨、越南	散孔材，半环孔材倾向明显；心材边材区别明显，心材呈橘红、砖红或紫红色，常带深色条纹，边材呈灰白色，生长轮明显；具有光泽和奶香味，纹理交错，结构中，质重硬，强度高，干缩小，易加工，油漆、胶黏性能好，握钉力中，很耐腐，易干燥，缺陷少；气干密度约为0.8~0.86g/cm³	高档家具、装饰板、细木工、地板、雕刻、车辆等；价格高昂		
交趾黄檀	国标红木黄檀属红酸枝木类，又称为大红酸枝；大乔木，高达12~16m，直径约1m；主产于东南亚泰国、老挝、柬埔寨、越南等热带地区	散孔材；心材边材区别明显，心材新切面呈紫红色或暗红褐，常带黑褐色条纹，边材呈灰白色；具有酸香气味，纹理直，结构细而均匀，甚重，甚硬，强度甚高，干缩率小，油性强，很耐腐，干燥较好，不易翘曲变形；气干密度约为1.01~1.09g/cm³	高档红木家具、乐器、地板、体育器材、雕刻、工艺品等；价格高昂		
刺猬紫檀	国标红木紫檀属花梨木类，又称为非洲花梨；大乔木，高约21m，胸径约1m；产于非洲中部，我国主要从塞内加尔、冈比亚、几内亚比绍、几内亚、马里进口	散孔材至半环孔材；心材边材区别明显，心材呈浅黄褐色、红黄色、紫红褐色，常带黑色条纹，边材呈浅黄白色，生长轮不明显；纹理直，结构细而均匀，重量中，强度中，干缩大，易加工，胶黏、油漆、握钉性能佳，易腐朽、蓝变及虫蛀，干燥性能中；气干密度约为0.8~0.85g/cm³	高档红木家具、装饰、工艺品、木地板、雕刻等；价格高		
檀香紫檀	国标红木紫檀属紫檀木类，又称为小叶紫檀；乔木，树高达4~6m，树径达0.25~0.77m；主要产于印度南部，我国云南、两广地区也有少量分布	散孔材；心材边材区别明显，心材新切面呈橘红色或鸡血红色，久则转为深紫或黑紫，边材窄，呈白色，生长轮不明显；具有特殊檀香气味，结构细腻，甚硬，强度高，干缩小，稳定性极佳；常见交错纹理，可见"牛毛纹"或"金星"，难加工，油漆、胶黏性能好，耐腐，干燥性能极佳；气干密度约为1.05~1.26g/cm³	顶级家具、工艺品、雕刻、乐器等；价格昂贵		
降香黄檀	国标红木黄檀属香枝木类，俗称为黄花梨；乔木，高约15m，胸径约0.8m；主产于中国海南	散孔材至半环孔材；心材边材区别明显，心材呈红褐或黄褐色，常带黑色条纹，边材呈灰褐色或浅黄褐色，生长轮明显；有檀香气味，结构细，质感重，纹理交错，极为稳定，不易开裂翘曲；气干密度约为0.82~0.94g/cm³	家具、装饰、雕刻、工艺品等；价格极高		

2. 红木

2017 版国家标准《红木》GB/T 18107—2017 中规定了 5 属、8 类、29 种红木（图 2-38）。国标中，所有红木都来自豆科和柿树科树种。其中豆科又分紫檀属、黄檀属、崖豆属和决明属 4 个属，柿树科包含柿树属 1 个属。其中紫檀属和黄檀属占据了红木的大多数种类。通过上文的介绍我们已经了解到部分红木树种的特性，红木树种的颜色、纹理、气密度，以及价格等存在较大差异。总体来讲，红木树种在密度、硬度和稳定性方面要优于其他树种，是用作高档细木作的优质木材。但需要注意的是，目前部分红木树种已经禁止进出口贸易，我们要注意鉴别，合理选材，更要珍惜红木资源。

3. 木材识别

正确识别木材是选材用材和保证材料真实性的基础。下面我们简单了解一下木材的识别方法。

从宏观层面识别木材，通常借助肉眼或放大镜对木材的各个特征进行观察，得出大致结论。通常可采用以下几种方法：

1）从树皮颜色或形状判断

如桦树皮白（图 2-39），松树皮多皲裂（图 2-40），桐木皮易脱落（图 2-41）等。

2）从横截面识别

观察髓心、生长轮、木射线、树脂道、管孔、心材与边材等木质特征，如紫光檀的边材黄白，心材黑褐，区分明确（图 2-42）。

3）从弦切面或径切面识别

观察树脂道、结构、纹理、光泽等特征，如水曲柳（图 2-43）与白蜡木（图 2-44）纹理近似，但

图 2-38　2017 版国家红木标准

图 2-39　桦树皮

图 2-40　松树皮

图 2-41　桐树皮

图 2-42　紫光檀

图 2-43　水曲柳

图 2-44　白蜡木

色泽更为灰暗，触感更加粗糙。

4）从木材的软硬识别

如使用指甲按压木材表面可以快速检测木材硬度。

5）从木材的重量识别

如用手掂量一下即可感受到不同木材的重量差异。

6）从木材气味识别

如松木有松香气味，香樟木有樟脑气味，檀木有檀香味等。

7）从其他特征判断

如树木的冠型、径围、高度、枝叶、花果等特征。

对于木材种类的精确识别与鉴定，目前有对分检测表法、穿孔卡片法、计算机识别法等，通常由专业的木材鉴定机构给出结论，本节不再详述。

4. 人造板材

现代木工作业中，除了实木木料，各种人造板材也被广泛应用。人造板材是将木材或其他植物纤维的小料、角料、废料或碎屑切片、粉碎后加工制成（图 2-45、图 2-46）。以木材为来源的人造板材充分利用了木材的小料和废料，提高了木材的利用率，节约了木材。相较于实木木料，人造板材产品具有尺幅大、规格统一、表面光洁、使用方便、变形量小、应用场景丰富的优势，在板式家具制作和室内外装修中大量使用。

因生产过程中使用了较多的化学胶水，板材的环保性是选材时需要重点关注的问题。国内外对板材的环保性能都有详尽的标准。根据我国环保标准，板材中的甲醛限量等级可以分成三个级别，即 $E_2 \leq 5.0mg/L$，$E_1 \leq 1.5mg/L$，$E_0 \leq 0.5mg/L$；在室内场景中，应采用 E_1 以上环保标准的板材。

表 2-3 是市场上常用板材类型及其特性。

图 2-45　人造板生产过程

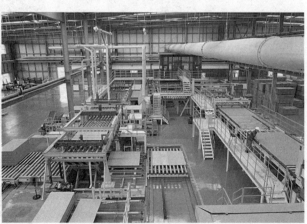

图 2-46　人造板生产车间

表 2-3　常用木工板材

名称	基本介绍	基本特点	常见类别	常见规格（mm）	用途	图例
指接板	属实木集成板类，由多块小尺寸同种木板拼接而成，在长度方向采用锯齿形交叉接合，宽度方向直拼接合	集约木材，小材大用，劣材优用，易于加工成型，具有实木纹理，稳定性好	分为有节（节疤）指接板和无节指接板两类；材质有杉木、橡胶木、樟子松、辐射松、橡胶木、红橡木、香樟木等	长宽尺寸： 610×1220 610×2440 1220×1220 1220×2440 厚度：6~38 不等	家具、室内装修等	
直拼板	属实木集成板类，由多块特定宽度的木条直拼而成，长度方向无拼接	集约木材，小材大用，劣材优用，易于加工成型，具有实木纹理，纹理通直，稳定性好	分为有节（节疤）直拼板和无节直拼板两类；材质有香杉木、橡胶木、樟子松、辐射松、橡胶木、红橡木、香樟木等	长宽尺寸： 610×1220 610×2440 1220×1220 1220×2440 厚度：6~38 不等	家具、室内装修等	
多层板	又称为胶合板、层压板；由三层至多层薄木板纵横交错，使用胶水粘合后热压制成	表面平整，纵横强度一致，尺寸稳定性好，不易变形，耐久性好，易于加工	根据用材的不同分为桦木芯、杨木芯、杉木芯、松木芯、柳桉芯、橡胶木芯、杂木芯等；饰面后即为免漆板	长宽尺寸： 915×915 915×1220 915×1830 1220×1220 1220×2440 厚度：3~40 不等	家具、室内装修等	
密度板	以木质纤维或其他植物纤维为原料，混合树脂，高温加压制成	板面平整光滑，材质致密，易于加工造型，有较好的韧性，但防潮性能差，握钉力弱，环保性较差	根据密度可分为高密度纤维板、中密度纤维板、低密度纤维板	长宽尺寸： 610×1220 915×1830 915×2135 1220×1220 1220×2440 1220×3050 厚度：1~30 不等	橱柜、墙板、乐器、包装箱等	
细木工板	以杉木等廉价实木为芯材，两面覆盖胶合板压制而成	强度较高，握钉力好，方便加工，应用广泛，质量参差不齐，环保性较差	根据芯材可分为实心细木工板和空心细木工板	长宽尺寸： 1220×1220 915×1525 915×1830 1525×1525 1220×1830 1220×2440 厚度：16~18 不等	家具、墙板、建筑、船舶等	
刨花板	又称为颗粒板；将各种杂木、小料或刨花粉碎施胶加压制成	结构均匀稳定，节约材料，握钉力好，承重较好，耐久性较好	根据结构可分为单层、三层、渐变结构刨花板等；饰面后即为免漆板；当前市场上流行的欧松板也是刨花板的一种	长宽尺寸： 915×1220 915×1525 915×1830 1220×1525 1220×2000 1220×2440 厚度：9~25 不等	家具、建筑装饰、包装箱等	

续表

名称	基本介绍	基本特点	常见类别	常见规格（mm）	用途	图例
免漆板	一般指三聚氰胺板，又称为生态板；基材为刨花板或细木工板，表面由印有不同花纹肌理的纸膜浸泡入三聚氰胺树脂胶粘剂，干燥固化后粘合而成	表面平整，握钉力较好，强度高，防潮性能佳，纹理美观，易于加工，切割时易爆边	根据芯材不同有马六甲、杉木、柳桉、多层板、颗粒板、刨花板等分类；表面可通过印刷花纹模拟各类木材纹理	长宽尺寸：915×1220 915×1525 915×1830 1220×1525 1220×2000 1220×2440 厚度：3~25 不等	家具、室内装修等	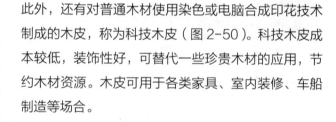
饰面板	一般指装饰单板贴面胶合板；将实木薄片粘贴在胶合板制作而成，表面以清漆饰面	表面平整光洁，花纹美丽，装饰性好，结构轻薄易加工	根据实木薄片所用木材不同，有多种花色可选择	长宽尺寸：1220×2440 厚度：2~7 不等	柜体、手工艺品、墙面、楼梯等	

5. 木皮

将木材进行刨切或旋切可以制得木皮或薄木板（图2-47、图2-48），其厚度在 0.1~3mm 之间（厚度大于 1mm 的木皮也称为单板）。木皮通常从各类珍贵木材取材，其材料珍贵，花纹美丽，常用于在廉价木材表面进行贴皮装饰（图2-49）。按照形态分类，木皮可分天然木皮、拼接木皮、无纺布木皮等。

此外，还有对普通木材使用染色或电脑合成印花技术制成的木皮，称为科技木皮（图2-50）。科技木皮成本较低，装饰性好，可替代一些珍贵木材的应用，节约木材资源。木皮可用于各类家具、室内装修、车船制造等场合。

【拓展思考】

1. 除了本节介绍的这些木材种类，在自己的家乡，还有哪些木材？这些木材用在了哪些地方？
2. 贴皮家具是实木家具吗？

图2-47 木皮

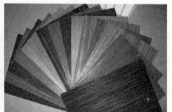

图2-48 薄木板

图2-49 贴皮板材

图2-50 科技木皮

2.4 木材的切割

为方便储运和使用，木材砍伐后一般要进行切割和干燥处理。图2-51~图2-53为伐木锯材的一般流程。可以看出，木工常用木材主要是树木的主干部分。树木的枝杈部分因重力作用常会产生应力木，不宜用于实木制作，但是粉碎后可以用于制作人造板材或造纸（图2-54）。

木材的切割大致可分为四类方法：横切、径切、弦切和旋切。不同的切割方法影响木材呈现的纹理特征和物理特性。需要注意的是，商用木材的径切板、弦切板与前节所述木材构造时了解到的径切面和弦切面在定义上有所区别：木材生产中，板材宽面与生长轮夹角在 45°~90° 的板材称为径切板，板材宽面与生长轮夹角在 0°~45° 的板材统称为弦切板（图 2-55）。在实际工作中，也可能会遇到其他方向的切割，例如成角切割，也就是与木材纤维方向呈锐角或钝角的切割，最常见的是 45° 的切割（图 2-56）。

图 2-51　伐木场

图 2-52　储料场

图 2-53　锯木开板

图 2-54　木材边料的粉碎处理

图 2-55　木材的常用锯切方式

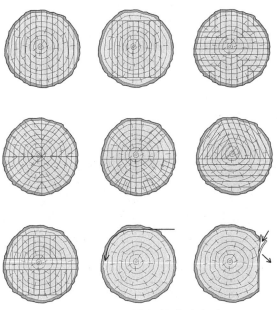

图 2-56　木材的各类锯切方法

弦切板和径切板的切割方式各有优劣。从图2-57、图2-58中可以看出，从切割工作量和成本角度，弦切板操作更加简单，成本更低；从材料的最大化利用角度，弦切板出料率更高；从锯切面的纹理观察，径切板面呈现条纹状花纹，弦切板面呈现山水纹、火焰纹等纹理，在木制品的不同位置应用，效果有较大差别；从锯切方式可以看出，弦切板可以取到最大接近树干直径的宽板，而径切板最大宽度只能接近树干半径，因此很难有宽板；在后边的章节中，本书会讲解木材的形变缺陷，读者可以了解到木材的弦切板形变量要大于径切板，是径切板的两倍左右。因此，从尺寸稳定性角度，径切板要优于弦切板。了解了弦切板和径切板的优劣与差异，在选材和用材的时候就要仔细观察和判断，扬长避短，充分发挥每种材料的最大优势（表2-4）。

表2-4　弦切板与径切板的比较

切割方式	锯切方法	成本	木材利用率	纹理	板材宽度	形变量	形变方式
弦切板	平行	低	高	山水形	可取得宽幅板材	较大	瓦形
径切板	向心	高	低	条纹状	难得宽板	较小	梯形

除了上述切割方式外，在商业生产中，还有一种制取薄木板或木皮的方法，称为旋切。如图2-59所示为旋切的常用方法。

木材的切削是一门复杂的学问，涉及材料学、机

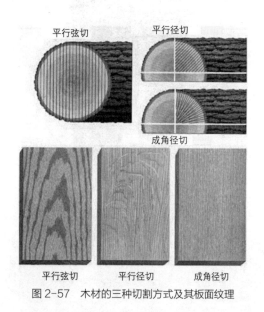

图2-57　木材的三种切割方式及其板面纹理

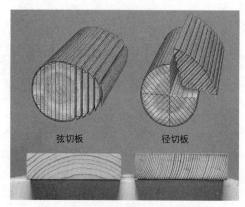

图2-58　弦切板与径切板的端面纹理

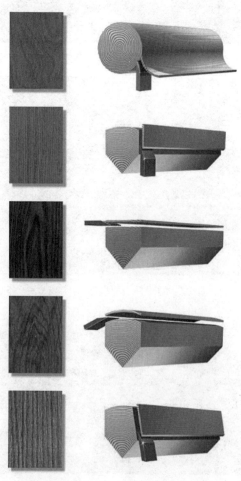

图2-59　木材的旋切

械学、力学等多学科知识。为更好地实现切削目的，完成优良的切削表现，下面简要介绍一下木材切削的作用机制。

木材切割的实质就是在力的作用下，使刀具的切削刃深入到木材内，将木材的某一部分截断并以刨花或锯末的方式去除。施加于刀具上的力，是为了克服木材抵抗刀具深入的阻力和摩擦力。相同条件下，对木材进行径向切削所用切削力最小，比弦切小 3~4 倍，比横切小 5~6 倍。不同硬度的木材，所需要的切削力差别较大，木材越硬，所需切削力越大。如将松木的单位切削抗力取为 1，则桦木为 1.2~1.3，山毛榉为 1.3~1.5，橡木为 1.5~1.6，椴木为 0.8。此外，木材的节疤需要更大的切削力，纹理通直的木材比斜纹木材所需切削力小一些。通常，刀具的刃部越尖锐，切削木材所需用力就越小，但是加工较硬木材时，容易造成刃部快速变钝或损伤。刀具变钝时，木纤维反弹对刀具产生更大的压力，刀具与木材的摩擦力增大，会导致切削困难，效率变低，还会造成木料因摩擦生热产生焦糊现象。

为减少后续打磨及表面处理的难度，在木材切割过程中，应注意以下影响木材切削面光洁度的几个因素，合理操作。

1）切削方向

一般要先观察木料的花纹走向决定刨削方向，顺木纹刨削可取得更光滑表面（图 2-60）。通常使用锋利的刀具切削出的端面可取得光滑平面，径向切割也较容易取得光滑的切削面，弦向切割一般难以获得非常平滑的表面，较易造成戗茬或毛刺现象。

2）切削厚度

切出的切屑越厚，其对弯曲和折断的抗力越大，造成的纤维撕裂就越大，易造成切削面出现较长的纤维凹槽（戗茬）。反之，切削厚度越薄，越容易在木料表面形成光洁的平面。

3）切削角度

加大切削角可以改善加工光洁度。刀具与被加工面切角增大时，近似对木材进行刮削，可以切出极细薄的切屑（图 2-61）。

4）切削速度

切削速度越大，被加工的表面越光洁。增大切削速度，可防止木材的惰性纤维支撑现象，切屑的纤维

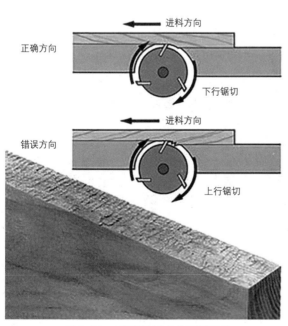

图 2-60 不同送料方向的切削区别

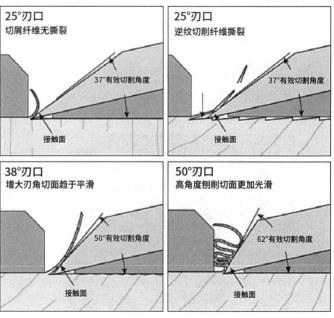

图 2-61 刃角大小与切削效果

在未被压弯或未与木材撕裂之前就被刀刃切断。更快的切削速度，还能够减少木材与刀具的摩擦，防止摩擦生热造成刃具的损坏和木料的焦糊。

5）纤维挡块

手工刨刨腹的镶口、盖铁，以及机械刨床刃部前后的挡铁都是用于将刃具切削后的木纤维进行及时折断，以防止长条纤维的撕裂带来的表面不平效果。

6）刀具锋利度

锋利的刃具能够在切削木材时取得光滑的表面。使用变钝的刀具时，会将木材的纤维压折或撕裂，造成木材表面粗糙不平（图2-62）。俗语讲磨刀不误砍柴工，就是要求我们要随时保持刀具的锋利才能提高工作效率。

图2-62　钝化的工具易形成毛刺

7）木材的构造

木材的节疤、斜纹和乱纹较易造成加工时木材的撕裂和戗茬现象（图2-63）。

图2-63　刨削戗茬

以上仅从原理角度介绍了木材切割的部分机制，在后续的章节中，将结合具体工具和实际操作详细讲解木材切割的注意事项。

【拓展思考】

1. 观察一下身边的实木家具，能否判断其切割类型？
2. 怎样避免切割戗茬？怎样避免切割木料边缘的毛刺或劈裂？

2.5　木材的干燥

木材学是一门与水分打交道的学科。我们使用木材制作木制品，尤其要关注木材加工前后的含水率问题。

新砍伐的木材细胞腔及细胞间隙中含有大量的自由水，细胞壁中也含有一定量的结合水。木材砍伐后放置在大气环境中，会不断与环境交换水分。当细胞中不含自由水，且细胞壁中的水分与大气湿度处于平衡状态时，称为气干状态（图2-64）。木材所含水分的重量与木材总重量的比，称为木材的含水率。当细胞腔中没有水分，而细胞壁中的结合水处于饱和时的状态称为纤维饱和点。一般木材的纤维饱和点含水率在30%左右。含水率大于或等于纤维饱和点时，木材的强度和形状不发生变化，低于纤维饱和点时，木

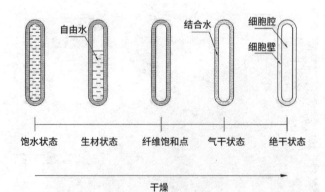

图2-64　木材的各种状态

材会产生体积收缩、变形、强度增大、导电性变弱等状态变化。

新砍伐的木材含水率在 40%~200% 之间，大多都需要干燥处理后再使用。干燥后的木材稳定性、刚性、硬度都会大大增加，重量会减轻，能够防止木材在使用过程中开裂或变形，同时也会更防虫耐腐。通常用于室内的木材，平衡含水率应控制在 8%~12% 左右，用于室外的木材平衡含水率应控制在 15% 左右。另外，使用地区不同，对木材含水率的控制也应有所差别，一般北方地区应将木材含水率控制在 12% 左右，华中地区 16%，南方湿润地区则可控制在 18% 左右。考虑到木材具有吸着滞后的特性，通常工厂需要将木材干燥后的含水率在以上几个指标的基础上降低 2%~3% 为宜。

当前，木材行业中的干燥工艺分自然干燥法和人工干燥法两类。

1. 自然干燥法

木材锯解后，堆放在干燥且通风良好的地方，避免日晒雨淋，直至木材自然干燥。木材码放时要在板材之间留出缝隙用于空气流通。采用自然干燥的木材比人工干燥的质量要好，强度与耐久度均高，费用低，但耗费的时间很长——根据材种不同，干燥时间约在半年到三年之间，且较难干燥到标准含水率（图 2-65、图 2-66）。

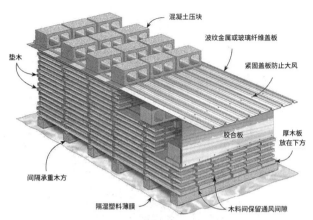

图 2-66　木材自然干燥法示意图

知识点：如何判定木材的含水率

（1）最简便的办法是使用木材含水率测试仪：将木材截取出一段新的截面，将仪器指针插入端面，即可看到含水率读数。

（2）可用称重法进行测量：取测试切片放进烘箱内烘至全干，与新切片的称重换算出含水率。

（3）比较粗略的测试方法可以将两块相同材质的木料进行掂量，重的木材含水率高。如果木材表面生霉菌或者新开切面容易起毛刺，则表示木材含水率较高。

2. 人工干燥法

1）窑干法

在室内使用热空气循环带走木材水分，是目前木材干燥最常用的方法。干燥时长约数天至数周之间，通常能获得更低含水率的木材（图 2-67、图 2-68）。

图 2-65　木材自然干燥法

图 2-67　木材窑干法

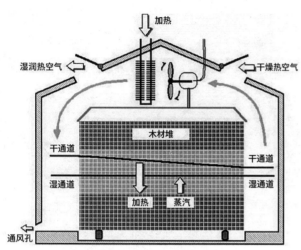

图 2-68 木材窑干法示意图

图 2-70 木材微波干燥设备

2）浸材法

将木材放在流动的水中，10~20 天后取出切割成材，再进行自然通风干燥，时间节省一半，浸材法得到的木材强度较自然干燥法差。

3）煮材法

将木材放在锅内蒸煮 1~5 小时，取出进行自然干燥。强度变差，耐久性增加，多用于小尺寸木料的干燥处理。

4）高频与微波干燥法

在交变电磁场的作用下，对木材加热干燥。干燥均匀性好，内应力低，成本较高，适合珍贵木材的干燥（图 2-69、图 2-70）。

5）真空法

将木材放置于蒸馏器加热加压，然后抽成真空，排出湿气使木材干燥。适用于小尺寸木材的快速干燥。

6）红外线干燥法

使用红外线对木材进行热辐射，蒸发水分。速度较快，成本较高。

7）太阳能干燥

利用太阳辐射热能加热空气，利用热空气在集热器与堆料之间循环干燥木材（图 2-71）。

8）除湿干燥

利用除湿设备循环空气带走木材水分。

图 2-69 木材高频干燥设备

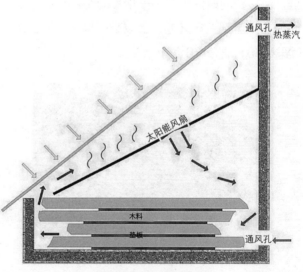

图 2-71 太阳能干燥法

【拓展思考】

1. 俗话说，"干千年，湿千年，干干湿湿两三年"，这句话说明了什么道理？

2. 窑干法中，如果空气过热，干燥过快，可能会导致什么后果？

2.6 木材的优缺点

木材是一种高分子复合材料，自身各向异性的结构和物理化学特性决定了其优点和缺点都较为显著。

1. 木材的优点

从之前的章节内容中我们可以总结出木材的以下几个优点：

1）木材是可再生材料，取材来源广，加工容易，环保性好。木制产品制作相对简单，在建筑与家居方面应用广泛。

2）相对于金属等材料，木材材质轻，强度高，强重比大，可用于各类交通工具及其零部件的制造。

3）木材花纹美丽，亲和力强，具有较好的视觉装饰效果，能够使人身心愉悦。

4）木材具有弹性，耐冲击，在包装箱、枕木、精密仪器、体育用品等抗振领域应用广泛。

5）木材保温性能好，干燥木材的电绝缘性好，且能平衡室内空气湿度，在室内装修中应用效果显著。

6）木材具有良好的隔声性能和声共振性能，常用于演播场所和乐器制作。

2. 木材的缺陷

木材的缺陷大致有三个来源。一是在树木生长过程中，受自然环境及各种因素影响，导致木材产生多种缺陷；二是木材在生长周期内或砍伐后，受真菌、细菌、昆虫等生物侵害而产生的缺陷；三是在木材锯切后，因切割方式、干燥方式和存储状态的不同而呈现出不同的缺陷，影响到木材的使用价值。

我国国家标准《原木缺陷》GB/T 155—2017将呈现在木材上能降低其质量，影响其使用的各种缺点均定为木材缺陷。标准中规定的缺陷分为六大类：节子、裂纹、干形缺陷、木材结构缺陷、真菌造成的缺陷、伤害。

下面我们了解一下木工用的商品锯材最常见的几种缺陷（图2-72）。

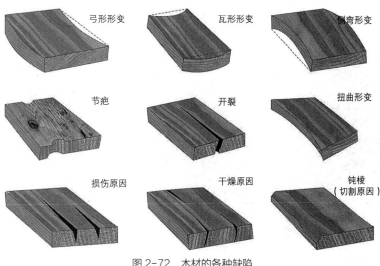

图2-72　木材的各种缺陷

1）变形

木材会随环境的湿度变化而发生干缩湿胀的形变。根据树种的不同，全干木材的体积收缩可达7%~20%，其纵向形变小于横向形变。受木材各向异性的影响，一般弦切板的尺寸形变量在6%~12%之间。径切板的尺寸变化受木射线等结构的约束，其形变量在3%~6%之间，为弦切板形变的一半左右。而木材长度方向的形变量在0.1%~0.3%之间，几乎可以忽略不计。另外正反纹理面形变量也有较大差别，靠近髓心的正纹理面木纹质地坚硬，木纹密实，通常形变量较小，约为2%~9.5%，靠近边材的反纹理部分木质较新，含水量大，更易产生较大的形变，约为4.2%~14%。此外，因为晚材的干缩率大于早材，所以，通常晚材率高的材种，横纹干缩值也越大（图2-73）。

根据形变结果区分，木材的形变主要有瓦形形变、弓形形变、侧弯形变、扭曲形变、梯形形变和局部形变等几种类型（图2-74）。靠近树皮一侧的新生木质含水量高，失水后会率先发生紧缩，形成与年轮弧度相反的瓦形形变或边材变薄的梯形形变；如果木材自身的各部位密度不均（节疤或伤病），或者堆料不当，存储过程中也可能发生局部形变或者扭曲形变；还有一些髓心偏向一侧的木材或者失水不平衡的木材，内部应力不均，切割后应力得到释放，可能会发生弓形形变或扭曲形变。

图2-75反映了不同位置的锯切板，在拼板后的形变趋势。我们可以看到，对于弦切板，木材干燥后会发生与年轮方向相反的瓦形形变趋势；标准的径切板四周均匀收缩，边材区域收缩相对较大，但整体变形量较小；通过髓心的径切板则会发生两边变薄的梭形变形现象；而与年轮方向呈夹角的锯切方式，则会带来菱形形变或者不规则形变的问题。其实，这些形变方式的趋势是可以预测的，我们只需要记住，木材的弦向形变量大，径向形变量小，边材形变量大，心材形变量小，就可以预知到不同位置锯切出来的板材的形变趋势。

我们通常把木材的形变量大小称为"木性"，木性大的木材受干缩湿胀的影响大，反之则小。例如水曲柳、山毛榉等木性较大，受环境湿度影响后，易发生变形、开裂等问题。而檀香紫檀、柚木等木性就非常稳定。

（1）如何抑制木材的形变呢？

为了防止木制品制成后发生形变，可以采用高温干燥、化学改性、机械抑制或表面涂装等方法来稳定木性。高温干燥利用了木材的吸着滞后特性，化学改性抑制了分子羟基的吸湿特性，这两种方法通常需要由木材商来完成。机械抑制可采用小尺寸拼接或横纵纹叠拼的方法实现，这种方法多用于板材的制作，如将木材制作成指接板或多层板等。而表面涂装的方法是实木制作中最常使用的办法。关于木作的表面涂

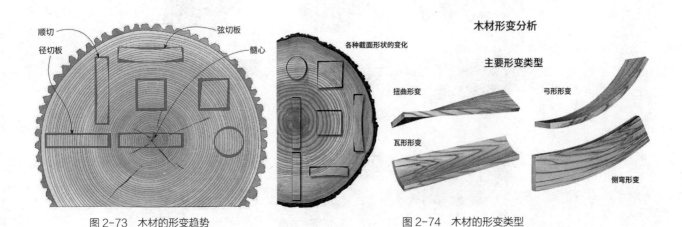

图2-73 木材的形变趋势

图2-74 木材的形变类型

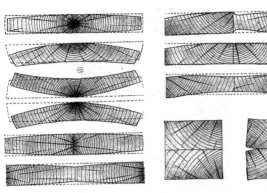

图2-75 木材拼板的形变趋势

装，可以关注第6章表面处理工艺的相关章节。

（2）如果木材在制作前已经发生了形变，我们如何修复木材的形变呢？

①如果薄板发生了瓦形形变，可在凹面喷水，凹面朝下放在太阳或烘烤设备下炙烤一段时间，直至板材恢复平整。

②如果厚板发生了瓦形形变，可以使用拼板木工夹垫上横向木条在两侧夹紧，放置在潮湿环境中静置一段时间，直至板材被压力压平。

③如果板材发生了弓形形变，可将木料凹面向上斜架起来，高的一端坠上重物，在凹面洒水，凸面加热或烘烤。

④如果拼板发生了波浪形变，可以为板材双面湿水，使用重物或木工夹上下同时加力，挤压一段时间。

2）开裂

因木材靠近树皮的一侧含水量高，导致其弦向与径向的失水速率不同。若因水分的流失发生紧缩，会沿比较脆弱的木射线方向撕裂木纤维，形成开裂，这种开裂现象称为径裂（图2-76）。

如果木材的干燥方法有问题，导致心材和边材的结合不紧密，或者木材烘干过程中的温差导致木材应力释放不均衡，都可能会导致木材开裂，形成弧裂（图2-77）。

另外，如果干燥过程过快形成内外温差或湿度差，也可能会导致木材的表面形成开裂纹，这种开裂现象称为表裂（图2-78）。

木材的开裂破坏了木材或木制产品的完整性，降低了其强度，影响其利用比例或产品价值。为防止木材开裂，应做好干燥处理并合理存放。为避免木作成品开裂，应及时做好表面涂装，封闭表面管孔，减缓水分散失。

另外，存放过程中木材端面裸露，相较于木材内部，其水分散失更快，如果不做封闭保护，可能会形成端头开裂。我们可以在原木锯切后，及时在木料的两头端面部分刷上油漆、石蜡等，将管孔封闭，可有效防止木料端头开裂（图2-79）。

3）节疤

木材的节疤多出现于木材的枝丫基础部分（图2-80、图2-81），因切割位置或枝条的存活情况的不同，可形成活节、死节及漏节三种状况（图2-82）。活节仍然与周围木材紧密连接，只在节疤部分形成闭合环形的美丽花纹，通常质地坚硬。死节的节疤与周围木材完全或部分脱离。如果木材存在死节，在加工时应注意放慢送料速度或者提前将死节

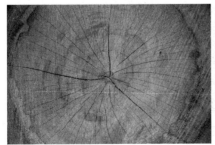

图2-76 木材的径裂

图2-77 木材的弧裂

图2-78 木材的表裂

图2-79 在木材端面刷漆可有效防止端裂

取出，防止损坏设备或节疤弹出伤人。漏节是指木材切割前后节疤自然脱落而形成的空洞，如继续使用，应对空洞进行填补处理。

节疤影响了木材的均匀性和完整性，进而影响了木材的力学性质及强度。通常节疤处木质比较硬，且

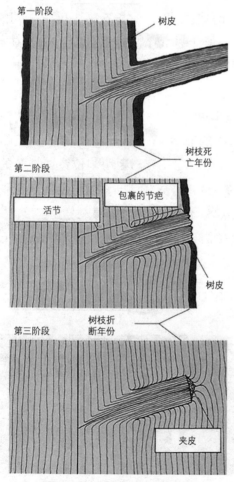

图2-80 木材节疤的形成过程

图2-81 木材的节疤

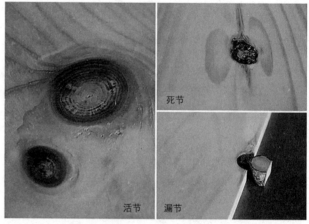

图2-82 木材节疤的类型

花纹紊乱，增加了锯切和刨削的难度。另外，有些树种的节疤含有较多树脂，对木作后期表面处理效果影响较大。

节疤是木材最常见的缺陷之一，也是木材分类与评级的主要参考因素。但如能在木工制作时巧妙利用活节部分的特有花纹，则可以提升作品的美感与经济价值。

4）斜纹

木材切割后形成的斜纹通常由于纤维生长方向的扭曲或树木的变径、弯曲导致（图2-83）。具有斜纹的木材加工时容易形成戗茬，不易刨平（图2-84）。另外，斜纹木材的抗弯和抗压能力较弱，容易发生开裂和扭曲变形，不能应用于结构承重部分。

图 2-83　木材的扭曲斜纹

图 2-84　斜纹木板

图 2-85　木材的腐朽

5）腐朽

木材在温暖潮湿的环境下生长或长期存放，可能受到木腐菌的感染而造成腐朽。腐朽的木材会变得松软易碎，易形成孔洞或粉末状形态（图 2-85），导致其各项物理性质、力学性质发生变化。腐朽的木材质量减小，吸水性增强，强度和硬度均不同程度降低，从而失去使用价值。但也有部分受感染较弱的木材会形成黑色的菌丝线，其各项性质变化不大，切开后形成美丽的渍纹，可用于面板的装饰或制作车削工艺品（图 2-86）。为防止木材的腐朽，应将木材在干燥通风的环境中存放。

6）虫害

未经高温干燥的木材，或在潮湿的环境中长期存放的木材，有可能会产生虫蛀危害（图 2-87）。有些木作成品在使用过程中也会发生虫蛀现象。最常见的

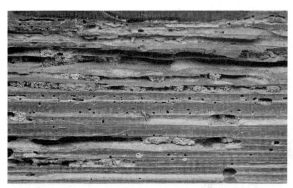

图 2-86　使用渍纹木制作的工艺品

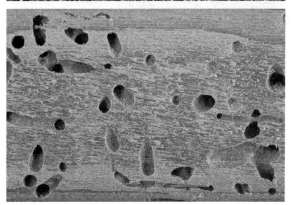
图 2-87　木材的虫害现象

虫害有小蠹虫、木蜂、吉丁虫、象鼻虫、天牛、白蚁等（图2-88）。木材加工应避免使用发生虫蛀的木材，或者对木材进行驱虫处理后再使用。在建筑和桥梁类应用场景中，预先对木材进行防腐或炭化处理，可避免虫蚁蛀食。木作制作完成后，对表面进行涂装处理，也会防止新的虫蛀发生。

除以上缺陷外，木材还可能有树形弯曲、应力偏心、钝棱、树瘤、树脂囊、夹皮、变色、空心，以及加工过程中的机械损伤等缺陷，这些缺陷也会导致木材的出材率和利用率降低（图2-89~图2-97）。

图2-88　木材的各种病虫

图2-89　木材的树形弯曲

图2-90　木材的应力偏心

图2-91　木材的钝棱

图2-92　树瘤

图2-93　树脂囊

图2-94　木材的夹皮现象

图2-95　木材的变色现象

图2-96　木材的空心现象

图2-97　木材的加工缺陷

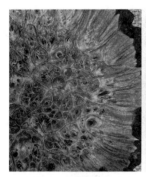

图 2-98　树瘤横切面　　　　　　　　　　　图 2-99　树瘤的应用

木材的缺陷影响了其使用价值和木作产品的寿命。我们在选用木材时，应仔细观察其呈现的缺陷，在开料阶段合理避免掉有缺陷的部分。另外，在结构设计及后期的表面处理阶段，也应充分考虑木材变形、开裂等可能性，采用更科学的结构设计和表面处理工艺。

值得一提的是，木材的部分缺点也可转化为优点。例如，树瘤纤维结构紊乱，力学性能差，不能用于结构承重（图 2-98）。但是因为树瘤的花纹美观，装饰性强，旋切或薄切后可以作为贴皮原料或表面装饰部件（图 2-99）。

【拓展思考】

在日常生活中，是否注意到木材呈现出这节所学的缺陷，我们应该如何避免这些问题？

2.7　木材的选料

木材的种类丰富，应用范围涵盖建筑、装修、家具、交通工具、桥梁、采掘、农业、造纸、运动器材、玩具、乐器、工艺品等较多领域。不同的应用领域，对木材的选用需求有较大的差异。本书主要关注木材在建筑、装修、家具和工艺品等领域的应用。这些木材多为经过筛选和干燥处理的原木或锯材。

我国国家标准《针叶树锯材》GB/T 153—2019 和《阔叶树锯材》GB/T 4817—2019 分别对针叶树和阔叶树锯材的等级和尺寸等作了明确规定。当前我国国产木材以软木居多，多为松木、杉木等速生廉价木材，规格丰富多样，常用于建筑模板、装修等（图 2-100、图 2-101）。我国市场上的中高档家具用材以进口的锯材居多，以体积为计价单位（图 2-102、图 2-103）。进口家具用材的分级标准主要参考指标有节疤数量、锯材长度、边材含量等。目前有美标、欧标、日标等不同的分级体系。以北美材为例，大致可分特级（FAS）、普一、普二这三个级别，其木材整体质量依次降低。我国用于制作高档红木家具的用材基本为进口原木的心材（图 2-104），多来自东南亚、非洲、南美等热带地区。这些地区的木材分级标准尚不统一，常以重量为计价单位。

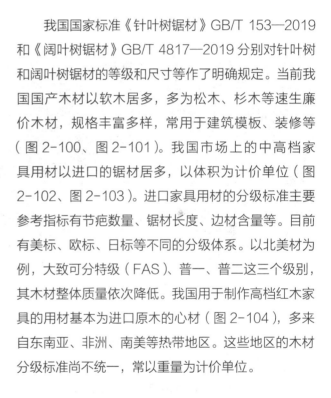

图 2-100　软木原木

图 2-101　软木锯材

图 2-102　黑胡桃锯材

图 2-103　白橡木锯材

图 2-104　红木原木

　　木制品的选材要根据设计和制作要求来确定。材种、规格、尺度、纹理、缺陷、含水率等都是选材的参考要素。同一木制品的不同部位，对木材的要求也不尽相同。建议从以下几个方面综合考虑。

　　1）选用经过干燥处理的木材。使用前根据需要将木材充分干燥，使其含水率与应用场所基本一致，减缓后期木材干缩湿胀带来的不利影响。

　　2）选择合适厚度和长度的木材。同类木材中，越长、越厚的木材价格越高。如果一寸板能够满足需要，就不要选用两寸板料，除了价格因素，还可防止厚材剖切为薄板后释放内应力导致的木材形变等问题。

　　3）根据制作需求选择弦切板或径切板。弦切板可以取得宽料，花纹丰富美丽，但更容易发生形变；径切板以条状花纹为主，宽料少，木材稳定性更好。

　　4）选择长度均等、平直少弯、无尖削、钝棱少、边材少的木材。木材的弯曲形变、尖削、边材和钝棱等缺陷会让木材利用率大大降低。

　　5）避免使用已腐朽或虫蛀的木材。

　　6）不要将节疤和斜纹部分用于结构受力部位，以免影响结构强度。

　　虽然自然界中的木材种类丰富，但总体可用资源有限，部分树种经过历代砍伐已经濒临绝种。因此，在选材和用材过程中，要尽量节约用材、合理用材，避免浪费。尤其要注意保护濒危树种，及时开展补种工作。

此外，要尽可能采用更科学的操作技术和工艺手段，提高出材率。例如合理锯切，量材下锯，交叉划线，统筹下料；小材大用，劣材良用，规避缺陷的同时，可以采用拼接、修补、榫合的方法充分利用木材。关于这些技巧和方法，在第 4 章的第 4.5 节开料拼板中还将进一步说明。

【拓展思考】

在建筑和家具应用领域，如果木材选用不当，可能带来哪些不利影响？

图 2-105　木料仓储空间

2.8　木材的存放

木材使用前，应进行集中存放，并做好防腐、防虫蛀和防火等工作。主要注意以下几个问题。

1）木材应在遮风避雨且通风的干燥场所存储，空气湿度应适宜，防止腐朽和虫害（图 2-105）。

2）将木材平放堆叠，料方之间以木块间隔，保持内部通风（图 2-106）。

3）木材端头应以蜡、油或漆类封闭，防止端头失水开裂（图 2-107）。

4）注意防火安全。明确设置防火通道和消防设施，禁止在场内堆放易燃物。严禁烟火，远离高温和粉尘较大的区域。

图 2-106　木料堆料方法

【拓展思考】

关于木材的防火安全，要注意哪些事项？

图 2-107　木料端头的封闭处理

第3章 木工工具认知与操作

3.1 木工操作安全知识

木工工作与电动机械和利刃工具打交道，具有一定的危险性。任何对于机械或工具的操作不当，或者忽视安全防护的情况，都可能导致永久性的伤害甚至死亡。木工工作场地应在显著位置张贴各类安全管理规章制度，并在每个工作区域展示工具和设备操作规范，所有入场的人员应通读并熟记这些规范和操作要求，时刻谨记安全，防止意外事故发生。

1. 工作场地的设计与消防措施

为保证工作安全，木工工作场所应在场地设计、安全制度和消防安全等方面作好全面工作，重点关注下列内容。

1）木工场地工作面积应满足操作需求

过于狭窄的工作空间和通道，容易导致操作时的遮挡、磕碰、误触等危险发生。一般来说，一个能够满足15人同时工作的木工工作场地，需要200m² 及以上的场地面积。

2）规章制度健全

应在木工工作空间的显著位置张贴《木工工作通用操作规范》《安全规章制度》《人员管理办法》《设备损坏赔偿办法》等一系列规章制度。所有入场人员，必须首先通读并熟记各项规章制度方可开展工作（图3-1）。

3）工作空间和设备提示信息明确

木工工作场地应根据木工操作的一般流程进行合理划分，并对不同空间进行明确限定，防止混区操作。另外，需要对木工机械、电动工具等设置专门的操作规范提示信息，张贴或悬挂在醒目位置，时刻警醒操作人员（图3-2）。

4）工作空间应有明确的消防安全措施

木材和工具的存放区域要明确合理。工作场所严禁烟火，易燃材料和油类物质远离木料区。在地面和墙面明确标记消防通道，张贴消防安全警示标语。消防设施到位，确保消火栓的操作距离能够覆盖工作空间，并在重要位置配备足量灭火器材（图3-3）。

图3-1 木工工作室规章制度

图3-2 设备安全操作提醒

图3-3 木工工作室安全提醒与消防设施

2. 人员的安全防护规范

部分木材粉尘和表面处理材料是有害的，长期或大量吸入，抑或直接接触，容易引发过敏、中毒甚至癌症等健康风险。不同体质的人对不同的木材及其气味可能有过敏反应，引发皮疹或者呼吸道疾病。木工机械和工具损坏或不正确使用会对使用者造成一定的危害，操作者应对各种设备和工具的特性及使用风险具有充分认知，并具备足够的防范应对能力。为减少工作中的风险，应从场地和个人两方面作好防护措施。

1）场地设施方面

（1）木工工作场地应配备各类集尘装置。根据场地大小合理安置中央集尘装置（图 3-4），确保能够为所有配备集尘接口的固定机械进行粉尘收集。还要及时清理集尘器和集尘袋，防止木屑过满烧毁机器。同时，应为手持电动工具和手工操作提供集尘配件，合理规范使用移动式集尘器、集尘袋、专用打磨台等设施。

（2）时刻保持场地干净整洁，及时清理台面和地面上的杂物。随处散放的工具、废料和木屑容易绊倒或滑倒工作人员，尤其在设备运转时，易产生重大的人身安全伤害。

（3）经常对设备和工具进行保养，及时更换磨损配件和耗材，确保机械设备处于良好的状态。

（4）保持工具锋利。锯片、凿刀、刨刀等用钝后需要及时更换或者打磨。使用钝化的工具操作，需要更大的力气，易导致控制能力变差，从而发生危险。

（5）手持电动工具的锯片或刀片应正确安装，防止开机后主轴高速运转将刀具抛出。

（6）随时检查电源线、插头或机械外壳是否已经破损，防止漏电事故。

（7）工具和木材的存放要井然有序，拿取方便（图 3-5）。

2）个人防护方面

工作场地应为工作人员提供工作服、袖套、口罩、面罩、防噪耳罩（塞）、护目镜、手套、急救箱等装备（图 3-6）。在不同的操作环境下，合理使用不同的防护装备，能够有效减少各类伤害情况发生。

（1）疲惫、服镇定类药物、饮酒等导致个人精神状态不佳时，应杜绝入场操作。工作时应保持注意力高度集中，精神涣散易导致安全事故发生。

（2）工作场所严禁吸烟、饮食、说笑打闹。

（3）入场操作前，应盘起长发，换掉过于宽松的衣服，摘掉各类首饰、围巾，操作机器时不能佩戴手套。防止在低头操作时，长发、宽松的袖口、垂落的首饰、围巾和编织类手套等卷入工作中的机械设备中，造成危险。

图 3-4　工作室集尘系统布局

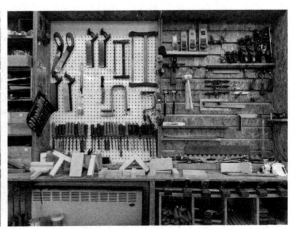

图 3-5　木工工作室工具挂架

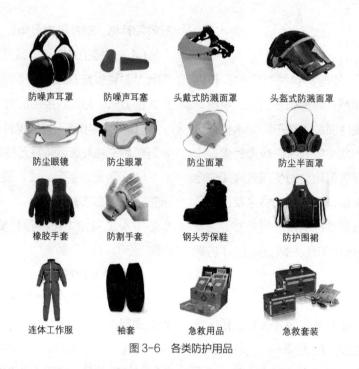

防噪声耳罩	防噪声耳塞	头戴式防溅面罩	头盔式防溅面罩
防尘眼镜	防尘眼罩	防尘面罩	防尘半面罩
橡胶手套	防割手套	钢头劳保鞋	防护围裙
连体工作服	袖套	急救用品	急救套装

图3-6　各类防护用品

（4）遵章操作，严禁粗心大意或敷衍了事。调节机器或电动工具，或接触刃具时，应提前断电。

（5）木工设备开机前应先打开所连接的集尘设备。

（6）操作机器时，注意站位和站姿，保持重心平稳，避免站在工件可能回弹的位置。

（7）开机前，应保证木料未与锯片或刀片接触，待机器主轴运转正常后再进行操作。

（8）使用锯类、车床、电木铣、砂磨机等易产生飞屑和粉尘的设备工作时，应正确佩戴护目镜、防噪耳罩和口罩。佩戴眼镜能够防止碎片和粉尘飞入眼中；防噪耳罩能够有效过滤尖锐的机械噪声，保护个人听力；口罩能够有效隔绝粉尘吸入，保证呼吸道健康。

（9）机器运转时，肢体不得靠近运转部位，不得在转动部位传递材料和工具。

（10）可以借助靠山、防护罩、推把、工装、支撑件等辅助操作，避免肢体和旋转中的机械刃具直接接触。

（11）操作过程中发现运转异常、异响或异味时，应立即停机断电检查。

（12）离开工位时，必须停机断电。

（13）避免在雨中或特别潮湿的环境中操作插电式工具。

（14）很多表面处理材料，如油漆、环氧树脂、松脂油等会通过呼吸道或者皮肤被人体吸收或灼伤肌肤，在使用这些材料时应佩戴乳胶或乙烯基手套及防毒面具。

（15）作好各类急救准备。电话、急救装备应放置在显眼位置，工作人员应具备基本的急救和止血常识。

【拓展思考】

1. 木工工作中，哪些情况下操作人员要佩戴手套，哪些情况下严禁佩戴手套？

2. 使用钝化的工具有什么风险？

3. 反问自己具备基本的急救知识吗？

3.2　木工桌与木工夹具

1. 木工桌

在古代，我国传统木工匠人借助一个长板凳就可以开展工作。板凳制作简单，便于携带，但是长期弯腰操作容易导致疲劳，且需要一定的工作技巧，操作难度较高。

随着现代西式木工的引进，我们使用的木工工具种类变多，操作方式也产生了较大变化。固定式木工桌成为现代木工工作室最重要的装备之一（图 3-7）。

木工桌可采用站立或围坐操作，可减轻工作疲劳。现代木工的大多数手工操作都要围绕木工桌来开展。

如图 3-8 所示为使用山毛榉制作的重型木工桌。

图 3-7　各类木工桌

图 3-8　木工桌的基本构造

台面尺寸长 1945mm，宽 600mm，总高 900mm，台面厚度 85mm。与普通的桌子相比，这种木工桌一般更加沉重，更加坚固耐用，能够防止在使用过程中的位移和摇晃，还能够承受工作中的敲击和振动。

通常木工桌正面和侧面有两个桌钳可以夹持工件。台面下边的柜子和抽屉可以存放一些常用的工具和辅料。

另外，木工桌还经常搭配用到一些挡块、卡榫、快速夹等配件，桌面上的圆孔插入这些配件后，可配合桌钳将较大的工件固定在桌面上（图 3-9）。

在木工桌上，我们可以完成锯切、刨削、凿榫、雕刻、组装、打磨、涂装等大部分木工工作。

图 3-9　桌面卡钳的应用

木工桌使用频繁，应对桌面作好应有的保护。锯切时注意不要锯到桌面；钻孔和凿透榫时，需要在木料和桌面之间垫上木板；上胶和涂抹油漆时，应在桌面上铺上垫布或纸张。长时间使用后，如果桌面不再平整，应使用手工刨再次刨平并进行表面涂装处理。

✂ 木工桌的使用方式

锯切　　　　　　　　　　　凿榫　　　　　　　　　　　打磨

刨削　　　　　　　　　　　组装　　　　　　　　　　　涂装

2. 木工夹具

在木工工作中，我们通常需要在加工、胶接或组装作品时将工件进行固定，这时就要用到各种木工夹具。

常用的木工夹具有杆夹、水管夹、平行夹、F 夹、棘轮夹、枪形夹、螺杆夹、弹簧夹、G 夹、A 夹、桌虎钳等，每种木工夹有不同的尺寸和型号，可以根据实际需要合理选用（图 3-10、图 3-11）。

拼板夹　　　　水管夹　　　　平行夹　　　　可调平行夹

F 夹　　　　棘轮夹　　　　枪形夹　　　　G 夹

棘轮快速夹　　　A 夹　　　　A 夹　　　　压板夹

直角夹　　　　桌虎钳　　　　带夹　　　　带夹

图 3-10　各类木工夹具

图 3-11　各类木工夹具的应用

3.3　手工工具认知与操作

现代木工机械和电动手持工具的普及，极大提高了木工工作的效率。但是，很多复杂的工件及特殊的细部操作，依然离不开各种手工工具。相对来说，手工工具更加安全，粉尘少、噪声小，更能让人沉浸于其中，进行创造性的工作。木工使用的手工工具种类繁多，本章我们按名称归类分别介绍。

3.3.1　锯类

手工锯是木工工作室使用最多的手工工具。基本工作原理是利用金属锯条上的一排三角尖齿往复运动切割木料。手工锯切割木材，主要依赖锯齿的作用。锯切木材时，木材纤维被锯齿切断变成木屑，通过推拉运动带出锯路，木材因此被逐渐切开。锯齿一般向左右两个方向交互开刃，以便在锯切时减少木材对锯条的摩擦，排出锯路内的木屑（图 3-12）。

其中，杆夹、水管夹和平行夹夹持力最强，多用于拼板或组装过程中的夹固。

F 夹、棘轮夹和枪形夹多用于木工工作过程中的临时辅助固定。

螺杆夹、弹簧夹、G 夹、A 夹、桌虎钳多用于小工件的临时固定和夹持。

此外，还有木工绑带夹和橡皮筋等，用于箱盒、框架类或不规则工件的组合固定。

木工夹具的夹持力较大，为了不损伤工件表面，通常建议在夹口位置垫上木块，这样做还可以将夹持力传递到更大的表面，使得夹持效果更好。另外，还要尤其注意木工夹夹持的位置和角度，防止工件受力不均导致局部歪斜或开缝等问题。

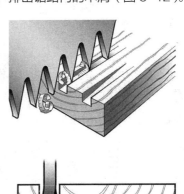

图 3-12　手工锯的锯切原理

根据切割方式区分，手工锯可以分为纵切锯和横切锯两种（图3-13）。纵切锯用来顺木材纤维方向切割，锯齿密度小，锯齿夹角在45°~75°不等，采用左、中、右或左、右、中的拨料方法，依靠齿尖的横刃切断木纤维，切割速度更快，并能保证锯路的顺直；横切锯用来垂直于木纹方向切割，依靠齿的侧刃切断木纤维，锯齿夹角一般小于60°，锯齿更细密，采用左右交替的拨料法，切割速度慢，但锯切面更为光滑（图3-14）。

根据切割方向区分，手工锯大致可分为直线锯和曲线锯两种。直线锯是指锯切方向呈直线运动的锯，是木工中使用最多的锯；曲线锯的锯切方向可灵活多变，多用于切割曲线造型或镂空切割。

根据地域和式样区分，手工锯又可分为中式锯、日式锯和欧式锯三大类（图3-15）。我国木匠常用的锯有框锯、弓锯、龙锯和刀锯等；日式锯有夹背锯、双刃锯、平切锯等；欧式锯有手板锯、夹背锯、线锯、沟锯等。不同类型的锯使用方法略有差异，一般判断方法为：锯齿的倾斜朝向就是锯切方向。通常中式锯和欧式锯的锯齿向前倾斜，以前推的方式切料；日式锯的锯齿向后，以后拉的方式切料。因此，中式锯和欧式锯锯片更厚，更加耐用，日式锯的锯齿可以做到更薄，锯路更细，切割面更为光滑、锯切更为省力。此外，现代日常家用还有三倍快速锯、园艺锯、鸡尾锯等可供选用。

1. 中式框锯

中式框锯是我国传统木工最常用的工具之一。框

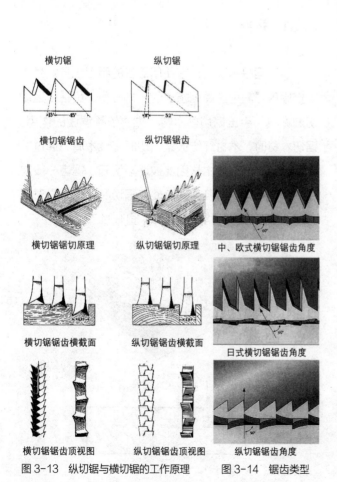

图3-13 纵切锯与横切锯的工作原理　　图3-14 锯齿类型

横切锯　　纵切锯
横切锯锯齿　　纵切锯锯齿
横切锯锯切原理　　纵切锯锯切原理　　中、欧式横切锯锯齿角度
横切锯锯齿横截面　　纵切锯锯齿横截面　　日式横切锯锯齿角度
横切锯锯齿顶视图　　纵切锯锯齿顶视图　　纵切锯锯齿角度

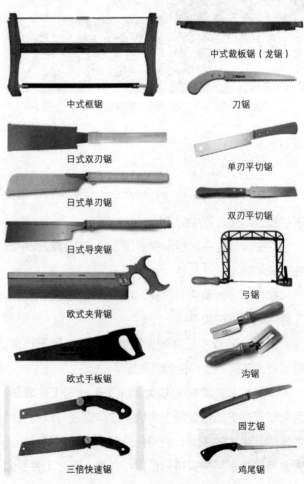

图3-15 各类手工锯

中式框锯　　中式裁板锯（龙锯）
日式双刃锯　　刀锯
日式单刃锯　　单刃平切锯
日式导突锯　　双刃平切锯
欧式夹背锯　　弓锯
欧式手板锯　　沟锯
三倍快速锯　　园艺锯　　鸡尾锯

锯由木框和张紧的锯条组成。木框通常由两根锯拐和一根横梁组成，在其一侧使用绳索和一块绞板（也叫作锯标）将另一侧的锯条张紧（图3-16）。现代框锯中还有另外两种绞绳的替代方案：一种是在锯拐一端安装蝶形螺母，通过螺旋拉紧挂钩上的钢丝实现张紧（图3-17）；另一种是使用两根丝杆穿过锯拐，在中间接头处使用螺母连接，通过旋转螺母实现张紧（图3-18）。

根据使用场合的不同，中式框锯有多种类型。这张表总结了几种典型框锯的特征（表3-1）。

对于新手来说，中式框锯上手难度较大，但是使用熟练之后会发现，中式锯用起来非常方便顺手，多加练习，即可熟能生巧。

这张表格总结了中式框锯使用过程中的各种问题，可对照查找原因，调整操作方法（表3-2）。

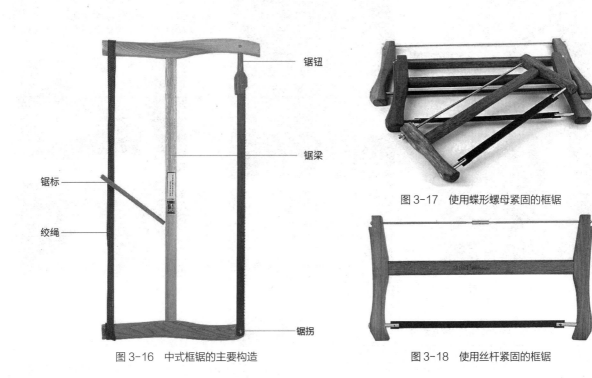

图 3-16　中式框锯的主要构造

图 3-17　使用蝶形螺母紧固的框锯

图 3-18　使用丝杆紧固的框锯

表 3-1　中式框锯的分类　　　　　　　　　　　　　（单位：mm）

种类	锯条尺寸			锯齿特性				用途
	长度	宽度	厚度	形状	高度	齿距	角度	
横截锯	800	20~25	0.4~0.7	等腰三角形	5~6	4~5	65°~80°	用于横向切割
纵剖据	800	45~55	0.4~0.7	斜齿	6	5~6	40°~50°	用于纵向剖切
开榫锯	600~700	40~50	0.4~0.5	直角三角形	3~4	3~4	80°~85°	用于制榫
细齿锯	600~700	30~40	0.4~0.5	直角三角形	2~3	2~3	60°~80°	细部切割
圆切锯	500	4~15	0.4~1	直角三角形	2~3	2~4	50°~80°	曲线锯切

✂ 使用中式框锯截料

扫码观看操作视频

1）将木料平放于凳面或锯马，在需要切割的位置划线。

2）选择合适型号的截锯。使用脚踩或夹具夹持的方式固定住木料，将锯条落在切割线的废料一侧。

3）若习惯右手持锯，应用右手握住锯拐，无名指和小拇指夹住锯钮，将锯倾斜，与木料形成80°左右的夹角，可使用左手食指前端或大拇指关节顶住锯条侧面作为靠山。

4）缓缓向前推锯，形成锯路后撤掉左手手指靠山，再将食指轻压住锯条，采用重推轻拉的方式锯料。锯切过程中应注意保持锯条垂直于木料表面，并随时观察锯路是否偏离。锯切时锯条与木料形成30°~45°夹角为宜。

5）锯切至末端时，放慢速度，同时扶住余料，防止余料因自重过大撕裂端头。

6）检查锯切效果，完成操作。

表3-2 框锯锯切的问题及成因

锯切出现的问题	问题成因
锯切不均匀、线条不直	用力过猛
	锯齿拨料不正确
	锯齿不够锋利
	锯条张力不够
	工作姿势不正确
	框锯太重
锯路有毛刺	锯齿太大或太疏
	锯齿拨料不均匀
锯路有明显锯纹	锯齿拨料不均匀
	锯条偏斜
	锯条张力不够
	工作姿势不正确
锯路与板面不垂直	锯齿拨料不正确
	锯齿不够锋利
	工作姿势不正确
边缘受损	锯解不小心
末端撕裂	锯解至最后时没有用手扶料

中式框锯安全操作注意事项

1）引导锯线时，注意手指放置的位置，防止锯切到手指。

2）锯切过程中，另一只手不可放在锯路的前方或后方。

3）锯切要有节奏，以每分钟拉动60~80次为宜，不可急促切割，无需用力切割。

4）绞板不得放在锯梁的外侧，突出的绞板端头会勾连木料甚至造成锯条断裂。

2. 欧式手板锯

手板锯是欧式锯中常用的一种类型，主要用于将木料粗切至合适的尺寸。

✂ 使用欧式手板锯纵切木料

扫码观看操作视频

1）在木料一周画上锯切线，固定在台面或凳面上。

2）手握锯柄，将手板锯的锯刃放置在划线的废料一侧。

3）借助另一只手的拇指关节引导，倾斜锯片，锯齿线与木料形成45°夹角，缓慢推拉锯切出锯路。

4）移开拇指，使用重推轻拉的方式沿划线切料，尽量使用完整的锯条，保持锯切节奏均匀，并随时检查切割锯路。

5）遇到夹锯时，可以用一块三角楔子卡在锯路前端，使锯切更顺利。

6）在锯切末端，放慢速度，另一只手接住废料，直至锯切完成。

3. 日式双刃锯

日式双刃锯的锯条两侧有两排锯齿，分别用于横切和纵切。锯刃类型可采用目测判断，一般锯齿较疏，锯齿角度较钝的为纵切刃；锯齿密集，齿尖侧面开刃的为横切刃。

4. 夹背锯

夹背锯主要用来开榫或锯切小段木料，在其锯条背部有一条金属包边，能够使锯条保持平直，还有一定的配重作用，方便锯切出直线。常用的夹背锯有欧式夹背锯和日式夹背锯两种。欧式夹背锯采

✂ 使用日式双刃锯横切木料

扫码观看操作视频

1）在木料三个面画上锯切线，固定在台面上。

2）将双刃锯的横切锯刃放置在划线的废料一侧。

3）侧身弓步，手肘、肩与锯柄在一条直线上，单手握住锯柄中部位置。

4）使用另一只手拇指关节引导，倾斜锯柄，锯齿线与木料形成

5°~10°夹角，以肩部为轴心，手肘前后摆动，缓慢拉动，锯出锯路。

5）移开拇指，沿划线继续切料，并随时检查切割锯路。

6）锯切末端，放慢速度，用另一只手接住废料，直至锯切完成。

⚒ 使用日式夹背锯制作直榫

扫码观看操作视频

1）在木料绘制直榫锯切线，并固定于木工桌。

2）将夹背锯放置于划线位置废料一侧，抬起锯柄，倾斜5°~10°下锯，使用另一只手拇指关节

引导位置。

3）日式夹背锯拉锯的方式与双刃锯一致，以肩部为轴心，前臂、手肘和锯柄保持在一条直线上，前后摆动拉锯。

4）轻拉锯柄开始锯切，沿划线锯切到榫肩位置，注意观察前后两侧锯路。

5）如法锯切其他三条线至榫肩位置。

6）将木料平放固定于台面，使用夹背锯将榫肩依次锯出。

7）检查锯切效果，完成操作。

用前推的方式下料，有横切夹背锯和纵切夹背锯两种。日式夹背锯又叫作导突锯，采用拉锯的方式下料，锯片可以做得更薄。夹背锯的金属包背限制了切割深度，不适合剖料和平切。相较于其他的锯，夹背锯的锯齿更细，锯切速度慢，锯切面光滑，更有利于精细切割。

5. 平切锯

平切锯的锯条整体平整，锯齿没有左右方向的拨料夹角，且锯条窄细易弯曲，方便平贴在木料平面锯切掉多余的榫头、销钉或端面而不伤及平面。

6. 手工曲线锯

曲线锯也叫作弓锯，适用于锯切各种曲线和异形镂空造型。曲线锯的锯条窄细，常用的有片状细齿锯条和麻花锯条两种（图 3-19）。片状锯条使用时需注意随时调节锯片朝向，锯路较为光滑；麻花锯条向四周开刃，可以向任意方向锯切，锯路较为粗糙。

另外，鸡尾锯也是曲线锯的一种，多用于在板面中间切割较大的孔洞。

✂ 使用日式平切锯锯切多余榫头

扫码观看操作视频

图 3-19 曲线锯锯条种类

✂ 使用曲线锯锯切镂空造型

扫码观看操作视频

1）将图样粘贴在需要锯切的木料上。

2）使用手电钻在图样中间需要镂空的部分打孔。

3）选择合适的弓锯锯条，将锯条穿过孔洞，两头固定在锯弓上。

4）拉动弓锯，沿着图样的曲线锯切出镂空区域，直至锯切完成。

使用曲线锯进行镂空切割时，可预先使用手电钻在镂空部分打孔，将曲线锯锯条穿过孔洞再固定在锯弓上，然后根据造型锯切。

知识点：手工锯的保养与维护

手工锯的保养主要集中在对锯齿的保护。每次使用完成后，应使用毛刷将锯齿间的木屑清理干净。如果锯片上粘有树脂，可以使用棉布蘸少许酒精擦除。闲置时，应将锯片护齿条装入，并避免与其他工具放在一起，防止损伤锯齿。长时间不用时，应在锯片上擦拭核桃油或矿物油防锈。中式锯还应该将绞绳或紧锁旋钮放松，释放锯条张力，长时间不用还应将锯条旋转，让锯齿朝向内侧。

如果锯齿变钝或者发生侧弯，可以使用金工三角锉和拨料器及时打磨修整（适用于中式锯和欧式锯）。

【拓展思考】

1. 如果在锯切过程中产生了夹锯现象，可以怎样解决？
2. 如何防止锯切到末端时木料产生劈裂现象？

3.3.2 刨类

手工刨有多种类别和型号。有用于将木料粗糙表面刨平滑的手工平刨，还有为木材边缘找直、倒角、开槽、修边或削薄木材的各类特种用途手刨。手工刨基本由刨身、刨刃、手柄、盖铁、楔木等几个部分组成，刨刃突出于刨台诱导面，可削平木料表面的凸起部分。中式刨和欧式刨一般通过前推的方式刨平木料，日式刨采用拉拽的方式刨平木料。中式和日式刨的刨台基本为木材材质，现代欧式刨的刨身多用金属制成。从功能划分，手工刨大致有以下几个类别（图3-20，表3-3）。

图3-20 各类手工刨

中式短刨　中式中刨　中式长刨
中式起线刨　中式倒角刨　中式肩刨
中式柳刨　中式榜刨　中式蝠刨
日式平刨　各类日式刨　日式反刨
欧式粗刨　欧式细刨　欧式低角度刨
欧式短刨　欧式肩刨　欧式槽刨
欧式鸟刨　欧式修整刨　欧式槽口刨

表3-3　手工刨的分类和功能

类别	种类	功能
平刨	粗刨、中刨、细刨	依次使用粗刨、中刨和细刨，可将粗糙的木料表面刨削至平整光滑
短刨	短刨、低角度刨、铲刨	低角度刨多用于软木料的刨削，铲刨和短刨用于细节及边缘部分的处理
线刨	内圆刨、外圆刨、花线刨、倒角刨	多用于为工件制作各种边缘花型
槽刨	单线刨、裁口刨	多用于为木料刨削出通直的槽口
肩刨	肩刨	主要用于修整榫肩和木料的端头部分
鸟刨	平刃、内弧刃、外弧刃	主要用于处理木材的边角，可以为木料倒角或修圆
弯刨	船刨、平刃刨、弧刃刨	主要用于木料内外圆弧区域的制作

1. 手工平刨

手工平刨是木工工作中应用最多的手工刨类型。平刨的刨刃倾斜角度各有不同，一般常规角度或高角度刨的刨刀角度在 40°~60° 之间，用于刨削较硬的木材；低角度刨的刨刀角度在 25°~40° 之间，常用于刨削软木。刨刀的刃口角度通常打磨到 25°~30°，角度太小易缺损，角度太大则不够锋利。

盖铁的主要作用是卷折刨花，减少刨刀产生的戗茬。组装平刨时，刨刀的盖铁前端距刨刃的距离也要注意根据刨的种类稍作区别。一般粗刨的盖铁前端应距离刨刃前端约 1~2mm，细刨则以 0.6~0.8mm 为佳。合适的盖铁距离能够让刨削出花平直顺畅，不合理的距离易导致刨口堵塞或者出花褶皱。

考究的木制平刨诱导面的刨头、刨刃和刨尾三点略高于其中间位置，目的是减少摩擦，节省体力。

手工平刨根据其造型和应用方法可大致分为粗刨、中刨和细刨三类。

粗刨多用于对毛板胚料进行平整，刨刃角度相对较低。粗刨的刨刃突出较多，且刃口常打磨成轻微的外弧形，便于刨下较厚的刨花，快速平整木料，弧形的刃口在做横纹刨削时木材纤维不会发生纵向撕裂。

细刨也称净刨，多用于较大板面或长条木料的找平工作。细刨的刨底留缝较小，刃口突出少，刨刃角度较高，因而能刨出极薄的刨花，同时也适合加工多节或较硬的木料。

中刨的尺寸和刨刃倾角介于粗刨和细刨之间，主要用于木料的整体找平和定尺寸刨削，是木工中使用最多的手工刨类型。

1）中式平刨

中式平刨的主要构造有：刨身（刨床）、刨头、刨尾、刨膛、刨腹（刨底）、刨口、刨翼（千斤）、手柄、木楔、盖铁、刨刀等（图 3-21）。

中式平刨通常有三类：第一类是粗刨，又称荒刨、二虎头，长度在 25~40cm 之间，进刀量大，主要用于对毛料的找平工作；第二类是长刨，长度在 40~60cm 之间，进刀量小，主要用于大面积找平或者为拼缝、拼板找直；第三类是短刨，长度在 15~25cm 之间，用于修整小工件或边角细节（图 3-22）。

我们新拿到一个中式刨，首先需要先将各部件拆开调试后再组装使用（图 3-23）。

图 3-21　中式刨的主要构造

刨刀
手柄
楔子
刨尾
盖铁
刨膛
刨翼
刨身
刨腹
刨头

图 3-22　各种型号的中式平刨

图 3-23　中式刨的零件

✕ 中式平刨的拆装与调整

扫码观看操作视频

1）左手握住刨刀和木楔位置，使用锤子轻轻敲击刨尾后侧上部，直至刨刀和木楔松脱。

2）先要检查一下刨腹是否平整，如果不平整，可以在一块平整的砂纸上将刨腹打磨平整。刨腹镶口位置如果不平整，也可进行调整打磨。

3）然后调整盖铁。基本要求是盖铁安装后能够紧贴刨刀，不能留有缝隙。如果盖铁不平整，需要使用磨石或砂纸将盖铁与刨刀的接触面打磨平整。

4）安装盖铁，盖铁前端与刨刃前端的距离一般设置在 0.6~2mm 为宜，使用螺丝刀锁紧盖铁螺丝。

5）将木楔、盖铁和刨刀一起装入刨身，使用锤子轻轻敲击木楔，塞紧木楔，完成组装。

✕ 中式平刨的操作与调节

扫码观看操作视频

1）将需要刨平的木料固定在台面。

2）根据木料粗糙程度选择合适的平刨型号，一般由粗刨开始。刨底朝上，沿刨身方向滑过手指，用指尖感受刨刃突出量，以指尖能略微感受到刨刃为佳；也可以将刨身平举，用眼睛从刨头前端平视观察刨刃，一般设置突出量在发丝粗细即可。

3）如果刃口突出量过大，则斜持刨身，刨尾向下，使用锤子轻轻敲击刨尾上部，让刨刃退出一点。如果刃口突出量不足，则可轻敲刨刀尾部或刨头上部，让刃口露出。

4）再次检查刃口，直至突出量合适。

5）将刨头平放在木料起始端，身体稍前倾，弓步侧身，双脚呈70°~80° 角站立，双手握持手柄，双手食指伸出压住刨身，双手拇指抵住刨刀夹角，其他三指弯曲握住手柄，肩部带动手臂用力推出，待刨刀通过木料尾端时，轻抬刨尾拉回手刨。如果木料过长，可以采用停刨跟步再前推的方式将木料整体长度刨完，注意中途不能抬起刨子。

6）应注意在推刨过程中的用力重心：在起始位置，应食指用力，将刨身前端压实在木料端头，推至中间位置则要前后均匀施压，在刨至木料尾端时，应将重心移至刨身尾部，始终保持刨刀前进方向平行于木料表面。这种三段

式推刨法可以有效避免造成啃头啃尾现象。

7）检查刨花，如果刨花过厚，则刃口突出过多。如果未能出刨花，则突出不足，需要再次调整刨刃。

8）如果刨花厚薄不均，则可能是刨刃歪斜所致，提起刨子，使用木槌轻敲出花厚的刨刀一侧即可校正；如果刨花两侧厚，中间薄，或者中间厚两侧薄，则是刨刃打磨出问题，应重新打磨修整（参见第 3.6.3 节磨刀工具）。

9）如果刨花褶皱堵在刃口位置，有可能是盖铁与刃口间距过小。如果刨花过卷，则可能是盖铁与刃口间距过大，或者是盖铁没有贴紧刨刀。应敲击刨尾退出刨刀和盖铁，拆下盖铁，将前口位置打磨平整，使其前端紧贴刨刀平

面，并校正盖铁与刃口间距。

10）如果刨花堵塞在刨口位置，还可能是刨刀和镶口之间的缝隙过窄，需要调节或修整一下镶口部位。

11）检查木料表面是否产生饯茬，如果存在饯茬，可倒转木料方向或转身换方向刨削。如换方向刨削仍然出现饯茬，可调小刃口突出量，采用薄削法。

12）调整过后，再次刨削，如刨出的刨花平直流畅，厚薄均匀则为合格。

13）如法反复刨削。大面刨削平整后，使用细刨再次刨削，直至木料表面平整光滑。

14）待木料表面平滑后，可以手持木料，用眼睛从边缘处观察表面是否平整。也可以在木料表

面横向平放两条同样高度的木条，平视观察木条高度是否平行。还可以使用钢直尺立放在木料表面，逆光查看尺身下方是否存在可视的缝隙，如没有问题，即可完成操作。

15）如需刨削两个垂直面，分别找平的同时还应随时使用直角尺检查木料的两个相邻面是否被刨削为直角。

2）日式平刨

日式刨的构造与中式刨类似，主要有三个区别：①日式刨的刨刀通常较短较厚，多为贴钢材质；②日式刨通常不需要使用木楔，常借助一根钢销压紧盖铁和刨刀；③日式刨通常采用拉拽的方式刨削，所以一般不设置手柄（图3-24）。

日式刨的调节方法与中式刨基本类似，这里就不再展开叙述。

3）欧式平刨

现代欧式刨多为金属材质，构造较为复杂，但是

刨刀
刨尾
盖铁
钢销
刨膛
刨身
刨腹
刨头

图 3-24 日式平刨的主要构造

✂ 日式平刨的操作

扫码观看操作视频

操作日式刨时，通常侧身位站立，将手刨放置在木料远端，一只手在前，食指和拇指握住刨刀，其他三个手指拉住刨尾，另一只手握住刨头，向后拉刨实现刨削。在刨削过程中也要注意三段用力的方法，防止造成啃头啃尾现象。

使用和调节比较简便。欧式平刨常用的型号分别为短刨、4 号、5 号，以及 7 号刨等，其刨身尺寸依次加长。对于细小部件的刨削，可以选择低角度的短刨来实现（图 3-25、图 3-26）。

进刀调节螺母
刨刀
主手柄
盖铁
压板
刨口调节螺母
蛙座
刨身
副手柄

图 3-25　欧式平刨的基本构造

使用螺丝刀松开压板、盖铁和刨刀组合。可以看到，现代欧式刨主要由前后手柄、底座、压板、盖铁、刨刀、蛙座、进深调节系统和横向调节杆等部分组成。刨刀下边的结构称为蛙座，黄铜螺母可调节刨刀的进退，拨杆可调节刨刀的角度。这与中式刨的调节方式有较大的不同，操作方法较为直观，对新手比较友好。关于盖铁和刨刀的调节，与中式刨是近似的。

口袋刨
低角度刨
标准短刨
3号刨
4号刨
4-1/2号刨
5-1/4号刨
5号刨
5-1/2号刨
6号刨
7号刨
8号刨

图 3-26　各类欧式刨

✂ 欧式平刨的操作与调节

扫码观看操作视频

1）将木料夹持在木工桌。

2）选择合适型号的欧式平刨。

3）将欧式刨平放在木料上，左手握住副手柄，右手握住主手柄，侧身弓步，用力前推，刨削测试一下。

4）刨削过程同样也要注意压力重心的转移，防止造成啃头啃尾现象。

5）检查刨花厚度是否合适。如果未见刨花或刨花过厚，松开压板紧固螺丝，调节丝杆，根据需要将刨刃突出或拉回，采用目视或手指测试刨刃突出量。

6）再次测试或调节，直至刨花厚度合适。粗刨操作时可适当调大刃口突出量，使用细刨光面时应调小刨刃突出量。

7）观察刨花厚薄是否均匀，如果一侧厚一侧薄，可以松开紧定螺丝，左右拨动调整杆，将刨刃向薄的一侧倾斜，再次测试，直至刨花厚度均匀；如果刨花两侧厚，中间薄，或者中间厚两侧薄，则是刨刃打磨出问题，应重新打磨修整（参见第3.6.3节磨刀工具）。

8）检查木料表面是否出现戗茬，按照前文所述中式刨的方法调整。调整过后，再次刨削，如刨出的刨花平直流畅，厚薄均匀则为合格。

9）更换细刨刨光木料表面后，按照前文所述方法检验板面是否平整，完成刨削。

无论使用中式、日式还是欧式刨，如果从毛料开始刨削，为了快速找平，一开始可选择使用粗刨，沿木料的对角线方向或木纹的垂直方向刨削，可以更快地下料找平（图3-27）。

如需刨削木材端面，最好选用锋利的低角度刨。刨削时可先为木料端头的四周倒棱，或者在木料端头侧边夹持一块靠板，以防止刨削至端头边缘时劈裂木料（图3-28）。如果端面较硬难以刨削，可以尝试用水润湿后再进行刨削。

2. 线刨

线刨种类多样，用于为木料边缘制作花线造型。

3. 槽刨

槽刨有中式、日式和欧式三类。中式槽刨也叫作

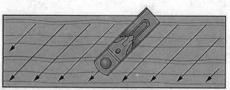

粗刨找平方向

精细刨削方向

图3-27　平刨找平技巧

图 3-28　刨削端面的方法

柳刨。槽刨常用来为木料开出槽口，用于镶嵌心板。槽刨的刨削宽度主要通过换刀来实现，开槽深度通过调节刨刀深度实现，开槽位置则需要调节刨身与靠山的间距来实现。

4. 肩刨

肩刨主要用来修整工件的裁口、台阶或榫头。

除以上介绍的几种外，还有一些其他类型的手工刨用于制作各类曲面造型或修整工件细节。在后边的章节中，我们会学习使用各类铣刀配合电木铣、修边机或立铣来制作工件边缘的花线效果，工作效率可大幅提高。

5. 鸟刨

鸟刨又称为蝠刨，主要用于刮削木材的曲面。鸟刨又可分为平底鸟刨、圆底鸟刨和凹底鸟刨三类（图 3-29~ 图 3-31）。平底鸟刨可用于刮削木材的直线边棱，使之变圆；圆底鸟刨可以用于刮削一些内圆弧造型；凹底鸟刨可以用于将方料倒圆。

图 3-29　平底鸟刨（欧式）

图 3-30　圆底鸟刨（欧式）

图 3-31　凹底鸟刨（欧式）

✄ **使用鸟刨制作锥形凳腿**

扫码观看操作视频

1）将方形木料斜向夹持在木工桌上。

2）使用圆弧（平底）鸟刨沿着边棱

刮削，注意观察是否产生戗茬，如果存在戗茬可以反向刨削。

3）在木料的细端反复刨削，并随时观察端面是否趋圆。

4）可使用游标卡尺检查木棒圆度，直至完成操作。

6. 拉刀

　　木工工作中还常使用双柄拉刀来进行刮圆的操作，其功能近似于鸟刨，但刃口尺寸更大，多用于较大曲型件的刮削及凹面的制作（图3-32~图3-34）。

图 3-32　球形单柄拉刀

图 3-33　双手柄圆弧拉刀

图 3-34　双手柄平面拉刀

图 3-35　耪刨

图 3-36　钢片式刮刀

7. 刮刀

　　木材表面纹理较乱或者木料硬度较高时，为了防止戗茬，通常使用刮刀来进行刨削。刮刀功能类似细刨，用于板面的刮磨抛光。图3-35为耪刨，俗称为蜈蚣刨，是中式传统红木家具制作常用的净面工具。图3-36为成套的钢片式刮刀。

　　刮刀借助其断面刃口被打磨出的卷边来实现刮削，刮磨时卷边几乎垂直于被加工表面，削掉一层极薄的木屑。使用刮刀来修整可以得到光洁度很高的表面（图3-37）。

　　刮刀的打磨可以借助各类磨石和专用的开口刀或刮刀研磨棒（图3-38、图3-39）。

图 3-37　刮刀的刮磨效果

图 3-38　开口刀

图 3-39　刮刀研磨棒

⚒ 中式耪刨的打磨

扫码观看操作视频

1）将耪刨垂直于磨刀石上前后推拉打磨，使所有刮刀片高度一致。

2）手持耪刨，使用开口刀对准刮刀片侧面边缘，稍微上倾一点角度，沿边缘刮磨一道。

3）同样方法对其他刮刀片进行刮磨。

4）测试刮刀效果，完成操作。

⚒ 钢片式刮刀的打磨

扫码观看操作视频

1）将刮刀垂直于磨刀石上前后推拉打磨，然后平放打磨，去掉卷刃。

2）再将刮刀片放在台面边缘，使用刮刀磨棒斜向打磨刮刀边缘。

3）然后将刮刀片立放，使用刮刀研磨棒平放在刃口打磨刮刀边缘，

完成打磨。

钢片式刮刀的操作

扫码观看操作视频

2）将刮刀前倾45°左右立放，双手握住两端，双手拇指在刮刀中间用力，形成弧面，然后顺木纹方向前推刮削。

3）用手指触摸木材表面，当表面平滑无毛刺感时，完成操作。

1）将木料固定于台面，根据木料表面特征选择合适的刮刀。

知识点：如何识别木材的正面和反面？

木材的正反纹理影响刨削的方向和瓦形形变的可能性。观看木材端面生长轮，生长轮的弯曲朝向就是木材的正面，或者观看木材的形变方式，弦切板的凸面即木材的正面。

知识点：如何识别木材的根部和冠部？

木材的根部和冠部方向影响木材刨削的方向，以及弓形弯曲的朝向。观看木材的宽度变化，宽头多为根部。或者观看木材的纹理方向，一般山形或火焰纹理的尖端朝向多为木材的冠部。

知识点：如何识别木材的顺纹和逆纹？

沿顺纹刨削木材可以取得平滑的表面，逆纹刨削则容易产生戗茬。观看木料的侧面条纹，从条纹的下行方向端头起刨可得顺纹。或者调小刨削量，使用手刨刨削一下表面，观察纹路是否有戗茬，有戗茬则为逆纹。

知识点：手工刨的保养与维护

手工刨的保养主要关注防锈和对刃口的保护。刨子不用时应将诱导面朝上或者放置在软垫上，并将刨刃收回（中式刨还应放松木楔），须经常擦拭核桃油或矿物油，防止生锈。

【拓展思考】

1. 在使用平刨刨削大幅板面的时候，如何解决戗茬问题？如何检查整体平整度？

2. 哪种情况下可以使用刮刀代替平刨操作？

3.3.3 凿类

手工凿由凿柄和凿刃两部分组成，主要用于为木料打凿榫眼或修平细节。常用的有榫眼凿（也称为打凿）、扁凿（也称为平凿或斜边凿）和铲凿三类，有各种不同刃口宽度的型号可以选择（图3-40）。手工凿刃角的大小，依照加工木材软硬而异，其中榫眼凿的刃角可打磨到25°~40°，扁凿和铲凿的刃角可打磨到20°~30°（图3-41）。

榫眼凿刀刃较厚，刃口较长，专用于为木料制作榫眼，凿的宽度有4~16mm不等。榫眼凿手柄端头安装铁箍，可以抗锤击。通常欧式榫凿使用木槌敲击，中式或日式榫凿可以使用铁锤或斧头敲击。

扁凿刃口两侧具有斜面，可以深入木料的各边角，主要用于修平槽口底面、榫眼壁或榫头的榫颊、榫肩等，常用的刃宽有6~32mm不等。扁凿既可用

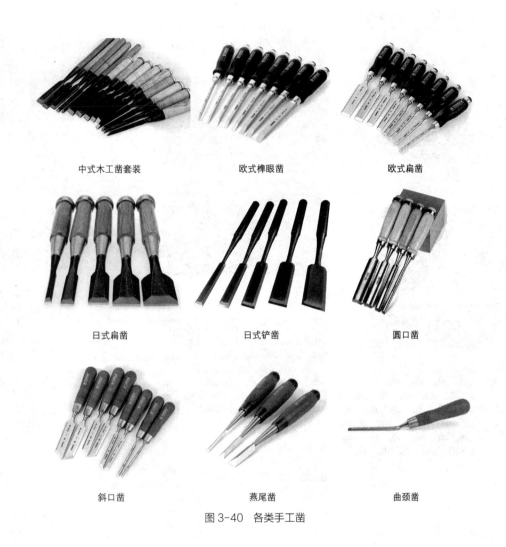

中式木工凿套装   欧式榫眼凿   欧式扁凿

日式扁凿   日式铲凿   圆口凿

斜口凿   燕尾凿   曲颈凿

图 3-40 各类手工凿

手推操作来修平木料表面细节，还可借助木槌敲击进行粗修工作，是应用最为广泛的手工凿。

铲凿造型及宽度型号与扁凿类似，但是刀刃和凿柄更长，一般用于修整和铲削工作，凿柄不能锤击。

除以上三类之外，还有斜口凿、圆凿、燕尾凿、曲柄凿等，可应用于一些特定操作。

1. 榫眼凿的操作

我国传统木匠在进行凿眼工作时，通常将木料放置于长凳，木匠坐在木料的一端，借助大腿和体重压住木料，侧身打凿。现代木工通常借助木工桌，将木料固定在桌面，站立操作。这两种操作方式都是可以

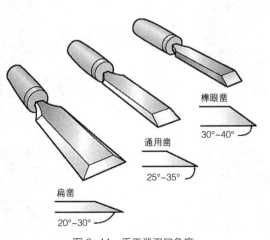

扁凿 20°~30°

通用凿 25°~35°

榫眼凿 30°~40°

图 3-41 手工凿刃口角度

⚒ 使用榫眼凿制作一个榫眼

扫码观看操作视频

1）在木料表面画出榫眼线，然后固定于木工桌。

2）选择宽度合适的榫凿。

3）第一凿，将榫凿垂直放置于榫眼线一端，距端线3mm左右，刃口背向于榫眼，刃背垂直，用木槌（凿斧）敲击凿柄，深度2~3mm为宜。

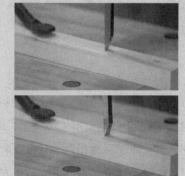

4）第二凿，将榫凿前移2mm左右，榫凿前倾，再次敲击，将开出的夹角中的木屑剔除。

5）第三凿，在第二凿的位置垂直向下打凿。

6）第四凿，前移榫凿3mm左右，前倾榫凿并打凿，前后摆动凿子，剔除木屑。

7）重复第三凿和第四凿的打法，向前向深处打凿，凿至需要深度后，只跟凿，不进凿，继续打凿。

8）凿至距榫端1mm左右时，将凿背放直，在榫端位置垂直下凿，打到合适深度，出渣。

9）然后将凿子回至榫眼中间斜台位置，翻转凿刃，将斜面分多次剔除，一直凿到榫端位置，然后在榫端划线位置垂直下凿，出渣，完成榫眼制作。

10）如需制作透榫，应在木料两侧对应位置分别划线，在一侧凿至半深时从另一侧下凿，直至凿通，仅从一侧下凿易导致出口处木料劈裂。

的。但是这两种方法都要求视线正对榫眼长度方向，以方便观察凿子是否垂直于木料。

2. 扁凿的操作

在使用扁凿做修整工作时，应倍加小心，使工件得到更严密的配合效果。如果用于修整榫眼，则需保证凿背垂直于榫眼下凿，可以适当使用木槌敲击；用于对榫头或其他位置进行修整时，主要依靠手部力量进行，因此需要正确掌握工作方法。在铲削和修整不平处时，应用右手握住手柄，左手放在前端压住刀面。右手握持手柄前推，左手调整铲削厚度和方向（图 3-42）。注意一般应采取斜向于木材纤维的方法进行铲削，以防止产生顺纹方向的劈裂或横纹方向的毛刺。

图 3-42 扁凿的各种使用场合

✕ 使用扁凿配合夹背锯制作一组燕尾榫

扫码观看操作视频

1）准备两块木料，在木料一绘制燕尾榫锯切线，并固定于木工桌。

2）将夹背锯放置于划线位置废料一侧，抬起锯柄，使用拇指关节引导位置。

3）拉锯开料，沿划线位置连续锯切出各个公榫榫颊。

4）使用弓锯横向锯切，将废料清除。

5）将木料横向固定于台面，在木料下部垫上木板，使用另一块直角木料固定在榫肩线位置当作靠山。

6）挑选合适的扁凿或者燕尾凿，刃背紧贴靠山，使用木槌敲击，逐个修平榫肩。然后竖向夹持木料，使用扁凿修整榫颊。

7）将木料二垂直固定于木工桌，将木料一对齐边线，为母榫划线。

8）如法使用夹背锯切割母榫榫颊，注意留出一定余量。

9）使用弓锯横向锯切，去除余料。

10）使用扁凿或燕尾凿修平木料二的榫肩。

11）组装木料一和木料二，如果配合过紧，可以使用扁凿修整榫颊，直至配合松紧合适，完成制作。

　　凿子在使用过一段时间后会变钝，操作就需要更大的力气，这会导致我们对工具的控制力变差，容易造成安全隐患。因此，及时打磨刃口是非常重要的（参见第 3.6.3 节磨刀工具）。

知识点：手工凿的保养与维护

　　凿子的保养主要关注对刃口的保护和防锈。不用时应放在专用挂架或者平放在软垫上，注意不要与木工锉等金属工具放在一起。须经常擦拭核桃油或矿物油，防止生锈。

手工凿安全操作注意事项

　　1）使用扁凿进行修整工作时，不要单手持凿操作，另一只手不能放在刃口前方，始终保持双手位于刃口的后方，防止划伤。

　　2）凿眼时，凿子不要左右摆动，防止损伤榫眼侧壁。

　　3）不要将木料抵在胸口或放在腿部使用手工凿。

　　4）不要将刃口朝向自己操作。

　　5）要注意防止凿子从桌面滚落，以免伤到自己或者损伤刃口。

【拓展思考】

1. 为什么一般要先做榫眼再做榫头？
2. 遇到一些比较难触及的角落，我们应该选用哪种凿子来处理？

3.3.4　刀类

木工用的刀具主要用于各种切削、挖削、雕刻、修整、划线等工作。根据形态不同大致可分为削刀和凿刀两类。根据刃口不同，削刀可以分直刀、斜刀、

勾刀、剑刀，剃刀等，凿刀可以分为平口刀、圆口刀、斜口刀、三角刀等。另外还有挖勺刀、弯颈刀、拉刀、小型刻刀等特殊类型的刀具，可用于专门的雕刻或挖削操作（图 3-43）。

1. 削刀

在使用削刀之前，最好戴上防割手套或者指套。削刀操作一般是一手握持木料，一手持刀。使用削刀雕刻过程中，要根据雕刻造型需要及木材纹理方向，随时切换用刀方法。多加练习即可熟练掌握刀法，形成自己的雕刻习惯。

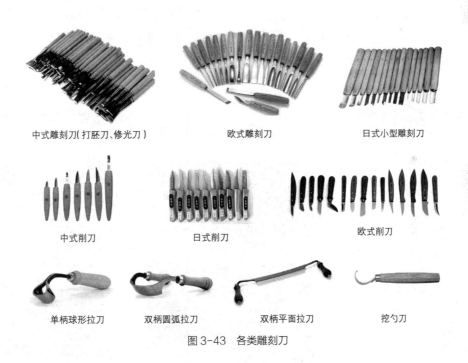

中式雕刻刀(打胚刀、修光刀)　　欧式雕刻刀　　日式小型雕刻刀

中式削刀　　日式削刀　　欧式削刀

单柄球形拉刀　　双柄圆弧拉刀　　双柄平面拉刀　　挖勺刀

图 3-43　各类雕刻刀

✗ 削刀的操作

扫码观看操作视频

削刀运刀方法大致分两种，一种是推刀法，另一种是拉刀法。

推刀法类似削铅笔。如果左手持料右手握刀，可用左手大拇指抵住刀背向前推出，注意下刀角度，一次不要进刀太深。根据刃口的角度和造型的需要，随时调整用刀角度和力度。注意辨别木纹方向，尽量与木纹方向呈锐角夹角，可以防止卡刀形成戗茬。当需要快速去除木料时，可以选用合适的刀具，右手握持刀具抵住胸口不动，然后左手握持木料往后拉削，进行快速造型。

拉刀法类似削苹果。左手握木料，右手持刀，右手大拇指勾住木料的边缘形成杠杆，然后四指拉住刀往身体方向切削，同样要注意控制好切削角度和木纹方向。另外，还可以借助左手大拇指往回拉刀的方法进行切削。

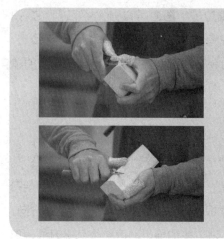

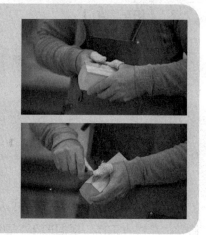

2. 凿刀

凿刀还可细分为打胚刀和修光刀两类，都有平刀、半圆刀、斜口刀、三角刀等类别。打胚刀常用于将工件初步雕刻出大形，可根据需要借助木槌敲击来进行雕刻。修光刀主要用于处理雕刻细节，单手握持，靠手部力量雕刻。

✕ 打胚刀的操作

扫码观看操作视频

打凿至木料边缘时，需防止木料劈裂崩口。

雕刻时，左手握住刀柄，右手持槌敲击。注意掌握好锤击力度和下刀方向，锤击时宜力度适中，可采用高频次打击下料，下刀角度一般沿顺纹理或者横向于木纹时比较合适，逆纹操作易出戗茬。另外在

✕ 修光刀的操作

扫码观看操作视频

修光刀多用于单手持握，拇指和食指拢住刀柄，其他三指前伸，中指抵住刀颈，小拇指和无名指抵住雕刻工件，另一只手的大拇指或食指从另一侧支撑刀颈，借助掌力和腕力修整雕刻细节。

在后面的章节中有手工浮雕和雕刻小熊的案例，将完整展示各种雕刻刀具的用法（参见第 6.1 节表面雕刻、第 7.2 节木雕动物）。

知识点：雕刻刀的保养与维护

雕刻刀不用时应放置在固定的位置，防止跌落损伤刃口，长时间不用可以使用矿物油进行擦拭。雕刻刀不够锋利时，要及时修磨，使用钝刀操作更容易受伤。

木工刀具安全操作注意事项

1）建议佩戴防割手套或指套操作。

2）使用雕刻刀时，始终关注持料手指的位置和刀口的方向，防止划伤。

3）要注意防止刀具从桌面滚落，以免伤到脚部或者损伤刃口。

【拓展思考】

1. 如何打磨圆口的凿刀？

2. 凿刀和木工凿有哪些区别？

3.3.5　锉类

木工锉也是木工常用工具，主要用于修整工件的细节，使平面更平整或使曲面更圆滑。根据造型可分平面锉、圆弧锉、圆锉、三角锉等（图 3-44）。木工锉的表面有很多细密的锉齿，通常根据锉齿大小把木工锉分为粗锉和细锉两类（图 3-45）。另外，有一种表面分布网状锯齿的锯锉，可以用于快速打磨木料，制作造型（图 3-46）。还有一类形体较小的木工用什锦锉，造型多样，在打磨小件硬木料时比较好用。

木工锉使用过一段时间后，锉齿会堵塞一些木屑，可以使用钢丝刷将木屑清理掉（图 3-47）。木工锉不用时应与其他金属工具分开放置，以免互相磨损。

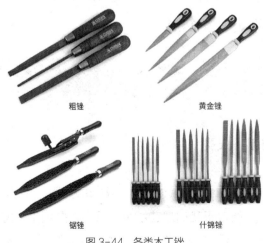

粗锉　　　　　黄金锉

锯锉　　　　　什锦锉

图 3-44　各类木工锉

图 3-45　木工锉的锉齿

图 3-46　锯锉的锯齿

图 3-47　钢丝刷

✕ 锉刀的操作

扫码观看操作视频

使用木工锉时，应将锉刀与木纹方向呈一定夹角，右手握住手柄前推，左手手指压住锉刀前端控制角度和力度，推锉可稍用力，回锉要轻，锉削平面时尽量不要上下晃动，防止锉出曲面。

木工锉安全操作注意事项

1）应根据加工需要选择合适的木工锉，木工锉不能用于金属加工。

2）不要将木工锉与其他木工锉或工具放在一起，避免相互磨损。

3）工作时要防止木工锉从桌面跌落砸伤脚面或损坏锉齿。

　**【拓展思考】**

1. 如何使用木工锉修整榫肩？

2. 哪种锉可以用于修整圆形？

3.3.6　尺类

孟子曰："不以规矩，不能成方圆"。这里的"规"，类似于我们现在所用的圆规，是用来画圆的工具。"矩"类似于直角尺，前人也叫曲尺，是用来绘制矩形的工具。尺规，是木工最重要的工具类别之一。

木工常用的尺具主要有：直尺、卷尺、折叠尺、直角尺、角度尺、游标卡尺等，用于在不同的使用场合下辅助测量、划线和标记（图 3-48）。

直尺、卷尺、折叠尺主要用于尺寸测量和划线。在木工作业中，30cm、60cm、100cm 的钢直尺使用最多。卷尺可准备 3m、5m、10m 各一把。折叠尺在现代木工中已经较少使用。

直角尺常用来在木料表面划平行线或垂直线。带有刻度的直角尺可用于精确划线或测量锯片及刃口高度等；没有刻度的检验直角尺可用于检查机器靠山、木料切削面或组合结构的垂直度。

组合直角尺多用于开料或制榫的划线，其尺座可以在尺面上移动和固定，在木料表面划出固定尺寸的平行线，也可用其绘制 90° 或 45° 的线条。

角度尺有角度测量尺和角度检验尺两类。角度测量尺可以用于测量角度的具体数值；角度检验尺多数用于检验特定角度，如 30°、45°、60° 等。

活动角尺可以用于不同工件或器具间测量、复制和转移角度。

游标卡尺可用来精确测量工件或孔径尺寸，还可以用来测定孔眼深度。

另外，木工工作还可选用一些特殊尺具用于一些专门用途。

现代木工工具上经常见到英制的单位刻度。其中最常用的就是英寸单位。我们只需记住 1in（英寸）=2.54cm（厘米），其他常用尺寸就可以换算得出，例如 1/2in（英寸）就是 12.7mm（毫米）。下表列出了常用的英制和公制的转换关系（表 3-4）。

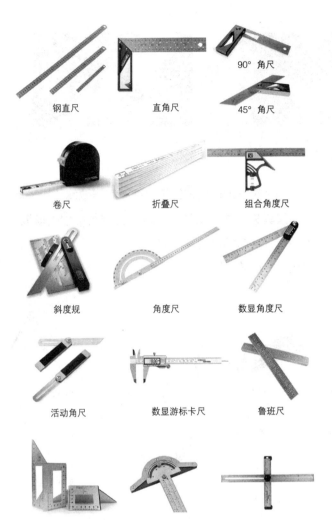

| 钢直尺 | 直角尺 | 90° 角尺 |
| 45° 角尺 |
卷尺	折叠尺	组合角度尺
斜度规	角度尺	数显角度尺
活动角尺	数显游标卡尺	鲁班尺
多用途划线尺	T 型划线尺	T 型活动划线尺

图 3-48　各类尺具

表 3-4　木工常用英制和公制尺寸换算表

	英制		公制
长度	1in（英寸）		2.54cm
	1ft（英尺）	=	30.48cm
	1mi（英里）		1.61km
面积	1in²（平方英寸）		6.45cm²
	1ft²（平方英尺）		$9.29 \times 10^{-2} m^2$

⚒ **使用直角尺绘制一组榫眼线**

扫码观看操作视频

1）使用直角尺检查木料是否方正。

2）使用钢直尺在木料中部位置找出中点做标记。然后分别在中点位置向两侧各量出 20mm 做标记。

3）将直角尺尺座紧贴木料边缘，使用铅笔在标记位置画出两条平行线。

4）分别在两条平行线上等分画点，标记出榫眼宽度 10mm。

5）使用直尺连接标记点，然后在画出的方形榫眼区域画上阴影线，完成操作。

以上操作中，也可以使用划线工具如划线器来确定榫眼宽度，划线工具将在下一节介绍。

知识点：如何检查直角尺是否精确

使用直角尺紧贴木板边缘画一条垂线，然后翻转尺座在原起点位置再画一条线，如果两线重合则证明直角尺精确，反之则可以看出角度问题。

【拓展思考】

1. 如何在木板上绘制 60°的线条？

2. 如何测量一个钻头的直径？

3.3.7　划线工具

木工工作中，准确划线是精确制作的前提。

用于划线的工具主要有：铅笔、滑石笔、中性笔、美工刀、划线刀、锥子、划线器、墨斗、圆规等（图 3-49）。

铅笔是最常用的划线工具。在细木工制作中，应保持笔尖尖锐，划线清晰，在深色木头上可以使用彩色铅笔划线。

美工刀、划线刀、锥子能够刻划出精准的刻痕线条。

划线器多用于制榫工作中定位榫头和榫眼的位置，适合批量操作。

墨斗是我国传统木工工具，是大木作中不可或缺的定位划线工具。

为了更好地使用划线工具提高工作效率，除了常用的尺具外，木工工作者还常常自制各类划线模板、工装或者从市场采购专用的划线辅助工具。如燕尾榫划线器、铰链定位器、圆心划线器、轮廓规等。

图 3-49　各类划线工具

✄ 双杆划线器的使用方法

扫码观看操作视频

1）松开划线器紧定螺丝。

2）根据榫头和木料尺寸，分别调节两根划线杆出头长度，可以使用直角尺或者将要使用的榫凿辅助测量，然后拧紧螺丝。

3）将划线器靠山紧贴木料立面，平移划线。测量划线位置和尺寸是否合理，完成操作。

✄ 中式墨斗的弹线方法

扫码观看操作视频

1）在墨斗的墨仓中滴入适量的墨水。

2）在选定的位置将墨斗的针尖插入木料，然后拉线至木料的另一端，按住线头。

3）使用另一只手在线的中部位置将

线垂直向上提起，然后松开。

4）检查一下墨线清晰度，如果不够清晰，可以再弹一次线。

✄ 中心划线

扫码观看操作视频

在对木料进行车旋操作或者打孔定位的时候，经常要找到木料的中心点。

对于方形木料，可以通过连接对角线的方法，两条对角线的交点就是木料的中心点。

对于圆形或不规则木料，可以借助中心尺画两条或多条线，其交点就是大致的中心位置。

⚒ 等分划线

扫码观看操作视频

在木工工作中，经常会涉及一些非整数值的等分划线需求。下面以七等分划线为例演示操作方法。

1）选用合适长度的直钢尺，一端紧靠木板左侧边，观察木板宽度。

2）以直尺左侧端头0刻度线为圆心，旋转直尺，观察木板右侧边对应的刻度，直至刻度对齐数字7的倍数（如14、21、28等）位置。

3）按住直尺，使用铅笔分别在7的倍数刻度等分线位置标记。

4）使用直角尺卡住木板边缘，尺边对准标记点连垂线至木板边缘，

完成操作。

 【拓展思考】

1. 在执行锯切工作时，如何根据划线确定锯切位置？

2. 本节介绍的划线工具，如果按照精度排序是什么样的？

3.3.8 其他手工工具

木工工作种类繁多，所用工具也不胜枚举。除了前面章节所介绍的常用的木工手工工具，还经常用到一些其他辅助工具，以及一些金工工具和办公用品等。

木槌、橡胶锤、皮锤、铁锤：制榫、组装、雕刻、打钉等需要敲击和紧固工件时使用（图3-50）。

图3-50　各类木工锤

斧头：分单刃斧和双刃斧，用于砍削和敲击。大木作中用于砍削枝丫、树皮或整平木料，细木作中用于大面积除料、雕刻或制作楔子等（图 3-51）。

图 3-51　各类木工斧

手摇钻（牵钻、曲柄钻）：功能与手电钻类似，是旧时木匠钻孔时常用的工具，现多用于不能使用手电钻的场合（图 3-52）。

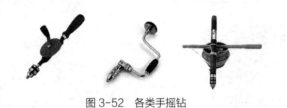

图 3-52　各类手摇钻

手捻钻：为精细工件打细孔时使用（图 3-53）。

图 3-53　各类手捻钻

水平尺：用于木作安装时参考水平或垂直。水平尺放在测量物表面时，水准管内的气泡若处于中间位置则证明物体水平或垂直（图 3-54）。

图 3-54　各类水平尺

五金工具：木工工作中，需要经常维护和调试各类木工机械和工具，也经常要为木作制品安装五金配件。因此，工作场所应常备一些五金工具。常用的有：各型号手工螺丝刀、各型号螺母扳手、各型号六角扳手、钳子、镊子、锥子、测电笔等（图 3-55）。

图 3-55　各类五金工具

【拓展思考】

1. 除了本节介绍的工具之外，您认为还有哪些工具可以用在木工工作中？

2. 中式手工工具和日式、欧式手工工具有哪些异同？

3.4　木工机械认知与操作

通过第 3.3 节的学习，我们了解了木工用的各类手工工具的用途和操作方法。手工工具具有种类丰富、操作灵活、适应性强、成本较低、低噪声、低扬尘、安全性好，对场地要求不高等优势，但也存在加工效率低、精度不足、可复制性差、耗费体力、对操作者经验和水平要求较高等问题。随着科技的进步，木工机械已经成为现代木工工作室和生产企业的必备设备。木工机械提高了工作效率，节省了人力。经过精密调校的木工机械其加工精度、可靠性及耐久性较高，弥补了手工工具的不足。但与手工工具相比，也存在操作安全风险大、噪声大、粉尘多、灵活性不足等问题。因此，木工手工工具和木工机械各有长短，能力互补，不能厚此薄彼，应根据加工制作的要求灵活选用。

经过一百多年的发展，木工机械推陈出新，种类繁多。本节起，着重介绍现代木工工作室和生产企业最常用的基本木工机械。

图 3-56　推台锯

3.4.1　推台锯

木工推台锯主要用于大尺寸木材或板材的锯切工作（图 3-56）。其基本的工作方式是将木料或人造板材固定于滑动推台上，然后推动木料经过由电机驱动的锯片完成锯切操作。

精密推台锯通常安装两组锯片。所用主锯片的常规尺寸有 10in（25.4cm）和 12in（30.48cm）等。另有一组小锯片，能够在主锯片锯切前将板材表面的聚合层切开，防止主锯片切割产生崩边现象（图 3-57）。

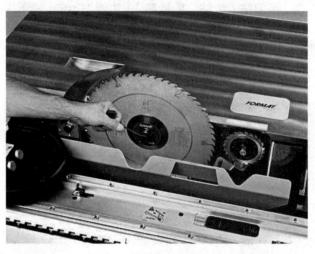

图 3-57　推台锯的双锯片系统

主锯片直径越大，可以切割的木材就越厚，通常 12in 锯片的切高在 9cm 左右。推台锯一般配有升降摇轮和角度摇轮，可根据需要调节锯片的切高和切角。使用角度摇轮可以将木材切割出最大至 45° 角的斜面。

通常全尺寸推台锯的滑动推台和台面尺寸较大，可以满足锯切 2440mm×1220mm 的标准尺寸的人造板材。滑动推台的靠山还可以调节角度，用于非直角切割。

推台锯的主要构造有：主机箱、滑台、台面、上部集尘装置、锯片护罩、物料托架、横切靠山、限位板、纵切靠山、升降摇轮、角度摇轮、主机开关、双锯片开关、急停按钮、压料板、压料架等（图 3-58）。

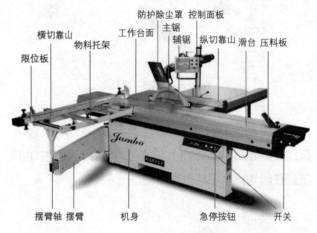

图 3-58　推台锯的主要构造

关于成角度切割及锯片的介绍等内容，在后面台锯一节有详细介绍，这里不再展开（参见第 3.4.5 节台锯）。

⚒ 使用推台锯截板

扫码观看操作视频

1）将板材放置于推台锯台面，根据需要切割的尺寸调节推台锯靠山和限位板的位置，锁紧靠山和限位板。

2）将板材贴紧靠山和限位板，使用压料板将板材固定于台面。

3）将板材拉离锯齿一段距离，启动集尘器，开机。

4）缓慢推动滑台，直至锯片将板材完全锯切。

5）关机，待锯片完全停转后，取下板材，检查尺寸，完成操作。

推台锯安全操作注意事项

1）使用安全开关、刹车装置、防护罩。

2）佩戴口罩、防噪耳罩、护目镜等。

3）切割前确保靠山、限位板和压料板锁紧，木料被紧固于台面。

4）操作人员侧位站立，避开锯片旋转的前后方向，防止反弹伤人。

5）开机前，应让木料离开锯齿，待机器正常运转后再送料。

6）除非切割有聚合层的板材，否则不需要开启小锯片电机。

7）除了进行不切透的开槽工作，做横切操作时不要使用纵切靠山。

8）切割长料时，应搭配出料台、接料架或请他人帮忙接料，接料人不应拉拽或改变木料方向。

9）切割完成后，锯片完全停止前，切忌动手移除余料。

10）更换锯片时必须断开电源线，调节锯片高度和角度时应关机。

【拓展思考】

1. 如何将一张 2440mm×1220mm 的板面等分锯切成四块板面？

2. 为什么使用推台锯锯切毛料要留出一定的余量？

3.4.2 斜断锯

第 3.4.1 节我们学习了推台锯，了解到推台锯可以用于大幅面板材的切割，也可以用于木材毛料的截长。但是，推台锯尺寸巨大，对空间面积要求高，并不适合空间小的木工工作室。如果在多数情况下加工制作的是实木木料，可选择体积小巧、切割方式更加灵活的斜断锯。

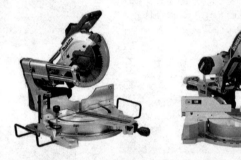

斜断锯主要用于将长木料横截成特定长度或角度的木段（图 3-59）。除了垂直切断外，拉杆式复合斜断锯可以通过调节锯片角度将木料锯切出夹角或斜面（图 3-60）。斜断锯的锯片有 9~12in（22.86~30.48cm）可选，锯片直径的大小决定了斜断锯的切高大小，拉杆的行程决定了可切割木料的宽度。为方便锯切长料，建议为斜断锯安装接料台面或脚架（图 3-61、图 3-62）。

图 3-59 不同品牌的斜断锯

斜断锯的主要构造有：主机、锯片、锯片上护罩、锯片下护罩、手柄、开关、开关锁、角度锁定杆、台面调节手柄、台面角度盘、托料架、压料架、锯片角度刻度盘、滑轨、集尘袋等。图 3-63 这款斜断锯安装的是 10in（25.4cm）锯片，最大切割高度为 85mm，最大切割宽度为 300mm，最大切割角度为 60°。

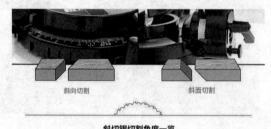
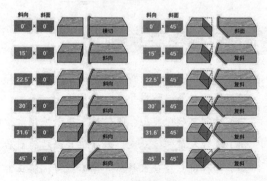

图 3-60 斜断锯的锯切角度

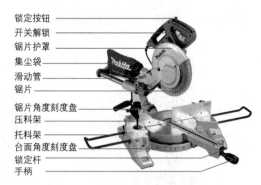

锁定按钮
开关解锁
锯片护罩
集尘袋
滑动管
锯片
锯片角度刻度盘
压料架
托料架
台面角度刻度盘
锁定杆
手柄

图 3-61　斜断锯的接料台面　　　　图 3-62　斜断锯的接料脚架　　　　图 3-63　斜断锯的主要构造

⚒ 使用斜断锯为木料锯切长度

扫码观看操作视频

1）佩戴口罩和防噪耳罩，使用卷尺测量木料长度，在需要切割的位置划线。

2）检查斜断锯台面角度和锯片角度是否归零。

3）打开斜断锯的激光指示灯，将木料平放于斜断锯台面，划线位置对准激光标示线。

4）使用压料装置将木料固定于台面。

5）开机，待机器运转正常后，将机头拉至木料近端缓慢下压。

6）待锯片完全切透木料近端时，缓慢前推，直至将木材完全切断。如果锯切厚度超过 25mm 的木料，建议分两次或多次锯切，逐层切透厚木料。

7）松开电机开关，待锯片完全停止后再提起机头，松开手柄。

8）取下木料，检查尺寸，完成锯切。

⚒ 使用斜断锯锯切复斜角度

扫码观看操作视频

1）使用划线工具在需要锯切的位置划线。

2）松开工作台锁紧旋钮，调节台面至需要角度，然后锁紧手柄。

3）松开机头锁紧旋钮，将机头调整至所需角度，然后锁紧旋钮。

4）打开斜断锯的激光指示灯，将木料平放于斜断锯台面，划线位置对准激光标示线，使用压料装置将木料固定于台面。

5）开机，待机器运转正常后将机头拉至木料近端缓慢下压，待锯片完全切透木料近端时，缓慢前推，直至将木材完全切断。

6）松开电机开关，待锯片完全停止后再提起机头，松开手柄。

7）检查木料，完成锯切。

斜断锯安全操作注意事项

1）佩戴口罩、耳罩、护目镜等防护措施，并为斜断锯安装集尘装置。

2）确保锯片护罩完整可靠，双手远离锯片切割路线。

3）粗切毛料时，应注意检查木料是否有钉子等金属。

4）应使用压料装置将木料紧固在台面上操作。

5）木料应平贴工作台面，如有悬空，可能会卡锯并反弹锯片。

6）开机前确保锯片离开木料，待运转正常后缓慢推进，急促进料容易导致锯片断齿或变形。

【拓展思考】

1. 如果一段木料中间发生了弓形弯曲，应该如何锯切？

2. 当木料厚度超出锯片的切高时，应该如何操作？

3.4.3　平刨

在之前的章节中，我们学习了木工用的手工刨，其中手工平刨的主要作用是把木料表面刨削到光滑平整。使用手工刨将一块毛料板面刨削平整是一件费时费力的工作。本节我们来学习能够快速将木料表面刨平的木工机械——平刨。

平刨主要用于把毛板料刨削出两个垂直光滑面。根据体积不同，平刨可以分为桌面式和落地式两类（图 3-64）。根据刨刀轴长不同，平刨有 6~18in（15.24~45.72cm）不等的型号，通常 6in（15.24cm）和 8in（20.32cm）的平刨在木工工作室应用最多，12~18in（30.48~45.72cm）的平刨多用于工厂中。平刨的刨刀组分为平刀和螺旋刀两种类型（图 3-65）。平刀款由三片平行的刀片组成刨刀组；螺旋刀款由两排或多排方片状刀片螺旋分布于刀轴（又称玉米刀），螺旋刀刀组的刀片可以在损伤后分片更换，使用寿命更长。

平刨的主要构造有：进料工作台、出料工作台、深度定位刻度盘、进料台高度手柄、出料台高度手柄、靠山、靠山调节系统、刀片护罩、刀轴、开关、集尘口等（图 3-66）。

平刨的主要工作面由台面和靠山组成。台面分进料台和出料台，可通过手柄调节进料台高度，使之低于出料台。木料通过刨刀后，刀组可将两个台面高差间的木料刨平（图 3-67）。平刨的单次刨削深度不宜过大，防止损坏电机。

平刨的靠山可以进行角度调节，刨削角度最大可调至 135°。当需要刨削一对垂直面时，应将平刨的靠山调节至 90°，工作前应使用精密直角尺检查靠山和台面的垂直度。

刨削木料时，应尽可能顺木纹方向刨削。如不能确定方向，可以在第一次刨削后检查木纹是否产生撕裂戗茬，如有，可调转木料方向顺木纹刨削（图 3-68）。如果遇到顺逆纹同时存在的木料，应减少单次刨削量，缓慢送料，反复调转木料方向，多次刨削，可使刨削面更加光滑。如果遇到弓形弯曲或瓦形弯曲的木料，一般应将凹面向下，先将凹面刨平（图 3-69）。

图 3-64　不同品牌和型号的平刨

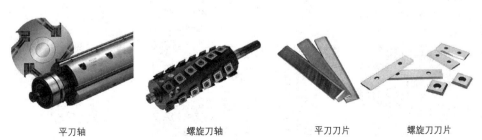

平刀轴　　　　　螺旋刀轴　　　　　平刀刀片　　　　螺旋刀刀片

图 3-65　平刨的刨刀

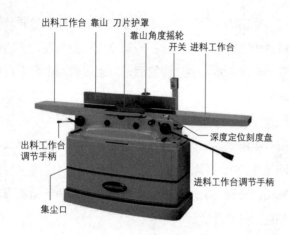

图 3-66　平刨的主要构造

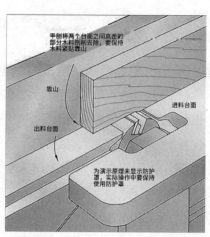

图 3-67　平刨的工作原理

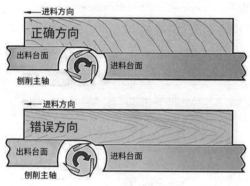

图 3-68　根据木纹方向确定进料方向

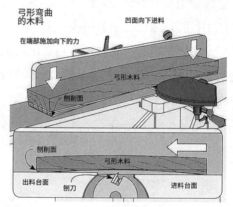

图 3-69　弓形木料的刨削方法

🔧 平刨的操作

扫码观看操作视频

1）调节平刨靠山，使用直角尺检查靠山和台面的垂直度。

2）松开台面高度调节手柄，设置刨削量，然后锁紧。

3）检查木料表面是否有金属、松脱的节疤等，及时去除安全隐患。

4）将木料大面平放在台面（如果木料发生弯曲，应将凹面向下），距离刀轴区一段距离。启动集尘器，开机，将木料贴紧靠山，左手平放按住木料前端。注意手指不能勾在木料侧面，右手使用压料板推动木料缓慢通过刨刀轴。注意左手接近刨刀区域时，应及时后撤，木料过半通过刨刀区时，左手可以放在出料台按住木料。

5）第一次刨削完成后，检查是否存在戗茬。

6）重复刨削，直至板面光滑。

7）接下来刨削侧面。将木料立放，左手按住板面，使木料光滑面贴紧靠山，右手送料。注意通过刨刀区时，手指不能过于靠下。

8）检查是否存在戗茬，如果存在戗茬，可换成另一个侧边刨削，或者调小刨削量，放慢速度通过刨刀。重复刨削至光滑。

9）使用直角尺检查刨削面是否垂直，如没有问题，完成刨削。

平刨安全操作注意事项

1）配接集尘装置，佩戴口罩。

2）尽可能使用按压板或推料板送料，切忌将手指扣住薄木料尾端通过刀轴。

3）使用具有弹性防护罩的平刨，手部不要直接经过刀轴工作区，应跨过刀轴送料。

4）刨削前检查木料死节和金属钉子等，及时去除。

5）刨削木料时，应将木料紧贴靠山通过，并在木料表面施加均匀的压力，防止末端凹陷发生。

6）不要刨削过短的木料。常用平刨要求的最短刨削长度约 300mm。过短的木料经过平刨时容易造成"啃头"或"啃尾"的现象，甚至反弹或打碎木料，对人造成重大伤害。

7）不要刨削过薄的木料。过薄的木料通过刨刀时容易被打碎，造成飞溅或切割事故，建议刨削的木料厚度不能低于 10mm。

8）刨削较长木料时，应在前端设置接料架或请人帮忙接料，接料人不能拖拽木料。

9）刨削硬木料或逆纹时，应放慢送料速度。

10）清理木屑或进行靠山调节时，牢记关闭电源，待刀片停止运转后再行操作。

【拓展思考】

1. 如果木料宽度大于平刨最大刨削宽度,应该怎么办?

2. 为什么不使用平刨刨削第三和第四个面?

3. 平刨可以用于刨削木材端面吗?

3.4.4 压刨

压刨用于刨平木料基准面的平行面,还可以用来将木料刨削到特定厚度。压刨的刀轴位于台面上方,通过传动滚轮把木料送过刀轴,刨平木料表面。根据体积不同,压刨有桌面式和落地式两类(图3-70)。如果工作室场地有限,市场上还有一种兼具平刨和压刨功能的平压刨可以选用(图3-71)。压刨的加工宽度从12in(30.48cm)到30in(76.2cm)不等。与平刨一样,压刨的刨刀也分为平刀和螺旋刀两类。螺旋刀轴的成本高,但使用寿命也更长。

压刨的主要构造有:进料工作台、出料工作台、开关、齿轮箱、刀轴区、台面锁紧把手、刻度尺、台面升降摇轮、下部机箱等(图3-72)。

压刨刨削量的调节可以通过摇轮升降装置来实现。不同的压刨最大和最小加工厚度不同。刨削薄板时,厚度一般不能小于6mm。如果确需刨削厚度小于6mm的薄板,可以调慢机器喂料速度,调小刨削量,并在薄板下边垫上面积大于薄板且具有一定厚度的板材,让薄板随垫板一起通过刀轴。

如果木料的基准面不平整或发生了翘曲形变,在通过压刨时,压刨的滚轮会暂时将木料压平,但是通过压刨后仍然会恢复弯曲。所以,应尽量把木料使用平刨刨削出平整的基准面后再使用压刨。

如果台面松动或者台面滚轮凸出过量,木料通过时,会造成"末端凹陷"问题。可以通过拧紧台面螺丝或者调节滚轮高度来改善(图3-73)。另外,还可以将木料首尾相接送料,中间的木料会避免出现末端凹陷问题。

图3-70 桌面式压刨和落地式压刨

图3-71 平压刨

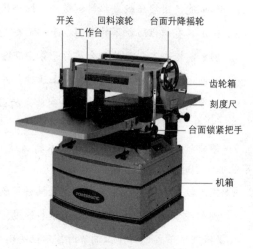

图3-72 压刨的主要构造

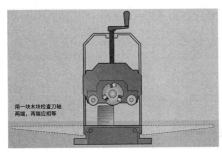

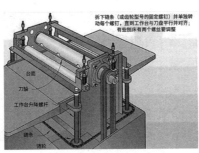

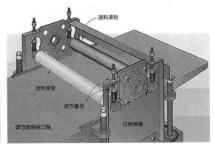

检查工作台是否与刀轴平行　　　　调整工作台与刀轴平行　　　　调节进料滚轮

图 3-73　压刨检查与调节方法

✂ 压刨的操作

扫码观看操作视频

1）检查木料表面是否有金属或死节等影响操作的缺陷，及时去除隐患。

2）将木料平整的基准面朝下放在进料口附近，使用摇轮调节刀轴高度，使进料口的限位块高于木料 2mm 左右。

3）启动集尘器，开机，将木料送入进料口，直至传动滚轮咬到木料自动进料。

4）在出料口接料，检查是否存在饿茬。

5）转动升降轮半圈或一圈（根据木料硬度确定），抬升台面，重复刨削，直至表面光滑。

6）如果需要定厚，可再次刨削，每次刨削完，将木料翻转，反复刨削两个面，直至所需厚度。

7）使用直角尺检查木料厚度，没有问题的话，关机，完成刨削。

压刨安全操作注意事项

1）检查木料是否有死节或者金属，防止损伤刀片或者将死节甩出伤人。

2）每次刨削量不宜过大，如果因刨削量过大而将木材卡住，应及时摇轮降低台面。

3）送料时，不能将手伸入压刨工作面内部。应避免将手指放在木料和台面之间，防止夹伤手指。

4）随时检查刨面是否光滑，如产生了戗茬或毛面，则需调转木料方向顺纹给进（图3-74）。

5）不能刨削过短的木料，容易造成啃头啃尾或打碎木料飞出的问题，一般建议大于300mm。

6）过薄的木板通过压刨时，有可能被压碎。

7）送料时，操作者应站在木料入口的侧边，防止飞出的木块伤人。

8）不能让木材横向通过压刨，压刨会将板材末端打碎并将碎块甩出。

9）刨削长料时，应在出料端放置接料架或者请人帮忙接料，但不能拉拽木料。

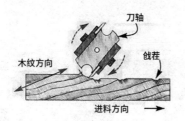

图3-75 桌面式台锯和落地式台锯

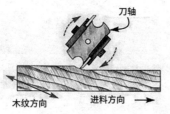

图3-74 根据木纹调节进料方向

 【拓展思考】

1. 如何防止压刨造成啃头啃尾现象？

2. 为什么在定厚时要两面交替刨削？

图3-76 为台锯安装的滑台

3.4.5 台锯

台锯是木工工作中使用频率最高的机械之一，主要用于木材的剖切、截断、开槽或定角度切割。台锯根据体积大致可以分为桌面式和落地式两种（图3-75）。装配了滑动推台的台锯可用来锯切较大幅面板材和长料，实现类似推台锯的功能（图3-76）。

台锯的主要构造有：工作台面、主机箱、锯片、集尘护罩、安全开关、锯片高度摇轮、锯片角度摇轮、纵切靠山、横切靠山、靠山导轨、延伸工作台等（图3-77）。

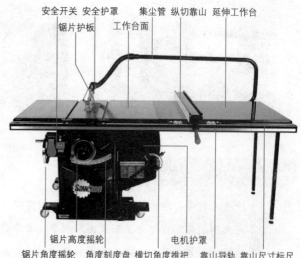

图3-77 台锯的主要构造

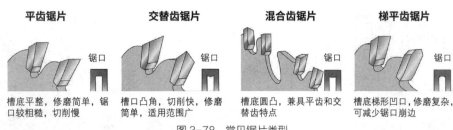

平齿锯片	交替齿锯片	混合齿锯片	梯平齿锯片
槽底平整，修磨简单，锯口较粗糙，切削慢	槽口凸角，切削快，修磨简单，适用范围广	槽底圆凸，兼具平齿和交替齿特点	槽底梯形凹口，修磨复杂，可减少锯口崩边

图 3-78　常见锯片类型

木工台锯常用 10in（25.4cm）和 12in（30.48cm）两种直径的锯片，10in（25.4cm）锯片最高能够切割 7.6cm 厚度的木材。常规台锯锯片大致可分为纵切锯片（平齿型）、横切锯片（交替齿型）和通用锯片（混合齿和梯平齿型）三种类型（图 3-78、图 3-79）。纵切锯片锯齿较少，锯齿数在 40~60，齿槽较深，切割速度快，锯切面稍粗糙；横切锯片锯齿多，锯齿数在 80~120，齿槽浅，切割速度慢，切割面相对光滑（图 3-80）；通用锯片各项数据介于纵切锯片和横切锯片之间。当前木工工作大多使用的是合金锯片，相较于普通锯片，切面更好，切割速度快，且更为耐用（图 3-81）。在给木材切槽

或者制作榫头的时候，还可以安装由多个锯片联并组成的具有特定宽度的 Dado 锯片（图 3-82）。

使用台锯切割木材主要有纵切、横切和斜切三种方式，另外还可以搭配不同配件以实现榫头和榫槽的制作。

1. 纵向切割

纵切是指沿木材的长纹理方向将木材切开以取得固定宽度的木料，需要借助台锯上的纵切靠山辅助切出直线。切割较窄木料时，应借助推料杆完成木材尾端的切割，避免手部距离锯片太近（图 3-83、图 3-84）。使用台锯切割薄片时，应使用专用推料把手，同时使用无间隙台面护板（图 3-85、图 3-86）。

图 3-79　各类台锯锯片

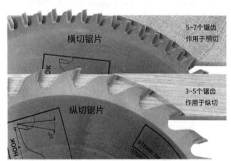

图 3-80　横切锯片和纵切锯片的切割机制

图 3-81　合金锯片

图 3-82　Dado 锯片

图 3-83　台锯用的推料附件

图 3-84　自制的推料杆

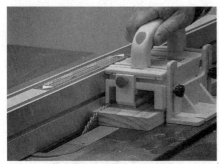

图 3-85　薄切安全推把

图 3-86　无间隙台面护板

图 3-87　使用数显角度计测量锯片角度

⚒ 使用台锯进行纵切操作

扫码观看操作视频

1）根据所需木料宽度，观察靠山滑轨刻度，设置靠山位置，下压把手锁紧靠山。

2）解锁台锯高度摇轮，将锯片升高至超出木料厚度8mm左右，（大约一个锯齿高度），使用直角尺或数显角度计检查锯片是否垂直，然后锁紧摇轮（图3-87）。

3）准备好推料杆，将木材前端放置在台面，与锯片保持一段距离。如果靠山与锯片距离大于10cm左右时可以不借助推料杆，但应使用无名指和小指勾住靠山送料，并注意其他手指远离锯片。

4）开机，使用左手将木料顶向靠山，右手缓慢送料通过锯齿。如果有羽毛板，可以使用羽毛板顶住木料，代替左手的工作（图3-88）。

5）待木料切割至尾部时，松开右手，拿起推料杆抵住木料尾端继续送料。

6）木料尾端即将靠近锯片时，及时松开左手，右手借助推料杆推送木料直至全部通过锯片。

7）撤回推料杆，关机，等待锯片完全停止，检查木料，完成锯切。

图 3-88　台锯羽毛板

注意，锯切较大尺寸的板面时，应两手操作，两只手分别提供前推的力和推向靠山的力。切割完成后，应先关机，待锯片完全停止后再拿取切割料。

2. 横向切割

横切是指将木材进行截断操作以取得需要的长度，需要借助滑台或者横切靠山来完成（图 3-89、图 3-90）。因锯片旋转时会将切割余料推开一定角度，所以横切木料时，严禁将纵切靠山紧贴木料端头，防止木料回旋反弹，造成伤害。批量横切时，可在纵切靠山近端位置夹持一个木块（厚度大于等于

20mm），用以限定切割长度，因限位木块在切割余料和靠山之间制造了一定空隙，可以避免木料的回旋反弹。

图 3-89　台锯滑台

图 3-90　台锯横切靠山

⚒ 使用台锯进行批量横切

扫码观看操作视频

1）在纵切靠山近端位置使用木工夹夹持一块 20mm 厚度的木块。

2）根据工件所需长度，调节纵切靠山并锁紧把手，注意靠山位置应将木块厚度计算在内。

3）使用直角尺检查锯片是否垂直。松开台锯升降摇轮，将锯片高度调至比木料高出 8mm 左右，约等于锯齿高度即可，然后锁紧摇轮。

4）将横切靠山插入台面滑槽，使用直角尺检查横切靠山角度是否为直角。

5）将木料贴紧横切靠山和纵切靠山限位木块，让木料离开锯片一段距离。

往左平移一段距离，然后右手拉回横切靠山。再次将木料顶住纵切靠山上的木块，按以上步骤继续切割。

8）全部木料锯切完成后，关机，使用直角尺检查木料的切割角度是否满足要求，完成锯切。

6）启动集尘器，开机，左手同时向下向内按压住木料，右手握住靠山把手缓慢送料锯切。

7）锯切完成后，将左手下的木料

如果需要的锯料短于横切靠山，还可以在横切靠山合适位置夹持一个限位块或者使用靠山自带的限位挡板（图3-91）。根据木料需要的尺寸从锯片开始测量尺度定位。这种方法也可以批量切割出固定长度的木料。另外，我们还可以自制一个专门用于短料切割的工装，方便小尺寸木料的批量锯切（图3-92）（参见第3.6.1节工装辅具）。

如果只需完成一次横切，则可不借助纵切靠山，在木料需要锯切的位置做好标记线，使之对准锯片（锯片位于切割余料一侧），然后从上述第6步开始操作即可。

图3-91　带限位装置的横切靠山

3. 角度锯切

台锯的锯片除了进行高度调节，还可以进行角度调节。一般台锯的锯片最大能够调整到45°进行切割（图3-93）。在横切时，还可以通过调节横切

图3-92　适合横切短小工件的工装

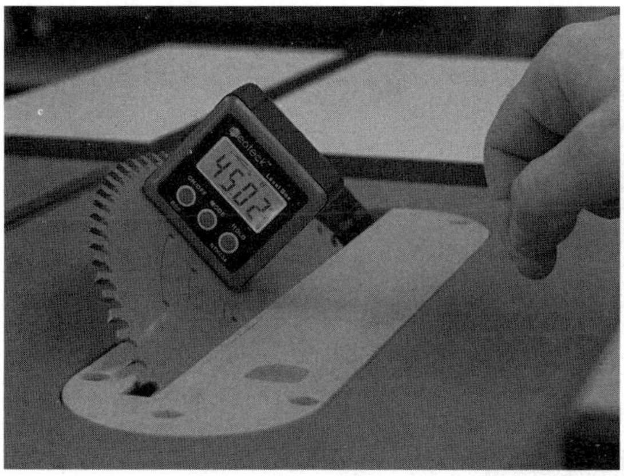

图 3-93　锯片角度可倾斜至 45°

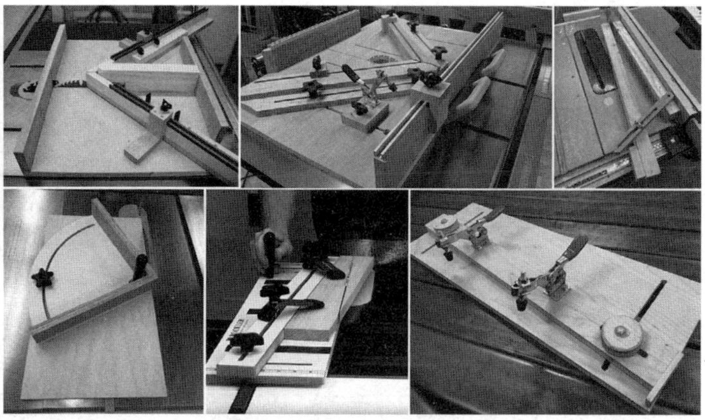

图 3-94　各类自制角度锯切工装

靠山的角度，为木料切割出 30°~90° 的横截面。如果锯片和横切靠山同时调整角度，就可以切割出复斜角。另外还可借助自制的工装为木料锯切特定角度（图 3-94）。

4. 制作榫头

在台锯台面滑槽装入开榫夹具后，可以将木料横截面垂直于台面切割，多用于制作榫头（图 3-95、图 3-96）。

使用台锯进行角度切割

扫码观看操作视频

1）松开台锯角度摇轮，将锯片角度调节至 10°，然后锁紧。

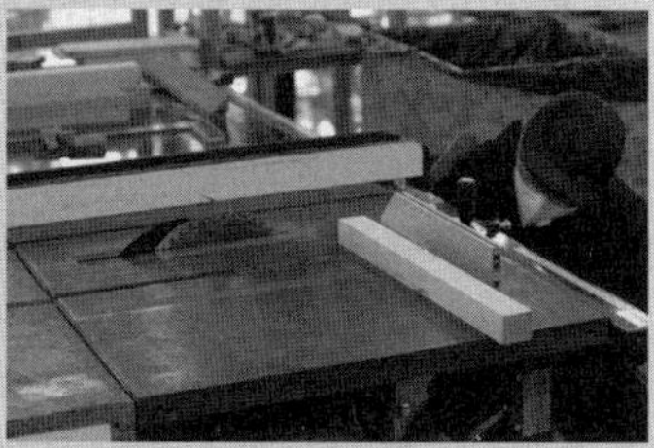

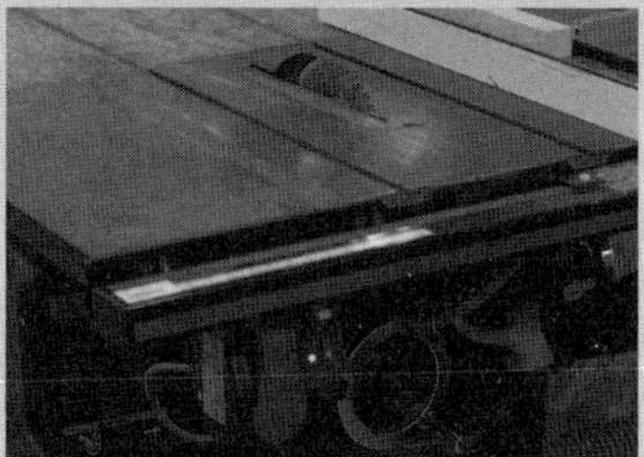

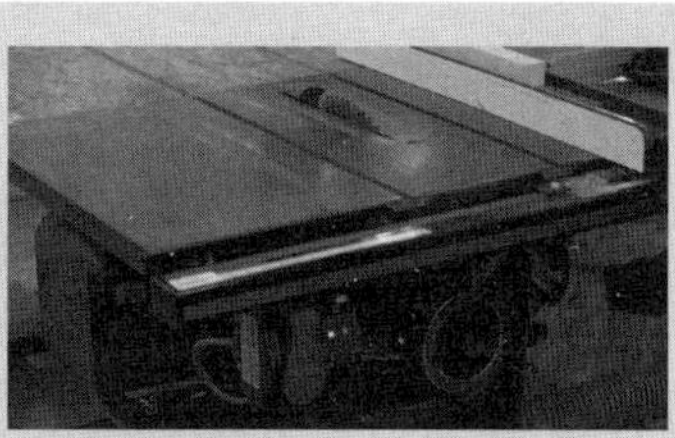

2）松开高度摇轮，升高锯片，将高度设置到超出木料 8mm 左右，然后锁紧摇轮。

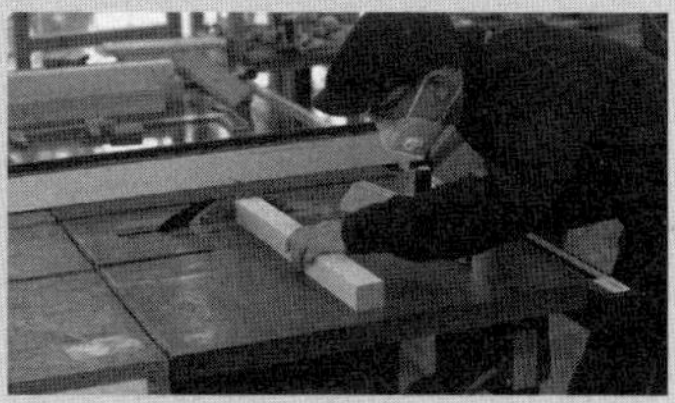

3）将横切靠山插入台面滑槽，松开把手，将靠山角度设置为 80°(或 100°)，然后锁紧把手，将靠山推至锯片位置，检查锯片是否会锯切到靠山。

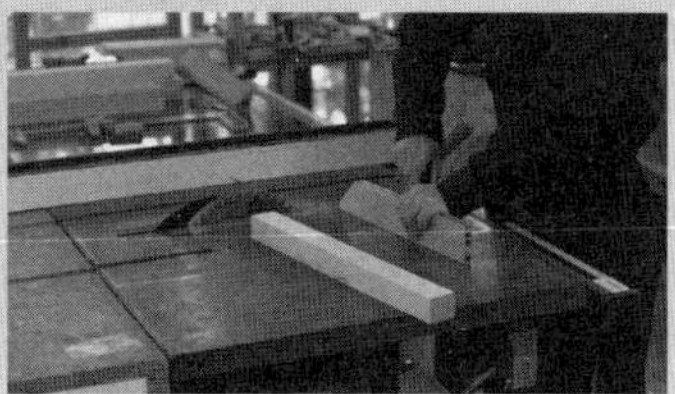

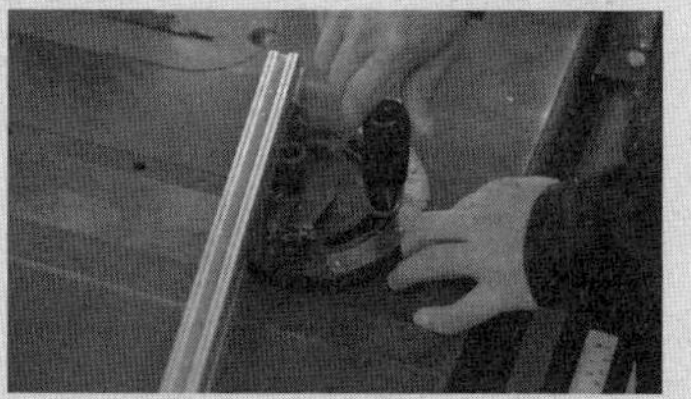

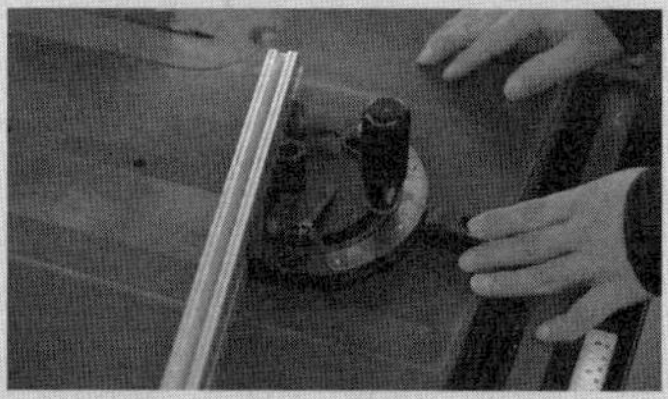

4）将木料贴紧横切靠山，并离开锯片一段距离。启动集尘器，开机，左手同时向下向内按压住木料，右手握住靠山把手缓慢送料锯切。

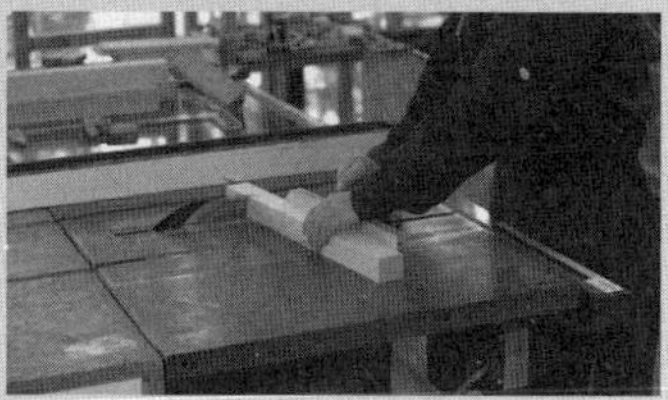

5）锯切完成后，将左手下的木料往左平移一段距离，然后右手拉回横切靠山。

满足要求，完成锯切。

6）关机，检查木料的切割角度是否

图 3-95　自制的台锯开榫夹具　　　　　　　　　图 3-96　台锯专用开榫夹具

⚒ 使用台锯配合开榫夹具制作直榫榫头

扫码观看操作视频

1）使用铅笔、直角尺和划线器在木料端头画出榫头的锯切线。

2）根据榫头高度，将锯片升高，使用直角尺测量锯片最高点高度是否满足要求，并检查锯片是否垂直。

3）找一块边角料，使用横切靠山横

切一次，使用直角尺测量切高是否满足要求，如果没有问题，锁紧台锯片高度摇轮。

4）在台面滑槽装入开榫夹具，将木料垂直固定在夹具上，靠近锯片，调节夹具锯切线的位置，锁紧夹具。

5）开机锯切，完成后调节夹具或木料位置，将榫头两个立面锯切完成。

6）撤掉开榫夹具，在纵切靠山夹持限位木块，根据榫头长度调节靠山位置。

7）根据榫肩宽度调节锯片高度，使用横切靠山配合纵切限位定位木料，开机锯切出一侧榫肩。

8）如法将另一侧榫肩锯切完成。

9）检查角度和尺寸是否满足要求，完成制作。

5. 开槽

台锯安装 Dado 锯片后，也可以用来制作榫头或为木料开槽。

✕ 使用台锯安装 Dado 锯片制作榫头和凹槽

扫码观看操作视频

1）切断台锯电源，拿掉锯片保护板，升高锯片，将标准锯片和分料刀卸下。如果使用的是 SAWSTOP 安全台锯，还应将保险装置更换为 Dado 锯片专用保险装置。

2）按所需数量分片装入 Dado 刀片，调节锯片错落关系，注意锯齿朝向，锁紧锯片。

3）装入 Dado 锯片专用保护板。

4）将锯片降至合适高度，接通电源，启动台锯，检查运转是否正常，无问题后关机。

5）在木料端头使用铅笔、划线器和直角尺绘制榫头切割线。

6）根据榫肩宽度调节 Dado 锯片高度。

7）调节纵切靠山位置，使锯片对齐划线位置。

8）使用横切靠山推料，将木料端头顶住纵切靠山，缓慢送料，切割第一道锯槽。

9）保持木料紧贴横切靠山，拉回起始位置，往右移动木料，移动距离不大于锯片组的宽度，再次锯切。

10）重复锯切，如需锯切多种榫肩，可随时根据榫肩宽度调节锯片高度，直至将榫头锯切完成。

11）检查榫头尺寸，完成操作。

12）如需为木料开槽，需要根据槽宽改变 Dado 锯片数量，然后将锯片调节至合适高度，借助纵切靠山直接锯切即可。

一般台锯的台面前后宽度有限，在切割长料时容易跌落。为操作方便，可以在台锯的侧边和后面制作接料架或延展台面用于辅助接料（图 3-97、图 3-98）。

图 3-97　台锯延展台面

图 3-98　接料架

| 安全推把 | 羽毛板 | 推料杆 |
| 分料刀 | 保险装置 | 锯片护罩 |

图 3-99　台锯安全锯切附件

【拓展思考】

1. 为什么不建议使用台锯锯切毛料？

2. 为什么不建议将锯片高度超出木料太多？

台锯安全操作注意事项

1）使用安全开关、保险装置、防护罩、羽毛板、推料杆等安全防护装置（图 3-99）。

2）使用分料刀防止反弹。因木材内部具有一定的应力，纵切时，木料通过锯片时可能会释放应力夹紧锯片造成反弹。在锯片后端安装分料刀可用于防止木料回弹。

3）切割木料应时刻借助靠山送料，严禁徒手操作！

4）纵切操作时，开机前应检查靠山是否锁紧。

5）操作人员侧位站立，避开锯片旋转的前后方向，防止反弹伤人。

6）开机前，应让木料离开锯齿，待机器正常运转后再送料。

7）不要在木材切割到一半时松手，防止反弹。

8）应将木料推过分料刀后再停机，防止锯片反弹木料。

9）做横切操作时不要同时使用纵切靠山（除了进行不切透的开槽工作），批量操作可以在纵切靠山垫上间隔木块制造防反弹间隙。

10）切割长料时，应搭配出料台、接料架或请他人帮忙接料，接料人不应拉拽或改变木料方向。

11）锯切过程中遇到木料夹锯导致前进困难时，应保持住木料位置，关机，待锯片停止后再行处理，可反方向锯切或使用木楔撑开锯路后再继续锯切。

12）切割完成后，锯片完全停止前，切忌动手移除余料。

13）更换锯片应断开电源连接，调节锯片高度和角度时应关机。

14）随时清理主机箱内的木屑，防止淹没电机造成故障。

3.4.6 带锯

在之前的章节中，本书介绍了推台锯、斜断锯和台锯，受制于其切割机制，这几种锯都不能锯切过厚的木材，也不能用于沿曲线切割。这两个问题可以通过使用带锯解决。

带锯有龙门（跑车）带锯、卧式带锯和细木工带锯等分类。龙门（跑车）带锯多用于将原木锯切为板料（图3-100）；卧式带锯（图3-101）主要用于金属锯切等用途；木工工作室使用的是细木工带锯（图3-102）。本节主要介绍细木工带锯。

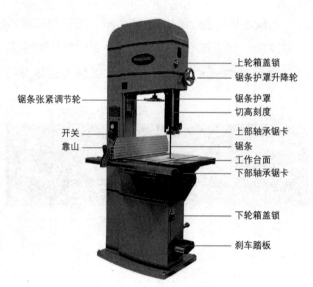

图 3-103　带锯的主要构造

上轮箱盖锁
锯条护罩升降轮
锯条张紧调节轮
锯条护罩
切高刻度
开关
上部轴承锯卡
靠山
锯条
工作台面
下部轴承锯卡
下轮箱盖锁
刹车踏板

图 3-100　龙门带锯

图 3-101　卧式带锯　　　图 3-102　细木工带锯

带锯的主要构造有：工作台面、上轮箱、上轮箱锁钮、上锯轮、主机箱、主机箱锁钮、下锯轮、电机、刹车、上下集尘口、锯条、锯条护罩、锯卡、锯条张紧装置、靠山、开关等（图3-103）。

细木工带锯的锯条是一条金属闭合圆环带，绷紧在上下两个锯轮上，由电机驱动锯轮旋转锯条切割木料（图3-104、图3-105）。根据锯轮直径的不同，

常用的细木工带锯有 8~20in（20.32~50.8cm）各种型号（图3-106）。带锯锯条宽度也有 6~30mm不等的规格（图3-107），一般较细的锯条用于沿曲线切割木料（图3-108），较宽的锯条适用于沿直线剖切木材，将木材进行厚度或宽度方向的切割（图3-109）。锯条的锯齿分布越密，切割出的表面越平滑，锯齿越疏，切割速度越快。根据锯齿不同，目前常用的锯条有双金属锯条和合金锯条两种（图3-110）。另外，带锯的台面可以倾斜，可实现最大至45°的切割（图3-111、图3-112）。

带锯的喉深是由锯轮的直径决定的，喉深决定了最大切割宽度。台面距离锯卡轴承的最大高度就是带锯的开口大小，开口大小决定了带锯最大切割高度。

使用带锯进行直线切割或者截取长度时，可以用靠山或推把辅助操作（图3-113、图3-114）。剖切长料时，还可以借助羽毛板或者送料器以确保平直剖切（图3-115）。

图 3-104　带锯锯条

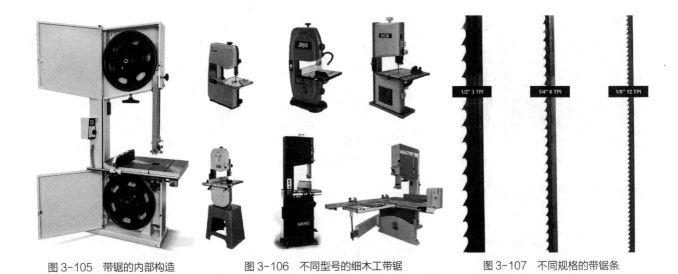

图 3-105　带锯的内部构造　　　　图 3-106　不同型号的细木工带锯　　　　图 3-107　不同规格的带锯条

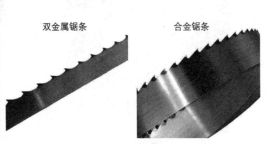

图 3-108　细锯条多用于切割曲线　　图 3-109　宽锯条多用于剖切　　　图 3-110　双金属锯条与合金锯条
　　　　　　　　　　　　　　　　　　　　　　木料

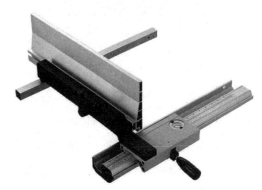

图 3-111　带锯台面的角度调节系统　图 3-112　带锯台面可倾斜至 45°　　图 3-113　带锯的靠山系统

螺母式羽毛板

磁吸式羽毛板

送料器

图 3-114 可借助带锯推把实现横切或斜切　　　　图 3-115 带锯锯切辅助附件

⚒ 使用带锯剖切木料

扫码观看操作视频

1）为带锯更换剖切木料专用的合金锯条，开机空转检查是否正常运行。

2）将木料放置在锯条附近，松开锯条护罩锁紧旋钮，将护罩调至刚刚超出木料高度的位置，然后锁紧护罩锁。根据所需锯切的木料厚度，调节靠山位置，并锁紧把手。

3）将磁性羽毛板吸附在台面上，将木料顶向靠山。

4）木料离开锯条，开机，右手平贴在木料上，向靠山方向用力，左手缓慢推动送料。

5）锯切至末端时，转身至锯条后端，换手操作，左手向靠山方向按紧木料，右手缓缓拉动木料，直至锯切完成。

6）踩住带锯刹车，关机，完成锯切。

　　当需要沿曲线切割木料时，可以不用靠山或者推把辅助而进行徒手操作，但仍需让木料紧贴台面推进。注意在切割时保护需要保留的部分。如果曲线半径太小，可以通过多次切割切线的方法实现，切忌转角过急将锯条拉断（图 3-116）。

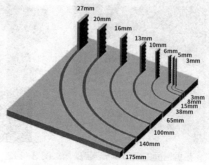

图 3-116 不同型号锯条的切割半径

⚒ 使用带锯切割曲线

扫码观看操作视频

1）在需要锯切的木料上绘制曲线图形。

2）更换用于曲线切割的细锯条，调节护罩及轴承，给锯条留出活动空间。

3）开机，从曲线起点位置缓慢进料，沿曲线推进，分段完成锯切。如果曲线曲率过大，可将锯条退出一小段距离，调整切口方向。如果带锯的喉深过小导致没有旋转空间，可翻转木料，从另一个面锯切。

4）检查锯切效果，完成锯切。

⚒ 使用带锯锯切榫头

扫码观看操作视频

1）在需要锯切的木料上划出榫线。

2）使用台锯或手锯锯切出榫肩。

3）将木料放置在带锯台面，根据划线调节靠山位置，将锯条设置在余料一侧，留出划线。

转木料继续锯切另一侧，如果榫肩不等宽，则需关机重新设置靠山位置再行锯切。

5）检查锯切效果，完成锯切。

4）撤开木料，开机，将木料贴紧靠山，缓慢推进，直至锯切至榫肩位置。如果两侧榫肩等宽，则翻

如果需要批量锯切榫头，可在靠山远端固定一个木块进行限位，每次锯切时将木料推至限位块位置即可。

带锯安全操作注意事项

1）尽可能借助靠山、推把、羽毛板或工装来实现切割，避免手部距离锯条太近。尤其是切割至木料尾端时，应注意将拇指离开木料端面，也可采用拉料的方式切割尾端。

2）避免直接在带锯台面切割圆段木料。如确需切割，应将圆木段放置在专门的V型工装或夹具中，防止切割过程中木料侧滚或反弹造成伤害。

3）根据木料高度调节锯条护罩高度，使锯条裸露高度刚刚超出木料高度为宜。

4）开机前检查锯条是否张紧。当日工作完成后应拉下张紧杆释放锯条张紧力。

5）如使用靠山操作，开机前应检查靠山是否锁紧。

6）导向锯卡应距离锯条0.5mm左右。带锯条空转时，应不接触锯卡轴承。

7）开机前，应确保木料离开锯条。

8）开机后，匀速缓慢送料，送料过快会造成锯路偏移或锯条断裂。

9）切割长料时，可借助送料器，远端配置接料架或者找他人帮忙接料。

10）不要用手直接靠近锯条拿走碎料，应使用木条推走或等待停机后再去除。

11）调节带锯设置或更换锯条时，应确保锯条停止运转后再进行。

【拓展思考】

1. 使用带锯剖切木料的时候，为什么要留出一定厚度的余量？
2. 为什么带锯锯切的表面光滑度比台锯等要粗糙一些？

3.4.7　方榫机

在之前的章节中，本书介绍了各种手工凿。手工凿可以用于为木料凿出榫眼。但想要凿出一个优秀的榫眼，需要大量的练习，每一个榫眼都要耗费不少体力和时间。本节将介绍一款专用于快速制作榫眼的木工机械——方榫机。

方榫机用于给木料凿钻出方形的榫眼。可分为桌面式和落地式两类（图3-117、图3-118）。可以安装不同直径的凿钻头用以凿钻出各种尺寸的榫眼。通常有6~16mm直径的凿钻头可供选用（图3-119）。部分方榫机配备可以前后左右滑动或倾斜角度的活动工作台，方便连续工作，凿出长条榫眼（图3-120）。

方榫机的主要构造有：工作台面、靠山、下机箱、定位杆、左右调节摇轮、前后调节摇轮、台面倾角刻度盘、快速夹钳、液压升降杆、深度定位杆、开关、电机、进刀拉杆等（图3-121）。

图 3-117　桌面式方榫机　　图 3-118　落地式方榫机

图 3-119　不同型号的凿钻头

图 3-120　配备活动工作台的方榫机

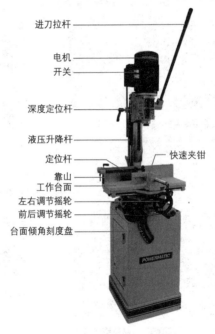

进刀拉杆
电机
开关
深度定位杆
液压升降杆
定位杆
快速夹钳
靠山
工作台面
左右调节摇轮
前后调节摇轮
台面倾角刻度盘

图 3-121　方榫机的主要构造

✕ 方榫机的设置及操作

扫码观看操作视频

1）在木料需要制作榫眼的位置划线。如果是制作半透榫，还要在木料端头或侧面标记出所需的榫眼深度线。

2）根据榫眼宽度，为方榫机更换凿钻头，借助靠山调节钻头角度，让凿钻头的边平行于靠山，然后锁紧凿钻头。

3）如果制作半透榫，将木料放置在台面，端头靠近凿钻头，松开深度定位杆锁紧装置，让杆自然垂落，拉下进刀杆，直至凿钻头深度略超过划线深度，然后锁紧深度定位杆。

4）如果制作全透榫，应将木料下方垫上平整的垫块，端头靠近凿钻头，将进刀拉杆下压，直至钻头能深入垫块5mm左右为宜，锁紧深度定位杆。

5）将木料固定于台面，拉下进刀拉杆，直至钻头距离木料2~3mm左右，使用手轮前后左右调节滑台，将榫眼线一端正对凿钻头，然后微微下压拉杆，检查是否能够精确对线。

6）稍微抬起拉杆，开机，然后缓慢下压拉杆，将钻头压入木料开凿，如果凿钻较深或木料较硬，应随时抬杆排屑。

7）当深度定位杆接触到限位时，上抬拉杆到木料表面以上，完成第一个榫孔。

8）根据需要左右或者前后调节台面位置，带动木料移动到下一个凿钻区，继续如法操作。

9）当榫眼划线区域全部凿钻完成时，抬杆，关机。

10）如果制作的是半透榫，还要使用扁凿清理榫眼底部多余木料，使用卡尺测量榫眼深度是否满足要求，一般榫眼深度应比榫头多1~2mm为宜。如果深度合理，使用扁凿修平榫眼四壁，完成操作。

方榫机安全操作注意事项

　　1）安装凿钻头时，钻芯应与方管有一定的间隙，防止摩擦生热损坏钻头。

　　2）如果需要凿出透榫，应在木料下方垫上木块，以防止出口崩裂。

　　3）当使用较粗的钻头时，应缓慢拉动进刀拉杆并随时抬杆排屑，防止损伤木料或钻头。

　　4）连续工作时，应注意及时为钻头降温。

　　5）方榫机工作时，手应远离钻头工作区域。

　　6）重新调节夹台或木料位置时，应关闭电源。

【拓展思考】

　　1.通常建议根据现有榫凿的规格设定榫眼的宽度，这是为什么？

　　2.如果凿钻过程中发现榫壁产生了棱状凹凸不平，是什么原因导致的？

3.4.8　台钻

　　在古代，我国木匠们通常使用牵钻或手摇钻来为木料钻出孔洞。受制于其造型和工作机制，通常钻孔的精度有限，而且不容易制作直径较大的孔洞。现代木工机械中的台钻解决了这个问题。

　　台钻是现代木工工作室使用最频繁的设备之一，主要用于在木料表面钻出不同深度及不同直径的圆孔，以供螺栓、圆榫、木螺钉和木销钉等进行木材接合，大直径的孔洞还可实现储物功能。台钻可分桌面式和落地式两类（图3-122）。我们可以通过升降台钻台面或调节控制面板设定钻孔深度，也可以通过更换不同的钻头实现多种不同直径的钻孔，还可以通过倾斜台面的方式在木料表面钻出斜孔。

　　台钻的主要构造有：工作台面、台面锁紧把手、台面角度刻度盘、底座、主轴、电机、皮带箱、升降摇杆、钻夹头、开关等（图3-123、图3-124）。有些现代木工台钻还配有能够设定深度和调节速度的控

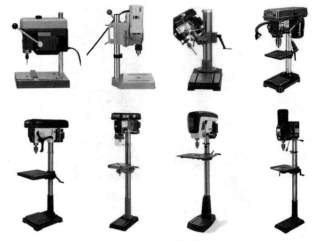

图 3-122　各类型号的台钻

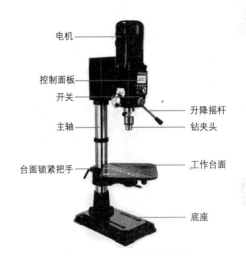

图 3-123　台钻的主要构造

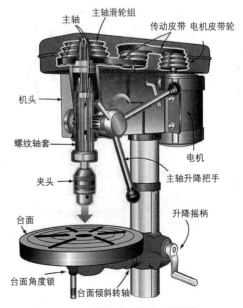

图 3-124　皮带轮式台钻的内部构造

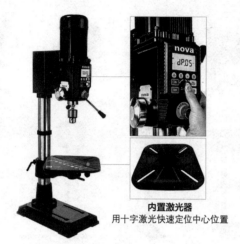

内置激光器
用十字激光快速定位中心位置

图 3-125 台钻的智能控制面板和激光定位功能

制面板以及激光指示器等配件（图 3-125）。

台钻除了用于给木材开孔，还可以搭配不同钻头给金属、塑料等其他材质钻孔，在为金属等坚硬材质钻孔或为木材钻出较大直径的孔洞时，应降低台钻的转速，同时减慢钻孔的速度，为金属钻孔还需要随时加水冷却钻头。

钻头

钻头的造型由颈部、顶部和工作部三个部分组成。钻头的颈部长度不同，可根据钻孔深度灵活选择。为了给钻头导向以及为钻孔侧面修光，方便排出木屑，许多钻头的颈部进行了专门的设计。钻头的上部称为顶部，根据使用需求不同，钻头顶部有圆形、正方形或六棱形，以方便各类钻夹头夹持。钻头的工作部造型各异。根据形状区分，钻头有麻花钻、三尖钻、扁钻、支罗钻、开孔钻、沉孔钻、取塞钻等不同类型，分别适用于不同的工作需要（图 3-126）。麻花钻坚固耐用，可用于为金属和硬木钻孔；三尖钻钻头有锥尖，方便打孔时精准定位；扁钻常用于为较软的木材钻孔；支罗钻常用于钻深孔；开孔钻常用于钻出较大直径的孔洞；飞机钻常用于在板面中制作更大直径的开洞；沉孔钻和倒角钻可在木料表面钻出下沉或倒角的广口，以便将螺钉的钉帽埋入木材表面以下；取塞钻用于制作圆形木榫。

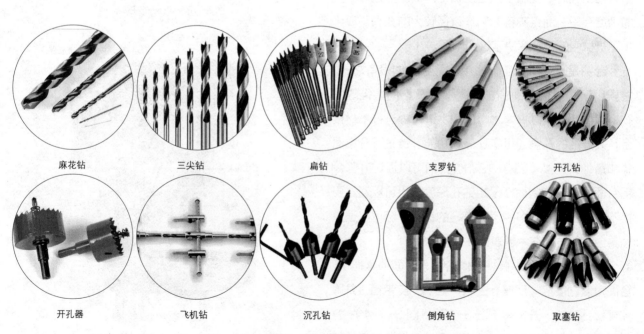

| 麻花钻 | 三尖钻 | 扁钻 | 支罗钻 | 开孔钻 |

| 开孔器 | 飞机钻 | 沉孔钻 | 倒角钻 | 取塞钻 |

图 3-126 各类钻头

✖ 使用台钻钻孔

扫码观看操作视频

1）在木料需要钻孔的位置定点划线。

2）根据钻孔需要，为台钻更换合适的钻头并夹紧。

3）将木料放置在台面，靠近钻头一侧，转动升降摇杆，观察钻孔需要的深度对应的指针刻度。

4）将木料放置在钻头下方，调节位置，让钻尖对准划线位置。

5）开机，待主轴旋转正常后，缓慢

转动升降摇杆，为木料钻孔，如果钻头较大，可以随时抬起排屑。

6）当升降摇杆指针到达指定刻度后，抬起钻头，关机，完成操作。

　　如需批量在多块木料的同一位置打孔，可以制作一个专用靠山，借助限位块限定打孔位置。

　　如需为圆棒打孔，可以制作一个 V 字槽的底座，将圆棒放在槽里打孔，可防止翻转（图 3-127）。

　　如需在木料的端面位置打孔，可以使用台钳将木料垂直夹持，在顶部打孔。

　　如需为小木块打孔，可以用木工夹夹住木块，让手远离打孔位置。

图 3-127　为圆棒打孔的 V 字槽工装

台钻安全操作注意事项

1）应确保使用夹头钥匙将钻头夹紧，防止开机后将钻头抛出。

2）夹持细小钻头时，应确保夹头将钻头夹在中心位置，防止偏心运转。

3）开机前应确保夹头钥匙从钻夹头上取下。

4）随时去除台面上的杂物，保持工件紧贴台面。

5）在台面上放置一块木板，防止损坏钻头或损伤台面。

6）开机后，应待转速平稳后再接触木料钻孔。

7）如需钻上大下小的孔洞，应先钻大孔再钻小孔。

8）不要一次钻入太深，及时提钻排出木屑。

9）在钻透木料前，应放慢钻进速度，防止出口的木料劈裂。

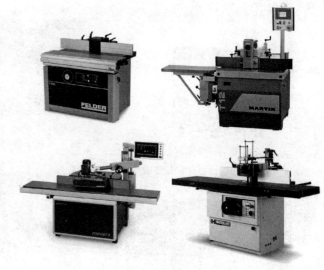

图 3-128　各类立铣

【拓展思考】

1. 在榉木木方上制作一个直径为 20mm，深度为 25mm 的孔洞，应该使用什么钻头？如何操作？

2. 如果需要制作一个上粗下细的台阶孔，应该先钻粗孔还是先钻细孔？

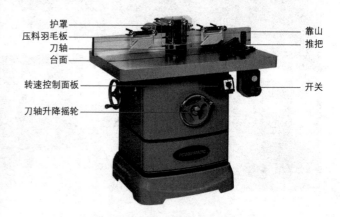

图 3-129　立铣的主要构造

3.4.9　立铣

在前面的章节中，本书介绍了使用各种手工线刨和槽刨等为木料制作花边装饰或开槽的内容。本节则介绍功能类似，效率更高的木工机械——立铣（图 3-128）。

立铣主要用于为木料开槽或处理边缘轮廓。其主要构造有：台面、靠山系统、压料羽毛板、护罩、开关控制面板、主机箱、刀轴升降摇轮等（图 3-129）。

为立铣更换不同的铣刀，可以实现开槽、倒角、修边、开榫等工作，搭配组合刀具可以制作门板等框架组合，配合模具还可以进行仿形铣削（图 3-130、图 3-131）。

立铣的功率较大，刀头裸露，具有一定的操作风险，使用时应严格按照规程操作。

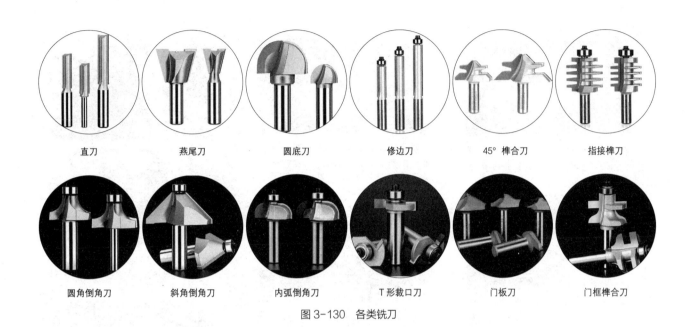

直刀	燕尾刀	圆底刀	修边刀	45°榫合刀	指接榫刀

圆角倒角刀	斜角倒角刀	内弧倒角刀	T形裁口刀	门板刀	门框榫合刀

图 3-130 各类铣刀

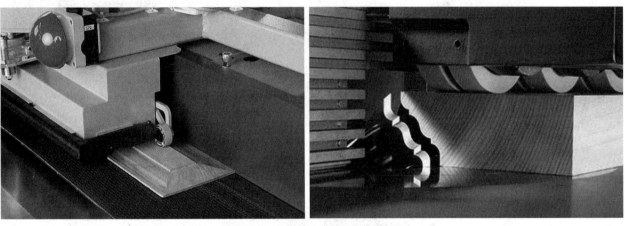

图 3-131 门板刀和花边刀的铣削效果

✂ 使用立铣为木料开槽

扫码观看操作视频

1）松开摇轮锁钮，转动升降摇轮，将主轴升高，更换开槽直刀并锁紧。

2）根据所需开槽深度，降低铣刀高度，使用直角尺测量并确定高度，锁紧主轴摇轮。

3）根据需要开槽的位置，调节立铣靠山，测定位置尺寸后锁紧靠山。

4）将木料放置在台面，根据木料宽度安装送料羽毛板，并调节压料羽毛板。

5）启动集尘器，将木料撤开一段距离，开机，缓慢送料，注意手部动作，即将靠近铣刀时，手要跨到前端稳住木料。

6）完成开槽后，关机，使用尺具测量开槽深度是否满足要求。

7）如果铣刀直径小于需开槽宽度，可再次调节靠山位置，重复铣削，直至达到要求。

✄ 使用立铣为木料倒角

扫码观看操作视频

1）松开摇轮锁钮，转动升降摇轮，将主轴升高，更换倒角刀。

2）根据倒角刀半径，调节铣刀高度，使用直角尺靠近铣刀检查高度是否合适。

3）如果为直边倒角，可以将靠山调至与铣刀轴承在一个平面上，如果为曲线倒角，可以将靠山移开，使用圆柱靠山。

4）使用羽毛板压住木料，启动集尘器，开机，将木料送至倒角刀轴承右侧半区，抵住轴承缓慢送料。

5）铣削完成后，关机，检查倒角是否平顺，如果有部分铣削不到位，可以再次铣削。

✂ 使用立铣为木料修边

扫码观看操作视频

1）将模板使用双面胶或热熔胶粘贴至木料表面。

5）铣削完成后，关机，检查修边是否光滑，如果有部分铣削不到位，可以再次铣削。

3）调节铣刀高度，以轴承刚好能顶住模板为准。

2）松开摇轮锁钮，转动升降摇轮，将主轴升高，更换修边刀。

4）启动集尘器，开机，将木料送至修边刀轴承右侧半区，抵住轴承缓慢送料。

✂ 使用立铣为木料制作舌口榫

扫码观看操作视频

1）松开升降摇轮，将铣刀轴升高，为铣机更换组合榫刀的公刀。

2）调节公刀高度，使刀槽处于木料中间位置。

3）调节靠山位置，根据木料宽度安装羽毛板和压料板。

4）启动集尘器，开机，缓慢送料，铣出木料公榫。

5）关机，如法更换组合榫刀的母刀，根据公榫调节母榫刀高度。

6）调节靠山位置，根据木料宽度安装羽毛板和压料板。

7）如法铣出母榫。

8）关机，检查公榫和母榫是否配合紧密，完成操作。

立铣安全操作注意事项

1）佩戴口罩、护目镜和防噪耳罩，安装集尘装置。

2）应尽量搭配使用靠山、推把、压料羽毛板等辅助工具，防止木料反弹。

3）如果开槽较深，可以采用逐步升高铣刀的方法，避免一次铣削过深伤害电机或反弹木料。

4）使用大刀具或加工硬木料时，应降低立铣转速。

5）检查木料是否有死节、金属钉子等，及时去除。

6）在使用带有轴承的铣刀为木料倒角或修边时，应注意进刀方向，防止反弹或劈裂木料。

7）开机前，应确保机器未与木料接触。

8）木料推进时保持缓慢匀速，不要用力过猛。

9）严禁手部直接通过刀轴旋转区，尤其注意手指不能放在木料末端通过刀轴区。

【拓展思考】

1. 使用大直径刃口的铣刀，应该怎样做？

2. 能否使用立铣制作两头不贯通的开槽，应该怎么做？

3.4.10　拉花锯

在前面的章节中，本书介绍了使用手工曲线锯锯切曲面或镂空造型，本节将介绍使用木工机械中的拉花锯来更高效地制作这些造型。

拉花锯主要用于沿曲线切割木料，通过细锯条的往复运动来实现多角度多方向的切割，常用于制作各种花边、雕刻和镂空造型（图 3-132、图 3-133），分桌面式和落地式两类（图 3-134）。一般台式拉花锯使用的锯条长度为 127mm 左右，锯条大致可分为直线标准齿和螺旋齿两类，有不同的规格可以选用（图 3-135）。标准齿锯条的切割面比较光滑，锯切时需根据线形变化旋转木料方向。而螺旋齿的锯条锯切面比较粗糙，但是可以向平面的任何方向锯切，不需要旋转木料。悬臂式拉花锯最大锯切厚度约 67mm。不同型号的拉花锯喉深不同，喉深决定了拉花锯的最大锯切幅面。多数拉花锯配备了压料爪、气嘴和照明装置（图 3-136）。压料爪可以限制木料的上下振动；气嘴可以及时吹走锯末，方便观察锯切路线；照明装置可以为精确切割提供更好的光线条件。拉花锯的台面可以实现 45° 的倾斜，方便锯切出斜边（图 3-137）。除了锯切木料，拉花锯还可以用来锯切金属、纸张、有机玻璃等材质。如果需要一次锯切多个相同的薄片，可以将薄片使用胶带、大头钉、订书钉等固定到一起，然后一起锯切。

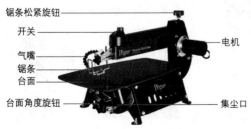

锯条松紧旋钮　开关　气嘴　锯条　台面　台面角度旋钮　电机　集尘口

图 3-132　拉花锯的主要构造

图 3-133　拉花锯用于锯切曲线造型

图 3-134　桌面式拉花锯和落地式拉花锯

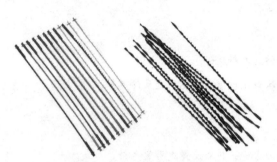

图 3-135　各类拉花锯锯条

图 3-136　拉花锯的压料爪、气嘴和照明装置

图 3-137　拉花锯可倾斜台面用于切割斜边

✂ 使用拉花锯锯切花型

扫码观看操作视频

1）将打印好的图纸使用双面胶（或喷胶）粘贴在木材表面，使用铅笔标记锯切路线。

2）在需要镂空的部分使用合适的钻头钻孔。

3）将锯条插入镂空部分的孔洞，然后张紧锯条，确保锯齿朝下。

4）开机，调节转速，沿需镂空的曲线小心切割，重复执行操作，将所有镂空部分制作完成。

5）内部切割完成后，重新张紧锯条，锯切外轮廓，注意保护需要保留的区域。

6）外轮廓切割完成后，检查作品，完成操作。

拉花锯安全操作注意事项

1）应根据切割木料的硬度和厚度选择合适的锯条。

2）切割前应检查锯条是否已经张紧，过松会导致锯线偏移，过紧易导致锯片断裂。

3）切割时应注意曲线转角部分不宜过急，防止扭曲或拉断锯条。

4）切割较硬或较厚的木料时，应适当降低转速，缓慢送料。

5）操作时注意手部位置，旋转过弯时随时改变手指把握角度。

1. 如何减少拉花锯锯条断裂的问题?

2. 有什么办法能让拉花锯锯切面更加光滑?

3.4.11 砂磨机

砂磨机用于木料的打磨和造型修整工作。常用的砂磨机有砂带机、砂盘机、砂轴机和滚筒砂光机四种类型。砂带机是将环形砂带紧固于两轴之间，在平面和圆角部进行打磨操作，主要用于较大面积的找平和曲面打磨工作（图3-138、图3-139）；砂盘机是将圆盘形的平面砂纸粘于金属圆盘表面，依靠主轴带动圆盘旋转打磨木料（图3-140）；砂轴机是将圆柱形的砂纸套在垂直旋转轴，通过砂轴的旋转和上下振荡打磨木料，搭配不同直径的砂轴可实现不同造型的曲线区域打磨（图3-141）；滚筒砂光机可用于较大面积板面的砂光工作（图3-142）。另外，小型工作室也可选用桌面式打磨机，可以实现小工件的打磨和抛光工作（图3-143）。工厂则常

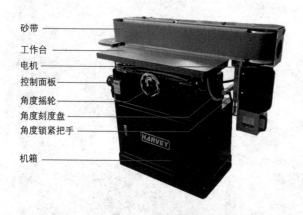

图 3-138　带式砂光机

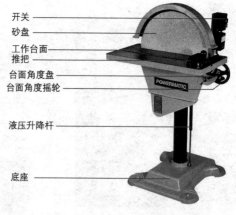

图 3-140　砂盘机

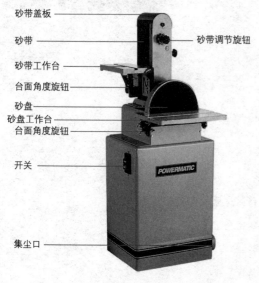

图 3-139　砂盘砂带机

图 3-141　砂轴机

用自动送料式的大型砂光机用于大面积板料的打磨（图 3-144）。

砂磨机可根据使用需求更换不同目数的砂带或砂盘（参见第 3.6.5 节打磨材料）。

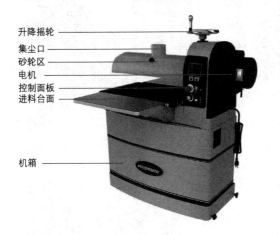

升降摇轮
集尘口
砂轮区
电机
控制面板
进料台面

机箱

图 3-142 滚筒砂光机

图 3-143 各类小型砂磨机

图 3-144 大型砂光机

⚒ 使用砂带机打磨平面

扫码观看操作视频

1）更换合适的砂带，清理台面，准备好需要打磨的木料。

2）根据需要调节砂带机主轴和台面角度。启动集尘器，开机空转，检查砂带是否偏离。

3）将木料平置于台面缓慢靠近砂带，开始打磨，随时移动位置防止摩擦生热烧焦木料。如需更精细地打磨，可关机后，更换更高目数砂带，如法继续打磨。

4）检查木料打磨情况，关机，完成操作。

✂ 使用砂盘机打磨木料

扫码观看操作视频

1）清理台面，准备好需要打磨的木料，在需要打磨的位置划线，设置台面和角度推把的角度并锁紧。

2）将木料紧靠角度推把，启动集尘器，开机，将推把沿台面移动至砂盘左半区即圆盘下行区轻轻打磨。

3）频繁移动木料，防止摩擦生热烧焦木料，待木料打磨至划线位置时，关机。

4）检查木料打磨情况，完成操作。

5）我们也可以使用砂盘砂带机打磨工件的尖角，为工件制作圆角或斜角。

✂ 使用砂轴机打磨工件的内圆弧

扫码观看操作视频

1）根据木料曲线半径，为砂轴机更换合适直径及合适目数的砂轴。

2）启动集尘器，开机，将木料放置在台面，缓慢靠近砂轴，开始打磨，根据曲线角度随时调节木料方向。

3）粗磨完成后，根据需要随时更换不同直径和不同目数的砂轴，继续打磨。

4）检查打磨情况，完成操作。

砂磨机安全操作注意事项

1）打磨工作粉尘较多，应做好防尘或集尘措施，操作者应佩戴口罩及护目镜。

2）打磨较小的木料时，应使用固定夹具。

3）机器未达平稳转速时，不要打磨木料。

4）注意时刻将手指远离砂纸表面，粗糙的砂纸表面容易将手指打伤。

5）借助靠山和台面进行操作，切忌手持悬空操作，旋转的砂纸会将木料打飞而将手拖向砂纸表面。

6）使用砂盘机时，应在砂盘的下行半区操作，将木料压实在台面上打磨，反之会带飞木料伤到手部。

7）打磨时，应不断移动木料位置，防止摩擦生热将木料烧焦或打磨过度。

8）使用滚筒式或振荡式砂带机时，应顺纹理方向打磨木料。

9）为砂磨机更换砂纸时，应注意砂带的安装方向，检查砂带与滚轴的平行度，手工旋转几圈观察偏离情况，防止开机后砂带偏离损伤机器或砂带。

【拓展思考】

1. 打磨小体积工件应该采用什么办法？

2. 如何防止木材表面出现砂纸的横纹划痕？

3.4.12　车床

　　木工车床用于制作截面为圆形的木作。可以搭配不同的配件车削木材的轴面或端面，制作诸如桌腿、楼梯栏杆、床柱、木盘、木碗、花瓶、衣架等众多家具部件和家居用品，是木工工作室中制作圆形工件的常备设备（图3-145）。

　　不同型号的车床，其能实现的最大加工长度和加工半径不同，应根据工件需要合理选用（图3-146）。部分车床的机头可以旋转角度，以便进行更大半径的端面车削（图3-147）。多数车床的机箱内有差速轮，可以调节其转速范围，采用伺服电机的车床还能实现无级变速（图3-148）。

图3-147　可旋转机头的车床

图3-148　可调速伺服电机

图3-145　各类车旋作品

车床的主要构造有：电机、控制面板、机头锁紧把手、分度盘、分度盘销、变速箱盖板、顶锥、车刀架、车刀架锁紧把手、顶尖、顶尖锁紧柄、尾架、顶尖行程摇轮、尾架延长台面等（图3-149）。

　　车床常用配件有：花盘扳手、投杆、花盘、卡盘、卡爪、卡规等（图3-150）。

图3-146　桌面式车床与落地式车床

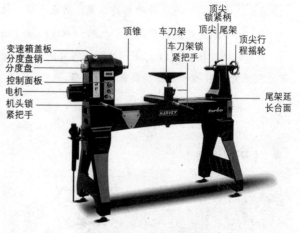

图3-149　车床的主要构造

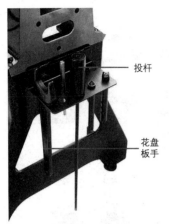

——投杆

——花盘
　板手

图 3-150　车床配件

在车床主轴和尾架之间夹持住木料，可以实现木料的轴面切削，用于制作桌腿、各类柱式、烛台、旋钮等杆形工件；在主轴端安装卡盘或花盘，可以实现木料的端面切削，用于制作碗盘、花瓶、圆筒等圆盘工件。开机后，木料绕主轴旋转，使用车刀切削出不同的造型，然后使用砂纸进行打磨，最后使用棉布为作品抛光上蜡，即可完成制作。

多数车床可以根据加工木料的特征随时调节转速，不同的造型需要选用不同种类的车刀辅助操作。常用的车刀分传统车刀和替刃车刀两类，这两类车刀又细分为各种不同型号（图 3-151）。在使用车刀工作时，应特别注意车刀的握持方法和加工角度，慎重进刀，防止反弹卡刀或损坏木件。

传统车刀中的打胚刀和半圆刀等具有倾斜刃口。操作时，应先将刀背落在车刀架上，前手放在刀头和车刀架位置把握方向，后手稍微下垂，使刃口翘起，然后将车刀的刃背先接触到木料，然后缓缓抬起后手，使刃口切削到木料，再保持角度在车刀架上平移刀口进行车削操作。背部为圆形的车刀可以根据需要向两侧倾斜刃口，以便车削出更光滑的表面，还能防止木屑扑向操作者面部。

使用替刃车刀操作时需将整刀持平，将刃口缓慢探出刀架，直至切削到木料，切忌进刀过快。因替刃车刀一般不能左右旋转角度，所以木屑会飞向操作者，可在刀杆前部加装一个挡屑板挡住木屑。

传统车刀在使用中会快速变钝，应注意随时研磨保持锋利（图 3-152）；替刃车刀变钝后可旋转或调转刀片方向使用另一侧刃口（图 3-153）。

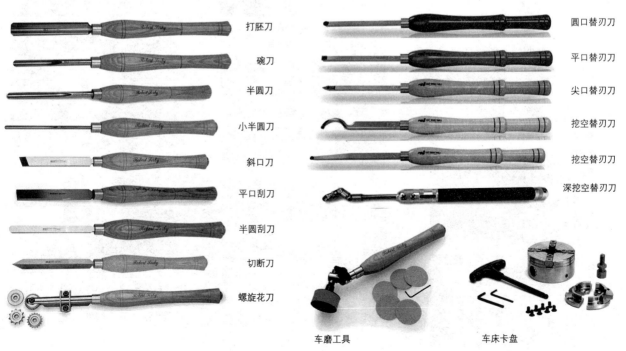

打胚刀

碗刀

半圆刀

小半圆刀

斜口刀

平口刮刀

半圆刮刀

切断刀

螺旋花刀

圆口替刃刀

平口替刃刀

尖口替刃刀

挖空替刃刀

挖空替刃刀

深挖空替刃刀

车磨工具

车床卡盘

图 3-151　各类车刀及车床配件

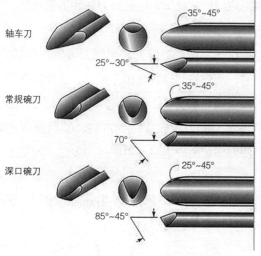

图 3-152　传统车刀刃口

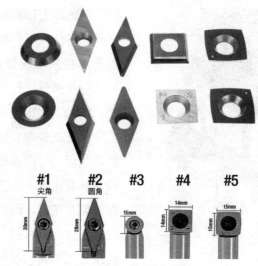

图 3-153　替刃车刀刀片

✂ 使用车床轴向车削制作一个圆柱

扫码观看操作视频

1）锯切一根 40mm×40mm 方料，长度约为 400mm，在端头画对角线，找到中心。使用锥子或钉子在中心位置敲击一下方便定位。将台锯锯片倾斜至 45°，将木方截面锯切为八边形，以减少车削工作量。

2）在车床主轴安装顶锥，将木料固定在主轴顶锥和尾架顶针之间，锁紧尾架把手。

3）将车刀架调整到位，距离木料约 10~20mm，选择打胚刀、圆口车刀和斜口车刀备用。

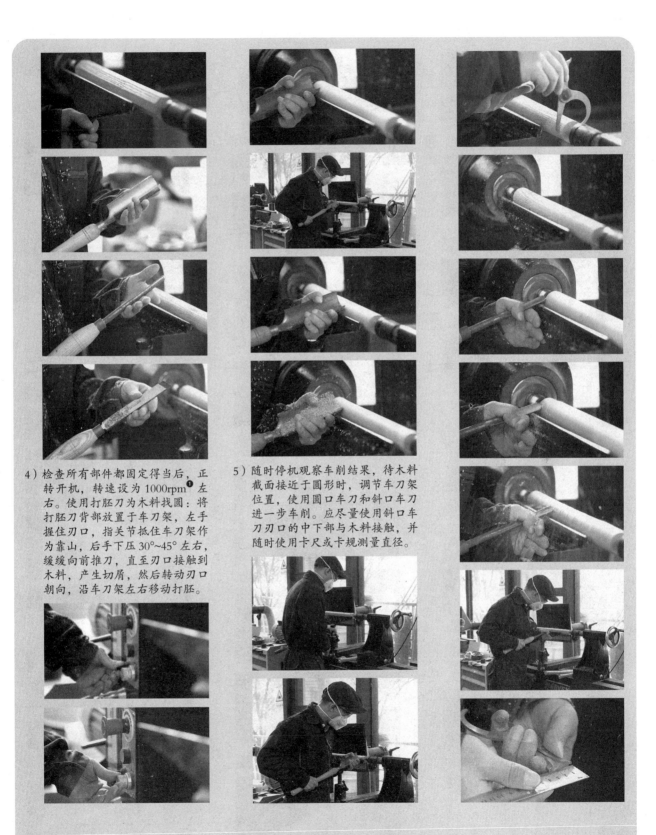

4）检查所有部件都固定得当后，正
转开机，转速设为1000rpm❶左
右。使用打胚刀为木料找圆：将
打胚刀背部放置于车刀架，左手
握住刃口，指关节抵住车刀架作
为靠山，后手下压30°~45°左右，
缓缓向前推刀，直至刃口接触到
木料，产生切屑，然后转动刃口
朝向，沿车刀架左右移动打胚。

5）随时停机观察车削结果，待木料
截面接近于圆形时，调节车刀架
位置，使用圆口车刀和斜口车刀
进一步车削。应尽量使用斜口车
刀刃口的中下部与木料接触，并
随时使用卡尺或卡规测量直径。

---

❶ 转速的国际标准单位为 rps（转/秒）或 rpm（转/分）；也有表示为 RPM（转/分），主要为日本和欧洲国家采用；我国采用国际标准。

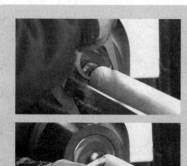

6）使用直尺竖放于料杆，检查车削面是否平滑，并及时修整。

7）随时检查修整，使用卡规检查直径，直至将木料车削为直径30mm的圆棒。

8）关机，移开车刀架。将电机设为反转模式，开机，转速设为1500rpm左右，使用120目砂纸起步，逐级将圆木棒打磨至600目。

9）使用棉布蘸取少量木蜡油，在圆柱表面涂抹，为圆柱打蜡上光。

10）取下圆木棒，使用台锯将长度锯切为350mm。

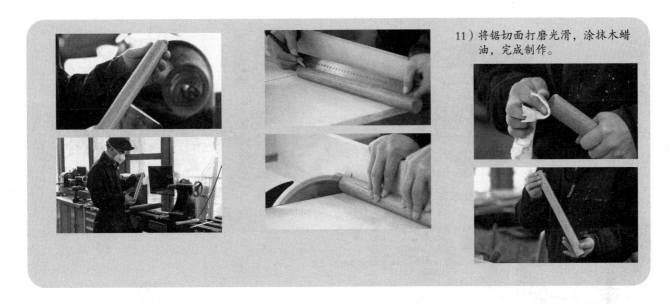

11）将锯切面打磨光滑，涂抹木蜡油，完成制作。

关于车床的端面车削操作，在本书第 7 章木盘部分有详细讲解（参见第 7.3 节木盘）。

车床安全操作注意事项

1）务必佩戴口罩、面罩、护目镜等安全防护措施。

2）不要穿宽松衣服，取掉首饰，扎起头发。

3）操作时不能佩戴手套，防止主轴旋转夹住手套将手拖向加工区。

4）确保木料安装牢固，慎用有节疤或形变较大的木料。

5）车刀架应尽量靠近木料，减少切削力矩，以免折断车刀或损坏工件伤人。

6）应保持车刀刃口与工件中心在同一水平高度上。

7）开机前，应确保工件被牢固锁定。

8）应将初始转速调为最低后再开机，然后根据需要缓慢提速。

9）确保车刀时刻架在车刀架上，切忌悬空操作。

10）根据车刀类型改变进刀角度，缓慢进刀，防止卡料反弹。

11）使用砂纸打磨时，砂纸不要紧按在工件表面，防止砂纸发热烫伤手掌。

【拓展思考】

1. 如果想要使用车床制作一个粗细变化的桌腿，应该怎样操作？

2. 联想一下，除了本节课所讲案例，我们还可以使用车床制作哪些木作产品？

3.4.13　雕刻机

木工工作常用的雕刻机大致分为数控雕刻机（CNC）和激光雕刻机两类。

1. CNC 数控雕刻机

CNC 是 Computer Numerical Control（计算机数字控制）的英文缩写，因此，CNC 雕刻机又称为数控雕刻机（图 3-154）。作为手工雕刻的工业化替代方案，CNC 雕刻广泛应用于木作企业的规模化生产。借助预先设计的图案和刀路编程，CNC 雕刻机可以在木作表面制作阴刻、浮雕、透雕等丰富的图案装饰，效果细腻，细节丰富，展示效果好（图 3-155、图 3-156）。CNC 雕刻机根据工作轴和雕刻机头的数量又可分为多种型号。三轴单头 CNC 雕刻机是适用于中小型木工工作室的雕刻机类型，多

雕刻机头——
机床台面——
电器柜——
控制面板——

——Z轴轨道
——X轴轨道
——Y轴轨道

图 3-154 CNC 数控雕刻机

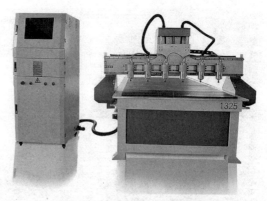

图 3-158 三轴多头 CNC 雕刻机

图 3-155 CNC 雕刻机工作   图 3-156 CNC 雕刻作品
过程

图 3-159 多轴雕刻机

用于对木工板材的切割、开槽、曲型雕刻或制作浮雕（图 3-157）。三轴多头 CNC 雕刻机能够同时加工多个相同的工件（图 3-158）。多轴雕刻机和机械臂多用于圆雕、复杂造型及榫卯结构制作等，需要配合软件对雕刻路径进行编程，机器操作方法需要进行专门培训（图 3-159、图 3-160）。

图 3-157 三轴单头 CNC 雕刻机

图 3-160 机械臂

✂ 使用 CNC 雕刻机制作收纳盘

扫码观看操作视频

1）将待雕刻工件夹持固定在雕刻机台面。

2）开机，将雕刻机复位，安装合适直径的铣刀。

3）调节刀轴位置，设置零点坐标。

4）将图纸导入雕刻机绘图软件，设定加工方式和各类雕刻参数，输出刀具路径文件。

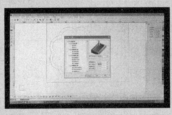

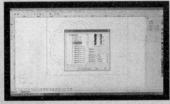

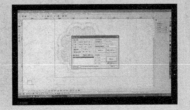

5）将刀路文件导入雕刻软件，测试刀路。根据刀路和木料硬度设定调节雕刻机主轴行进速度和主轴转速。

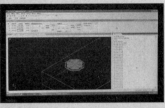

6）点击雕刻按钮开始雕刻，并持续观察操作过程，遇到问题及时关停。

7）检查雕刻细节，完成操作。

在第6章表面雕刻部分还将演示使用CNC雕刻机进行浮雕制作的方法（参见第6.1节表面雕刻）。

2. 激光雕刻机

激光雕刻机又可分为激光雕刻机和激光打标机两类（图3-161、图3-162）。木用的激光雕刻机主要为二氧化碳激光管雕刻机。二氧化碳雕刻机可雕刻的材料主要为各类非金属薄板材，如木板、亚克力、ABS板材、布料、皮革、纸张等。利用激光聚焦产生的高温将材料表层部分区域烧灼汽化，形成阴刻图案或文字。激光雕刻机的操作简单易学，雕刻效率高，广泛应用于小型工艺品的图案雕刻或打标制作（图3-163）。

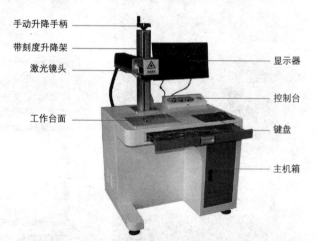

图 3-162 激光打标机

图 3-161 激光雕刻机

图 3-163 激光雕刻作品

✄ 使用激光雕刻机切割一组模板造型

扫码观看操作视频

1）将待切割的板材放在雕刻机工作台面。

2）打开激光雕刻机，复位雕刻原点，在控制面板点击"点射"按钮检查对焦是否正确。

3）在电脑雕刻软件中导入雕刻图纸，设定雕刻原点。设置雕刻功率和速度等参数。

4）关闭雕刻机机盖，点击开关开始切割。第一遍雕刻完成后，打开机箱盖，检查是否已经切透。如未切透，可再次执行切割或重新调节功率和速度等参数后再次切割。

5）完成操作。

　　在第6章表面雕刻部分还将演示使用激光打标机在木料表面雕刻图案的方法（参见第6.1节表面雕刻）。

　　雕刻机的具体操作规程可详见设备商所提供的产品使用说明书，或参加专门的操作培训。另外，激光雕刻机是通过高温烧灼材料而进行雕刻或切割，应注意防火安全，选用合适的材料，正确设置工作参数。

1. 相较于传统手工雕刻，CNC 雕刻的优势和劣势体现在哪些方面？

2. 激光雕刻时，雕刻区域出现了火苗是什么原因？

3.5　电动工具认知与操作

木工机械是现代木工工作室或木工生产企业中非常重要的主力生产装备，是木工手工工具的现代化、工业化延伸，在大幅提高木工的工作效率、提高加工精准度方面具有明显优势。但对于大多数木工从业者来说，大型木工设备也有其不便之处，包括：①木工机械操作危险性较大，需要严守操作规范，防止安全事故发生；②木工机械设备通常价格较高，需要从业者具备一定的经济实力；③木工机械设备便携性较差。因为通常情况下木工机械设备的自重较大，占地面积大，一般需要固定场地安置，所以很难适应户外场地及特殊情况下的操作要求。

而木工手持电动工具一定程度上解决了以上不足。相对于手工工具和木工机械，手持电动工具提高了工作效率，价格又相对适中，还能灵活移动，适用于多种工作场景。本节起将要介绍木工所用的手持电动工具。

3.5.1　电圆锯

电圆锯是一种灵活方便的手持电锯，多用于大面积板材的切割或长木料的截断操作，是建筑和室内装修常用的木工工具。电圆锯分为插电式和锂电式两类（图 3-164、图 3-165）。

常用电圆锯的主要构造包括：电机、锯片、锯片上护罩、下护罩、排屑口、主手柄、副手柄、底板、开关，以及安全锁定按钮等（图 3-166）。

电圆锯开机时，需要同时按住开关扳机和安全锁钮，机器才会启动。电圆锯的底板前后有可以调节的旋钮，以及角度刻度盘，可以通过调节这两个旋钮来调节电圆锯的锯切深度和锯切角度。底板前端的两个缺口用于徒手切割时对准划线，保持锯路。

根据电圆锯规格不同，常用的锯片有 4~10in（101.6~254mm）的不同区别（图 3-167），可以根据锯切材料的不同更换 12 齿到 120 齿的锯片，锯齿越多的锯片锯切的切割面越光滑，而锯齿越少切割速

图 3-164　插电式电圆锯　　图 3-165　锂电式电圆锯

上部护罩
副手柄
护罩拨杆
斜切刻度板
底板
下部护罩

主手柄
开关锁钮
开关
电机
副手柄
底板
切割导向槽口
底板定位旋钮

图 3-166　电圆锯的主要构造

图 3-167　不同规格的电圆锯锯片

度越快。根据所安装的锯片尺寸的不同，电圆锯可锯切的最大深度从46mm到95mm不等，锯切角度一般最大可达45°~56°。锯片是电圆锯最危险的部分，所以要使用防护罩对其进行掩护。防护罩由上部固定防护罩和下部活动防护罩两部分组成。工作时，下部防护罩被加工的木料推到上部防护罩内。从加工木料

上将电圆锯取下时，下部防护罩由于弹簧的作用又将锯片重新掩护起来。

电圆锯通常有三种切割方式：第一种是徒手切割，第二种是借助导尺靠山切割，第三是借用自制或购置的导轨靠山进行精确切割（图3-168）。可以根据切割精度选定切割方法。

图3-168　电圆锯导轨与靠山

✂ 使用电圆锯徒手切割

扫码观看操作视频

1）在木料划线，固定木料。

2）根据木材类型更换合适的锯片（注意更换锯片时应断开电源连接），松开锯片高度锁柄，扳动

底板调节锯片深度，以超出板材厚度3mm左右为宜，然后锁紧锁柄。

3）正确佩戴护目镜、防噪耳罩、防尘口罩。

4）接电，将电圆锯底板搭在木料边缘，锯片离开木料一段距离，将底板前端缺口对准划线，开机缓慢推进。

5）待锯切至尾端时，如果余料较大，可用另一只手握住余料边缘，防止跌落。

6）锯切完成后，先关机，待锯片停
转再将电圆锯移开。

7）检查锯切效果，完成操作。

⚒ 使用电圆锯借助导尺进行切割

扫码观看操作视频

1）在木料划线，固定木料。

2）根据木材类型更换合适的锯片
（注意更换锯片时应断开电源连
接），松开锯片高度锁柄，扳动
底板调节锯片深度，以超出板材
厚度3mm左右为宜，然后锁紧
底板锁柄。

3）根据划线位置设置导尺的靠山长
度并锁紧旋钮。

4）正确佩戴护目镜、防噪耳罩、防
尘口罩。将电圆锯底板搭在木料
边缘，锯片离开木料一段距离，
将导尺紧贴木料边缘，开机缓慢
推进。

5）待锯切至尾端时，如果余料较
大，可用另一只手握住余料边
缘，防止跌落。

6）锯切完成后，先关机，待锯片停
转再将电圆锯移开。检查锯切效
果，完成操作。

✂ 使用电圆锯借助靠山切割木板

扫码观看操作视频

1）在木料划线，测量锯片与底板边缘的距离，设置靠山位置并锁定靠山和木料。

2）根据木材类型更换合适的锯片（注意更换锯片时应断开电源连接），松开锯片高度锁柄，扳动底板调节锯片深度，以超出板材厚度 3mm 左右为宜，然后锁紧底板锁柄。

3）正确佩戴护目镜、防噪耳罩、防尘口罩。将电圆锯底板搭在木料边缘，锯片离开木料一段距离，底板贴紧靠山，开机缓慢推进。

4）待锯切至尾端时，如果余料较大，可用另一只手握住余料边缘，防止跌落。

5）锯切完成后，先关机，待锯片停转再将电圆锯移开。检查锯切效果，完成操作。

6）如果需要锯切一定角度，可以将底板调节至需要的角度，其他操作方法可以参照以上演示。

电圆锯安全操作注意事项

1）更换锯片、调整锯片高度或角度时，应确保电圆锯的电源已断开。

2）锯切前检查木料上是否有钉子等金属，是否有容易脱落的节疤，同时检查锯切方向上是否有障碍物，电源线应确保放置在电圆锯的后方。

3）切割前应将木料固定住，不能单手压住木料操作。

4）将木料固定在支架上锯切时，应注意木料的重心应平衡或偏向外侧，防止锯切完成后锯片两侧木料下垂夹锯反弹。

5）注意为木料下部留出锯片运行的空间，防止切到工作台或者其他物品。

6）切割长板时，应规划好操作移动路线，不要倾侧身体，让身体失去平衡。

7）要确保佩戴护目镜、口罩、防噪耳罩等防护措施。

8）切割操作前，首先要检查锯片是否存在变形或裂缝等问题，防止操作时崩裂。

9）开机前，锯片应离开木料。开机后，待电机全速运转后再进行切割。

10）切割余料较大较重时，应为两侧木料设置承托垫块，防止切割末端时木料因自重劈裂。

11）切割过程中，如果出现前行困难时，有可能是木料发生了应力变形。这时不能用力对抗，应关机后，后退一段距离，或在后端位置夹入木楔再行切割。

12）徒手切割过程中，如果发生了路线偏离，不要强行变线，应该关机后，后退一段距离再开机按正确路线切割。

【拓展思考】

1. 电圆锯操作过程中，遇到夹锯的情况我们应该怎么办？

2. 锯切实木和锯切生态板，应该分别使用什么类型的锯片？

3.5.2 电链锯

电链锯由电机带动开刃链条在导板中循环回转实现切割，多用于树木的砍伐修剪工作或原木段的快速切割。也有部分木雕师将电链锯用于大型原木雕刻，因操作具有一定的危险性，不推荐初学者使用。电链锯分插电式和锂电式两类（图3-169）。另外，林场伐木工常使用燃料驱动的油锯进行伐木，其基本工作原理是类似的。

电链锯的构造主要包括：电机、手柄、导板、链条、安全挡板、开关等（图3-170）。

图 3-169　各类电链锯

安全挡板
前把手
锯链
导板
电池组
开关锁定
开关
链轮盖板
链轮调节盘

图 3-170　电链锯的主要构造

⚒ 使用电链锯切割原木段

扫码观看操作视频

1）在需要锯切的木料上划线，将木料使用垫板架起固定。

2）检查链条是否损坏，检查润滑油是否饱满。

3）佩戴护目镜、防噪耳罩、口罩等防护装具。

4）双手握持电链锯，打开安全装置，开机。

5）待锯链旋转正常后，沿木料上的划线切割，直至完成。

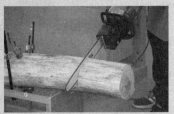

电链锯安全操作注意事项

1）应选用具有断链保护装置和反弹刹车装置的电链锯。

2）开机前，应注意站位和身体重心，双手握持工具操作。

3）不要将锯片放置在木料上启动电链锯，开机后空转一段时间确保没有问题后再接触木料切割，并时刻注意切割角度，防止反弹。

4）切割至最后，应注意尾料是否会跌落砸伤身体，并及时抬锯。

5）应随时关注链条是否保持润滑，及时为链条加注润滑油。

6）应随时关注锯链、导板、链轮的磨损程度，随时更换或修锉。

7）应随时检查链条箱内是否被木屑堵塞，及时清理。

 【拓展思考】

如何防止电链锯出现夹锯反弹的情况？

3.5.3 往复锯

往复锯又称为马刀锯，工作原理类似手工锯，通过锯片的往复运动进行锯切，常用于快速粗切。相较于电链锯，往复锯的振幅小，性能稳定，锯片更换方便，切割面相对更光滑，且适合多种材料的切割。往复锯分插电式和锂电式两类（图3-171、图3-172）。为往复锯更换不同的锯片，可以切割金属、木材、塑料等多种材料（图3-173）。

往复锯的构造包括：锯条、锯条挡板、振幅挡位、手柄、开关、调速盘等（图3-174）。

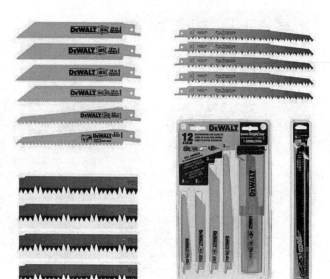

图3-173 各类往复锯锯片

图3-171 插电式往复锯

图3-172 锂电式往复锯

切换扳机 ——
锯片夹紧锁 ——
固定按钮 ——
锯片 ——
—— 锁定按钮 开关
—— 转速旋钮

图3-174 往复锯的主要构造

✄ 使用往复锯切割木料

扫码观看操作视频

1）在需要锯切的木料上划线，固定木料。

2）为往复锯更换合适的锯片。

3）双手持锯，锯条挡板抵住木料边缘。开机，缓慢锯切直至完成。

往复锯安全操作注意事项

1）应根据切割材料以及硬度的不同合理选择锯片类型，并将转速调至合适挡位。

2）开机前，应确保锯片未与木料接触。

3）操作时，应双手握持，保持锯片平稳运行，切割完成后，应先关机再移开电锯。

4）切割至最后，应注意尾料是否会跌落，防止砸伤脚面。

 【拓展思考】

往复锯有哪些适用场景？

3.5.4　曲线锯

曲线锯也称为竖锯，由电机带动一个直条锯片往复运动进行切割。可借助靠山进行直线切割，也可以徒手进行曲线切割，还可以配合钻孔实现镂空切割。曲线锯分插电式和锂电式两类（图 3-175、图 3-176）。

曲线锯的主要构造包括：手柄、开关、开关锁定按钮、调速盘、锯片摆幅挡位、底板、护罩、锯片导向轮、吸尘接口、锯片等（图 3-177）。

部分曲线锯的开关具有无级变速功能，可以通过按压开关的力度控制转速的大小。开机后，按下开关锁定按钮就可以让电机持续工作，再按一下开关就可以关机。

曲线锯上可以安装多种类型的锯片用于切割木材、金属、塑料等不同材质（图 3-178）。木用细齿锯片的切割面更为光滑，粗齿锯片切割速度更快。常用的木用锯片可最大锯切厚度在 70mm 左右的木料。

我们可以根据切割物料的不同在调速盘选择合适的转速挡位，通常硬质材料需要把速度降低。

锯片摆幅挡位有 0 到 3 挡，摆幅依次增大。一般锯切硬质或脆质材料时，可调节至 0 挡，锯切木材等软质材料时，可以调至 1 到 3 挡。

松开曲线锯底板底部螺丝后，可以把底板最大调至 45°，可用于斜向切割。

图 3-175　插电式曲线锯

图 3-176　锂电式曲线锯

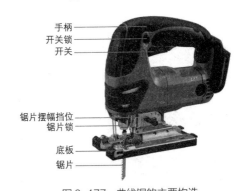

手柄
开关锁
开关
锯片摆幅挡位
锯片锁
底板
锯片

图 3-177　曲线锯的主要构造

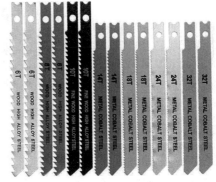

图 3-178　曲线锯的常用锯片

✂ 使用曲线锯进行直线锯切

扫码观看操作视频

1）将木料固定在台面，借助靠山确定锯切位置。

2）为曲线锯更换木用锯片，根据木料硬度调节合适的转速挡位和摆幅挡位。

3）将曲线锯底板前端搭在木料边缘，锯片稍微离开木料，一侧紧贴靠山。

4）开机，沿靠山往前推进，直至切割完成。

✂ 使用曲线锯进行曲线锯切

扫码观看操作视频

1）在木板上绘制或粘贴图样，然后将木板固定在台面，注意下部留足锯片运转空间。

2）为曲线锯更换木用锯片，根据木料硬度调节合适的转速挡位和摆幅挡位。

3）在合适的位置将曲线锯底板前端搭在木料边缘，开机，推进至划线部位，然后沿曲线锯切直至完成。

✕ 使用曲线锯进行镂空操作

扫码观看操作视频

1）在木板中间使用圆规画出需要开洞的圆形，固定木料，在木料底面留出操作空间。

2）使用手电钻夹持10mm钻头在圆形边缘位置开孔。

3）为曲线锯更换木用锯片，根据木料硬度调节合适的转速挡位和摆幅挡位。

4）将锯片插入孔洞，底板平放于木板，锯片稍微离开木料，调节好角度，开机，沿曲线缓慢锯切一周。

5）检查锯切效果，完成操作。

还有一种从内部切入板面的做法：先将曲线锯倾斜，借助底板作为支架，让锯片倾斜切入木板，待切透后再进行垂直切割。

曲线锯的锯齿向上，锯切出来的木料表面比较粗糙。可用以下几个方法解决。

1）将木料的正面朝下放置。

2）在锯路上粘贴胶带或者垫块。

3）在曲线锯底板粘贴一块木片作为压板。

曲线锯安全操作注意事项

1）切割前佩戴护目镜和口罩。

2）应根据切割材料类型，以及材料硬度的不同合理选择锯片类型，并将转速和振幅调至合适挡位。

一般来讲，曲线锯的转弯半径不宜小于50mm。如果需要锯切大弧度的转角，可以先使用曲线锯在垂直于弧线的方向切出一些开口，方便锯片通行转弯。

 【拓展思考】

1. 日常生活中的哪些工作可以使用曲线锯完成？

2. 曲线锯可以切割出斜面吗？

3）应检查所锯切的木料底部，留足锯片的高度空间，并保证锯路上没有障碍物。

4）开机前，应确保锯片未与木料接触，电源线放在曲线锯的后方。

5）曲线锯推进速度不宜过快，防止断齿或损坏电机。

6）注意另一只手的手指不要碰触到木料下方的锯齿。

7）若锯片被卡住，应先断电然后退出锯路。

8）若发现锯切偏离路线，可以关机后，后退一段距离重新找准方向继续锯切。

9）切割完成后，关闭电源，等锯片完全停止后再移开曲线锯。

3.5.5　手电刨

手电刨多用于对毛板胚料进行初步刨平或在木料边缘刨出台阶面，还可以为木料边缘倒角。手电刨有插电式和锂电式两类（图3-179、图3-180）。

图 3-179　插电式手电刨

图 3-180　锂电式手电刨

手电刨的主要构造包括：手柄、开关、开关锁定按钮、刨深调节旋钮、电机、齿轮箱、排屑口、刨刀轴、刨刀保护装置等（图3-181）。

开机后按下开关锁定按钮，手电刨就会持续工作，再按一下开关就会关机。

深度调节旋钮用于调节手电刨的底板高度，底板高度影响刨刃的出刀量，进而影响到单次刨削的深度。

手电刨底板前端的 V 字口，可以用于为木料边缘倒角（图3-182）。

当需要刨削木料的侧边时，为保持刨削面的平整，可以为手电刨安装侧面靠山，推刨时让靠山紧贴木料侧边即可刨削出垂直面（图3-183）。

开关锁定按钮　　　　　　　　　　手柄
开关
刨深调节旋钮　　　　　　　　　　电池仓
　　　　　　　　　　　　　　　　齿轮箱
底板倒角槽　　　　　　　　　　　刨刀轴
　　　　　　　　　　　　　　　　底板

图 3-181　手电刨的主要构造

图 3-182　使用手电刨为木料倒角

图 3-183　使用手电刨靠山刨削垂直面

✂ 使用手电刨将木料进行初步整平

扫码观看操作视频

1）将木料固定在台面。

2）将钢直尺立放，使用铅笔在木料表面凸起部分涂抹标记。

3）根据木料硬度和表面情况调节手电刨刨削深度。

4）将手电刨底板搭在木料边缘，开机，待转速稳定后推动刨削。

5）先垂直或斜向于木纹方向进行刨削，随时使用直尺检查，直至大致找平。

6）然后再调小刨削量，顺纹理刨削，并根据纹理随时调转方向以避免戗茬，持续刨削直至板面平整。

手电刨安全操作注意事项

1）刨削前检查木料表面是否有钉子等金属。

2）定期检查碳刷、开关、电源线是否磨损或损坏。

3）佩戴护目镜和口罩等防护用品。

4）开机前，应确保刨刀未与木料接触。

5）操作时，应双手握持，保持手电刨平稳运行。

6）定期清理刨刀上的木屑、树脂等残留物。

【拓展思考】

如何避免手电刨刨削造成啃头啃尾现象？

3.5.6 手电钻

如前文所述，古代木匠制作木器，钻孔工作使用的是牵钻或者手摇钻，其精度和孔径都要受到一定的限制，速度也比较慢。而木工台钻虽然解决了精度和孔径问题，但是不便移动，不适用于移动或户外场景。本节我们来学习现代木工常用的手持电动工具：手电钻。

手电钻是木工工作使用最为频繁的电动工具。手电钻可分为插电式和锂电式两类（图 3-184、图 3-185）。其电机功率也有较多差别。例如充电式锂电池手电钻常有 10V、12V、18V、20V 等型号。从使用功能上区分，手电钻还有电钻、电起子、电锤之类的划分，适用于不同的工作场合（图3-186）。其主要构造包括：开关、方向切换按钮、转速切换键、扭矩调节转盘、钻头夹头、电池仓、电池等（图3-187）。

手电钻可以夹持不同直径的钻头为木料钻孔，还可以夹持各类批头用于旋拧螺丝。多数手电钻具有快速和慢速两种可调模式，快转速多用于打孔，慢转速多用于拧螺丝或钻粗孔时使用。另外，常用手电钻的开关多为无级变速模式，可以根据握力的不同改变转速，还有正转和反转两种模式，用于拧紧和松开螺

丝，还可以通过调节转盘输出不同的转速或扭矩。

手电钻的夹头一般有手拧式和钥匙锁两种夹头，常用夹头的夹持件柄径在10~13mm之间。在钻孔功能方面，与台钻类似，手电钻可以夹持不同钻头（图3-126）来实现不同孔径或深度的钻孔。在拧螺丝功能方面，手电钻或电起子可以夹持不同的批头或套筒实现不同类型螺丝的安装或拆除工作（图3-188）。带有冲击模式的手电钻还能用于为墙面或石材打孔。

如果要进行透孔的钻孔操作，需要在当前工件下再垫上一块木板，并固定好工件，以防止钻头在钻出位置将木料表面劈裂。

如果要为较硬的木料上钉，或者在木料的端头位置上钉，一般都需要预先为上钉位置开孔，以防止直接拧入螺钉导致木料的劈裂。

如果批量工作可以同时准备2~3个手电钻，分别装入钻头、批头等，可避免来回切换夹头工作件。

在为较大的板面打孔时，往往无法使用台钻，可借助简易的电钻支架配合手电钻来打孔，以确保打孔的垂直度和精确度（图3-189）。

除了夹持钻头和批头之外，手电钻还可以夹持各类打磨棒、锉头、钢丝刷或者棉轮等实现一些简单的打磨或抛光工作（图3-190）。

图3-184 插电式手电钻

图3-185 锂电式手电钻

电起子

手电钻（电锤）

手电钻

冲击钻

图3-186 各类手电钻及其附件

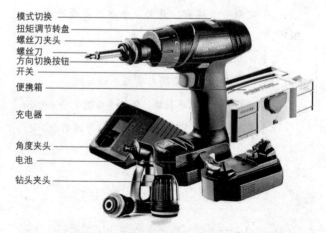

模式切换
扭矩调节转盘
螺丝刀夹头
螺丝刀
方向切换按钮
开关
便携箱
充电器
角度夹头
电池
钻头夹头

图3-187 手电钻的主要构造

图 3-188　各类批头及套筒

图 3-189　简易电钻支架

图 3-190　手电钻的毛刷配件

✕ 使用手电钻钻孔

扫码观看操作视频

1）开启反转模式，手握夹头轻按开机，松开夹头，装入 3mm 钻头，再次握住夹头，切换到正转模式，手握钻夹，轻按开机夹紧钻头。

2）根据螺钉长度，在钻头上粘贴纸胶带标记钻孔深度。

3）把木料固定于台面，将手电钻调至钻孔模式，将钻头以垂直角度抵住定点位置，开机钻孔至纸胶带标记位置，提钻，松开扳机，完成打孔操作。

✂ 使用手电钻上钉

扫码观看操作视频

1）将手电钻调至打钉模式，反转将手电钻钻头取下，然后装入锥形开孔器，正转夹紧。

2）在钻孔位置，使用手电钻为钻眼开出锥形埋头孔。

3）这里提示一下，如果有沉孔钻头，则可以一次性完成钻孔和倒角的操作。

4）卸下锥形开孔器，装入十字批头夹紧。

5）将手电钻切换至正转打钉模式，调节合适的扭矩，然后将螺钉拧入，直至钉头没入锥形孔，完成操作。

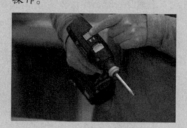

✂ 使用手电钻支架打孔

扫码观看操作视频

1）为电钻支架安装合适规格的钻头。

2）使用纸胶带在钻头上标记打孔深度。

3）将手电钻夹持在电钻支架上。　　　开机，下压手电钻，直至打孔深　　　5）电钻支架还可用于在圆形木料
度，完成操作。　　　　　　　　　上打孔。

4）将钻头对准木料上的打孔位置，

手电钻安全操作注意事项

1）使用手电钻为小块木料开孔时，应将木料夹持固定，切忌手持操作。

2）拧螺丝钉时，应调节到合适的扭矩模式，应防止扭矩过大拧断螺丝或将钉帽拧滑丝。

3）操作时注意手的位置，防止电钻或批头滑脱挤到手指。

4）不宜为手电钻安装过大的开孔钻头，防止因扭矩不足而烧毁电机。

 【拓展思考】

自己周边哪些木制用品的制作过程使用到了手电钻？

3.5.7　电木铣

电木铣与立铣功能类似，可以配合不同种类的铣刀实现木料的开槽、修边、倒角起线、制作榫眼榫头、雕刻等多种工作（图3-191）。

电木铣的主要构造有：主机、高度调节旋钮、深度定尺、快捷定深螺丝、开关、转速旋钮、底座、把手、铣刀夹头、铣刀锁等（图3-192）。

电木铣分固定转速和可调转速两种，由电机带动铣刀高速旋转，转速通常在9000~25000rpm之间，需双手把持操作。一般情况下，使用大直径的铣刀或者铣削较硬的材料时，应使用较低转速，以提高扭矩。

电木铣使用的铣刀可以与立铣通用，一般使用1/2in柄径的铣刀，也可以通过夹装轴套安装1/4in柄径的铣刀（图3-193~图3-195）。

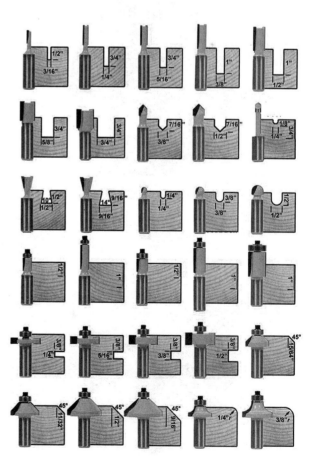

图3-191　各类铣刀及其功能

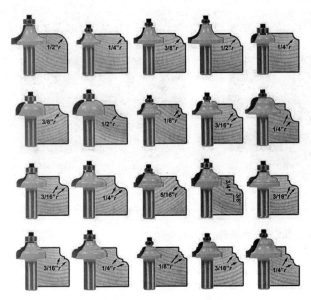

图 3-191　各类铣刀及其功能（续图）

图 3-192　电木铣的主要构造

电线
转速调节
开关锁
把手
铣刀轴
防尘罩
底座

导柱高度旋钮
深度微调旋钮
深度调节杆
深度杆快调钮
深度定位杆

电木铣还常用到侧面靠尺、底座导套、仿形装置等配件，用于不同加工场合（图 3-196）。电木铣搭配直刀借助直导轨或靠山可以实现直线切削（图 3-197）；借助仿形配件可以切割曲线或圆形（图 3-198）；夹装带有轴承的铣刀或配合特定形状的模板，可以实现倒角和修边功能；还可以借助各类工装实现区域雕刻或各类自定义形状的切削工作。此外，还可以用电木铣夹装各类铣刀配合工装模板制作榫卯结构（图 3-199）。在本书第 5 章榫卯制作和第 7 章床头柜制作的案例中将会详细演示（参见第 5.2.2 节榫卯结构设计与制作工艺、第 7.8 节床头柜）。

另外，可将电木铣倒装在自制或选购的台面上，制作成电木铣倒装台（图 3-200）。其工作模式与前面章节所讲的立铣基本相同，具体操作方法可以参照该章节相关部分。

图 3-194　铣刀轴套

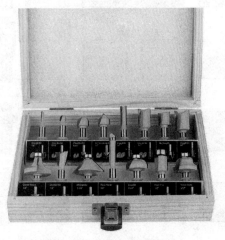

图 3-193　1/2in 柄径的铣刀

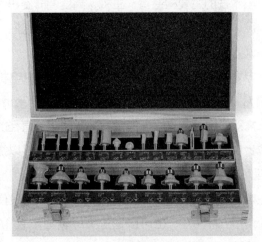

图 3-195　1/4in 柄径的铣刀

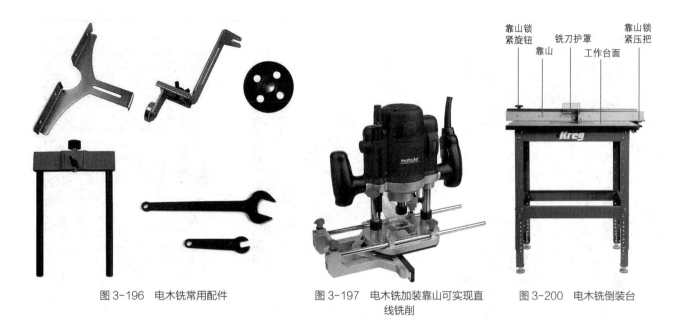

图 3-196　电木铣常用配件

图 3-197　电木铣加装靠山可实现直线铣削

图 3-200　电木铣倒装台

靠山锁紧旋钮　靠山　铣刀护罩　工作台面　靠山锁紧压把

图 3-198　电木铣加装仿形配件可实现仿形铣削

图 3-199　电木铣制榫工装

🔧 使用电木铣为木料开槽

扫码观看操作视频

1）使用专用扳手为电木铣更换适合的铣刀，锁紧铣刀。

2）将木料固定于台面，测量电木铣底板边缘与铣刀之间的间距，根据木料上的划线确定靠山位置，将靠山固定锁紧。

3）在木料端头双手下压刀头，深度设置为开槽深度的一半左右（浅槽可以一次铣削完成），将深度调节杆定位锁紧。

4）佩戴好防护用具。将电木铣转速调至合适挡位。接电，将电木铣

底板一端放置于板面，一侧顶住靠山，双手握紧把手，开机，压下机头，压下锁柄锁定高度。

5）抵住靠山，缓慢推进电木铣，直至铣削到预定位置，关机。调节深度定位杆，再次铣削，直至所需深度，完成操作。

✄ 使用电木铣为木板边缘制作装饰花边

扫码观看操作视频

1）使用专用扳手为电木铣更换铣边花刀，锁紧铣刀。

2）将电木铣横放在台面，使用直角尺测定铣削深度，之后锁定高度。

3）固定木料。将电木铣转速调至合适挡位，将电木铣底板一端放置于木料表面。开机，缓慢靠近木料边缘，直至铣刀轴承贴紧木料端面。

4）保持铣刀轴承贴紧木料边缘，缓慢向前推进电木铣。如果铣削木料外周，则使用逆时针推进，如果铣削内周，则顺时针推进；完成一次铣削后，检查边缘效果，对铣削不到位的区域重新补刀，完成操作。

电木铣安全操作注意事项

1）操作时始终佩戴口罩、护目镜和防噪耳罩。

2）电木铣具有很高的功率和转速，手持操作具有一定的风险，开机运行状态下应使用双手牢牢控制住电木铣，同时身体要保持平衡，借助身体的力量推动电木铣。

3）如果所需铣削深度较深，可以一层一层加大深度，不要一次性铣削完成，容易损坏铣刀或烧坏电机。

4）使用较大刃径的铣刀时，需要将电木铣切换至低转速模式。

5）电木铣推进方向应与铣刀旋转方向相反。

6）在使用带有轴承的铣刀为木料倒角或修边时，应注意进刀方向，防止反弹或劈裂木料。

7）铣削完成后应先升起机身，关闭电源，等待铣刀旋转停止后再移开机器。

8）操作过程中，机器出现不正常的抖动、异响或异味时，应立即停机，紧握机器，待刀具完全停转后再检查原因。

除了开槽、倒角等操作，电木铣还可以用来为工件修边。关于修边的操作方法，可参考第 3.5.8 节修边机的内容，两者工作原理是类似的。

 【拓展思考】

1. 电木铣铣刀一般是按照顺时针还是逆时针旋转？倒角的行进路线应该是顺时针还是逆时针？

2. 如何在较大的板面中间使用电木铣开槽？

3.5.8　修边机

修边机功能与电木铣类似，但一般可单手操作，功率较低，通常安装 1/4in 柄径的铣刀（图 3-201）。

图 3-201　修边机常用铣刀

修边机的主要构造包括：主机、开关、底座、底座高度旋钮、铣刀夹头、铣刀锁等（图3-202）。修边机也分插电式和锂电式两类（图3-203、图3-204）。

有的修边机还有调速旋钮，可以输出不同的转速和扭矩。修边机也有一些常用配件用于铣削导向或作为靠山使用（图3-205）。

转速调节旋钮
开关
锁定系统
高度刻度
底座

图 3-202　修边机的主要构造

图 3-203　插电式修边机

图 3-204　锂电式修边机

图 3-205　修边机常用配件

⚒ 使用修边机为工件修边

扫码观看操作视频

1）将模板固定在需要修边的工件上，这里我们使用双面胶来固定。注意大型工件修边应该采用更牢固的方法。

2）将工件固定于台面。

3）使用专用扳手为修边机更换合适型号的修边刀，锁紧修边刀。松开底座旋钮，调节修边刀轴承高度，使轴承能够紧贴模板，锁紧底座。

4）将修边机转速调至合适挡位。接电，将修边机底板一端放置于板面。紧握机身，开机，将修边刀轴承缓慢靠近模板边缘，沿模板边缘按逆时针方向铣削，直至完成。

5）检查边缘光滑度，完成操作。

✂ 使用修边机徒手雕刻制作银锭榫

扫码观看操作视频

1）将提前制作好的银锭榫块放置在木料的相应位置上，围绕银锭榫划线。

2）根据榫块的大小为修边机安装直径合适的铣刀。

3）根据榫块的厚度调节底座高度，如果榫块较厚，可以进行两次或多次铣削。

4）固定好需要铣削的木料。

5）紧握机身，开机，双手扶住底座，将铣刀缓慢靠近榫眼，慢慢铣入，直至底座可以垂直放置于木料表面。

6）沿逆时针方向围绕银锭榫划线内部缓慢铣削。

7）铣完一圈后，关机，调节底座，将出刀量调大，再次铣削，直至达到预定深度。

8）使用扁凿将榫眼的转角处修整到位。

9）将银锭榫块放入榫眼，检查配合程度。

10）如果没有问题，在榫块上涂抹木工胶，将榫块敲入。

11）胶水凝固后，使用手工刨修平木料表面，完成制作。

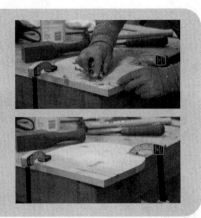

修边机还可用于为工件倒角、开槽等场合，也可以更换为双手底座，具体使用方法和注意事项可参考第3.5.7节电木铣的内容。

关于修边机的操作注意事项，也可参考第3.5.7节电木铣的相关内容，务必安全谨慎，规范使用修边机。

【拓展思考】

1.什么情况下选择电木铣？什么情况下选择修边机？

2.如何利用修边机进行圆形板面的切割？

3.5.9　角磨机

角磨机全称为角向磨光机，是一种多用途电动工具，同时也是一款操作风险性较高的机器。

角磨机分插电式和锂电式两类（图3-206、图3-207）。其主要构造包括：电机、开关、主副手柄、护罩、齿轮箱、主轴锁、工作部件等（图3-208）。

角磨机主要用于木材、金属、石材、瓷砖、玻璃等材料的打磨、抛光、切割等工作。搭配不同的配件使用，可以应用于各类木工制作或装饰装修工作场景。可用于角磨机的配件较多，常用轮片的直径有80mm、100mm、125mm、150mm等（图3-209）。

金属切割片主要用于金属管材或片材的切割（图3-210）。

合金干切片主要用于切割石材或混凝土（图3-211）。

金刚砂切割片主要用于切割玻璃或者瓷砖（图3-212）。

钢丝刷主要用于金属除锈（图3-213）。

图3-206　插电式角磨机

图3-207　锂电式角磨机

电池
开关
手柄
轴锁
护罩
砂轮

图3-208　角磨机的主要构造

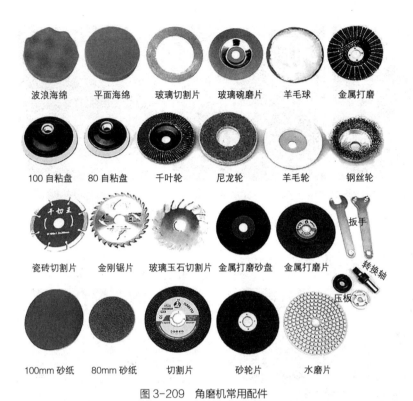

波浪海绵　　平面海绵　　玻璃切割片　玻璃碗磨片　羊毛球　　金属打磨

100 自粘盘　　80 自粘盘　　千叶轮　　尼龙轮　　羊毛轮　　钢丝轮

瓷砖切割片　金刚锯片　玻璃玉石切割片　金属打磨砂盘　金属打磨片　　扳手　转换轴　压板

100mm 砂纸　80mm 砂纸　　切割片　　砂轮片　　水磨片

图 3-209　角磨机常用配件

图 3-210　使用角磨机切割金属

图 3-211　使用角磨机切割石材　　图 3-212　使用角磨机切割瓷砖　　图 3-213　使用角磨机为金属除锈　　图 3-214　使用角磨机打磨金属

砂轮片主要用于打磨金属（图 3-214）。

千叶砂轮片主要用于金属和木材等材料的打磨（图 3-215）。

刺盘磨轮主要用于木材的快速造型（图 3-216）。

抛光轮主要用于金属等材料表面的抛光（图 3-217）。

自粘盘粘贴植绒砂纸或棉片后可用于为各种材料打磨抛光（图 3-218）。

请注意，在角磨机上安装金属锯片是非常危险的行为。很多角磨机的安全事故都是因为安装了锯片，因此不建议在角磨机安装锯片进行各类切割工作。

另外，因角磨机转速非常高，请勿轻易将角磨机改装用于其他场合，其运行机制并不一定适合，改装的可靠性、稳定性、安全性均有待检验，不建议轻易尝试。

图 3-215　使用角磨机打磨木材　图 3-216　使用角磨机为木材造型　图 3-217　使用角磨机抛光漆面　图 3-218　使用角磨机抛光金属

✖ 使用角磨机配合刺盘磨轮快速造型

扫码观看操作视频

1）将需要造型的木料固定在台面上。

2）为角磨机安装合适型号的刺盘磨轮，使用扳手紧固螺母。

3）双手握持手柄，远离木料，开机试运行。

4）空转良好后，双手紧握手柄，轻轻接触木料进行磨削，注意不要一次切入过深。

5）反复磨削，注意控制方向和角度，直至磨削完成。

角磨机安全操作注意事项

1）角磨机打磨和切割工作粉尘大、噪声高、风险性大，应严格做到佩戴口罩、面罩、护目镜及防噪耳罩、防护服等防护措施，扎紧袖口。注意不能佩戴纤维类编织手套，可佩戴皮质护腕手套。

2）严禁在易燃易爆物附近使用角磨机，禁止在非常潮湿的环境或户外雨天下作业。

3）接电前应检查角磨机开关，确保关机状态下插电。

4）要选择适合角磨机的轮片，注意转速相关的匹配，不能在高转速的角磨机上使用低转速轮片。

5）轮片安装前，务必检查是否有破损、裂缝等问题，确保使用安全。

6）建议不要在角磨机上安装木材锯片使用，非常危险。

7）在使用砂轮片、切割片等配件时，必须正确安装防护罩。

8）安装轮片时，要注意轮片的正反方向，不能装错。

9）轮片装好后，要手动旋转测试一下是否安装到位。

10）开机之前，确保轮片未与材料接触。

11）开机后，应等待轮片正常旋转后再行工作。

12）插电式角磨机要注意电源线的位置，确保不会被切到。

13）注意双手紧紧握持主副手柄，站在磨切方向的侧面工作，磨切方向不能面向他人，并注意轮片角度，不要转弯过大，防止反弹。

14）切割过厚的材料可能会卡住切割片，造成切割片碎裂飞弹伤人，应注意不能一次切割过深。

15）加工小型工件时，应确保工件被夹紧固定，不能手持工件操作。

16）操作过程中，不要对轮片施加过大压力，防止破损飞溅事故。

17）连续工作一段时间后电机会发热，应冷却后再用。

18）操作完成后，等角磨机完全停转后再放下。

19）切割金属等工件时，注意关机后不要立即触摸轮片或者工件，防止烫伤。

【拓展思考】

1. 使用角磨机为什么要确保使用安全护罩？
2. 如果想要抛光上漆后的家具，可以为角磨机安装哪种配件？

3.5.10　手持开榫机

通过之前章节的介绍，可以利用锯和凿子等手工工具或台锯、带锯和方榫机等机械设备制作榫卯结构。本节将介绍两款用于快速制作榫卯结构的手持电动工具。一种是费斯托（FESTOOL）系列的多米诺（DOMINO）榫卯机，另一种是俗称为饼干榫机的木工接合机。

1. 多米诺榫机

多米诺榫机通过电机带动螺旋铣刀旋转并左右摆动而将木材铣削出胶囊型的榫眼（图 3-219、图 3-220）。

多米诺榫机的主要构造包括：主机、开关、开榫宽度调节旋钮、开榫深度调节挡位、开榫角度刻度盘、挡板角度锁定旋钮、挡板高度调节限位、挡板、铣刀夹头、集尘口等（图 3-221）。

图 3-219　两种型号的多米诺榫机

图 3-220　使用多米诺榫机制作榫眼

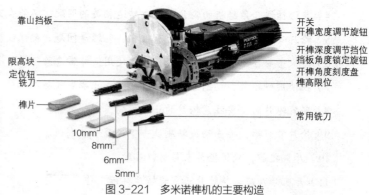

靠山挡板

限高块
定位钮
铣刀

榫片

10mm
8mm
6mm
5mm

开关
开榫宽度调节旋钮

开榫深度调节挡位
挡板角度锁定旋钮
开榫角度刻度盘
榫高限位

常用铣刀

图 3-221　多米诺榫机的主要构造

　　通过转换榫刀的型号，以及刀头的进深和振幅，可以制作出不同孔径和深度的榫眼（图 3-222）。然后可将专用的多米诺榫片插入榫眼来完成两个木料间的接合。使用多米诺榫机可以实现木料的拼板或工件各种角度的榫接。

　　多米诺榫机常用的铣刀直径有 4mm、5mm、6mm、8mm、10mm 等型号，分别对应了不同厚度的榫片（图 3-223、图 3-224）。

图 3-223　多米诺榫机的各类铣刀

图 3-222　多米诺榫机开榫深度、高度和宽度调节系统

图 3-224　多米诺榫机的各类榫片

✄ 使用多米诺开榫机接合木料

扫码观看操作视频

1）将需要榫合的两块木料对接，在接缝的中间位置划线，如果是宽板对接可以间隔多划几条线。

2）根据木料厚度和制作要求更换合适的榫刀，设置榫机的槽宽、进深和榫眼高度。

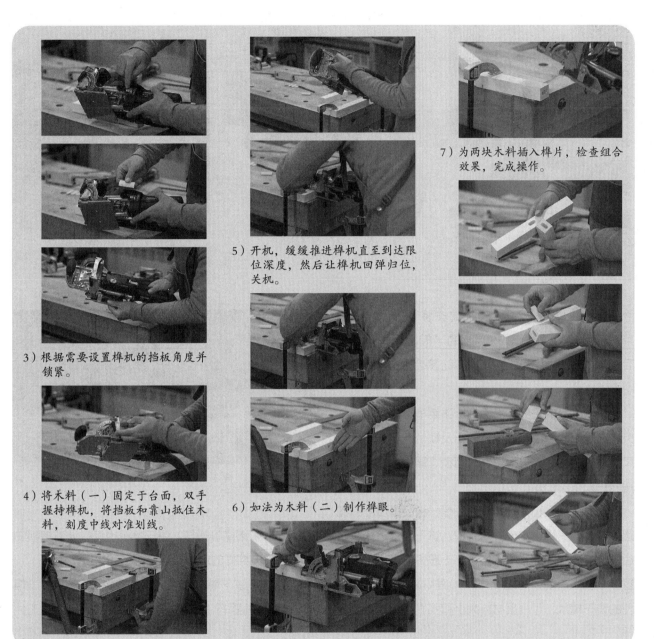

7）为两块木料插入榫片，检查组合效果，完成操作。

5）开机，缓缓推进榫机直至到达限位深度，然后让榫机回弹归位，关机。

3）根据需要设置榫机的挡板角度并锁紧。

4）将木料（一）固定于台面，双手握持榫机，将挡板和靠山抵住木料，刻度中线对准划线。

6）如法为木料（二）制作榫眼。

多米诺榫机挡板的角度可以调节，最大可调至 45°，可用于制作各种角度对接的榫接结构（图 3-225）。把挡板调节到 90° 后，可将榫机立放在较大的板面上，借助靠山在板面上定位铣出榫眼，制作板与板之间的接合（图 3-226）。

2. 饼干榫机

饼干榫机又称为快速接合机，一般用于板式工

图 3-225　使用多米诺榫机制作斜向榫眼

图 3-226　使用多米诺榫机在板面中间开榫

图 3-227　饼干榫机

图 3-228　饼干榫机的锯片

件的接合（图 3-227）。其前端安装了一个小型锯片，可为木料切出厚约 4mm 的半椭圆形榫槽，然后插入饼干榫片实现两段木料的接合（图 3-228、图 3-229）。

图 3-229　饼干榫的组装方法

饼干榫机的主要构造包括：主手柄、副手柄、开关、高度旋钮、高度标尺、旋钮及锁柄、切割角度标尺及锁柄、挡板、导板、锯片箱锁、锯片、集尘袋等（图 3-230）。

饼干榫片又称为柠檬榫片，是一种经过压缩的椭圆形木片，多用榉木或桦木制成。饼干榫片涂抹胶水后吸水膨胀，形成牢固的接合。一般饼干榫机可以设置三个加工深度，对应 0 号、10 号、20 号这三种类型的饼干榫片，可根据材料大小和强度需要灵活选用（图 3-231）。

同多米诺榫机一样，饼干榫机也可以调节挡板的角度实现工件间的角度接合（图 3-232）。

另外，饼干榫机还可以用于为木料开通槽，但是要注意机器行进的方向，并保持靠山紧贴工件切割。

集尘袋

副手柄

高度锁
高度靠山板
高度旋钮
高度标尺

开关

角度锁

角度刻度盘

图 3-230　饼干榫机的主要构造

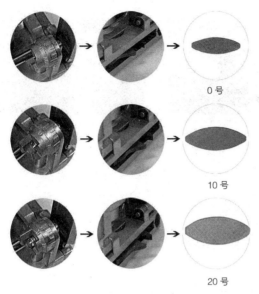

0 号

10 号

20 号

图 3-231 用于饼干榫机的三种榫片

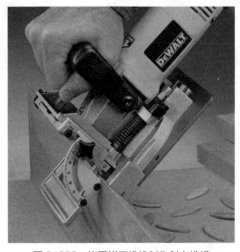

图 3-232 使用饼干榫机制作斜向榫槽

✄ 使用饼干榫机接合木料

扫码观看操作视频

1）将需要拼板的木板对接到一起，在中间位置画出几道连线。

2）根据需要设置开榫深度、挡板高度和角度，锁紧挡板。

3）将木料（一）固定于台面，双手握持榫机，将挡板和靠山抵住木料，将刻度中线对准划线。

4）开机，推进榫机直至到达限位深度，然后让榫机回弹归位，然后继续为其他几个划线位置开榫。

5）将木料（二）固定在台面上，同法制作榫眼。

6）为两块木料插入榫片，检查组合效果，完成操作。

开榫机操作注意事项

1）应佩戴口罩、护目镜及防噪耳罩，并连接集尘装置。

2）使用前，根据木料的接合方式选择合适的加工深度和刀头型号。

3）开机前，应确保刀头未与木料接触。

4）开机后，待机器运转平稳后再缓慢推进，推进速度切忌过快，防止刀头损坏。

【拓展思考】

1.如何使用多米诺榫机制作一个六边形的棱柱造型？

2.饼干榫机可以用于哪些场合？

3.5.11 手持砂磨机

木工作品在组装前后，一般要进行打磨抛光的操作。在前面的章节中，本书介绍了木工机械中的几种砂磨机。本节将介绍几款可以手持操作的电动砂磨机。

手持砂磨机的驱动方式有插电式、锂电式和气动式三种（图3-233~图3-235）。根据造型区分，常见的手持砂磨机主要有手持砂带机、平板砂磨机、三角砂磨机、圆盘砂磨机等。

手持砂带机主要用于大面积木板的粗磨工作，能够快速打磨掉木料表面的不平整部分。其主要构造包括：主手柄、副手柄、开关、锁定按钮、齿轮箱、砂带更换扳手、砂带调节旋钮、砂带导板、橡胶主动轮、前轮、集尘口、集尘袋等（图3-236）。

手持砂带机与台式砂带机类似，可以更换不同目数的砂带（图3-237）。手持砂带机打磨时应顺木纹方向打磨，防止在木料表面留下横向划痕。手持砂带机可以倒装或侧装使用，用于打磨小工件，但具有一定的操作风险，不建议初学者这样操作。

图3-233 插电式砂磨机

图3-234 锂电式砂磨机

图3-235 气动式砂磨机

图 3-236　手持砂带机的主要构造

集尘口
锁定按钮
开关
副手柄
皮带罩
砂带调节旋钮
砂带

40 号　60 号　80 号　120 号　240 号

图 3-237　手持砂带机所用砂带

🔧 手持砂带机的操作

扫码观看操作视频

1）松开砂带固定扳机，换上合适粒度的砂带。

2）转动前部砂带调节旋钮，调整砂带左右偏移，开机测试。

3）将木板固定于台面，提起砂带机，开机空转检查运转是否正常，砂带是否偏移。

4）将砂带机平放于木板，双手握持砂带机，开机，顺木纹方向打磨。本目砂带打磨完成后，更换更细砂带继续打磨，直至完成。

平板砂磨机、圆盘砂磨机和三角砂磨机（图3-238~ 图3-240）除了可用于打磨板面外，还常用于打磨木料的小面积区域及边角细节。这几款砂磨机可进行自由方向的打磨，但是要注意均匀用力，打磨面覆盖到工件的全部区域。

另外，如果需要打磨的工件较小，可以将平板砂磨机倒装，手持工件打磨。

图 3-238　平板砂磨机的主要构造

模式调节
锁定按钮
开关
集尘盒
砂纸夹
底盘

图 3-239　圆盘砂磨机的主要构造

模式调节
锁定按钮
开关
集尘袋
把手
底盘

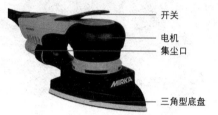

图 3-240　三角砂磨机的主要构造

开关
电机
集尘口
三角型底盘

部分砂磨机可搭配有集尘孔洞的专用砂纸，部分砂磨机可将标准尺寸的干磨砂纸切块夹装使用（图 3-241）。使用孔洞式砂纸的砂磨机通常具有集尘装置，工作时粉尘更少。

使用砂磨机做打磨工作时，应根据木材表面的光滑度逐级选用不同目数的砂纸。例如，打磨完 120目的工序时，应使用吹尘枪或吸尘器将灰尘及砂纸颗粒从工件上清除，再安装 180 目砂纸继续操作，然后换上 240 目继续操作。一般情况下，制作家具时将木料打磨至 240 目左右即可结束，制作精细工艺品可逐次打磨到数千目。关于砂纸的详细介绍，可参考本章的第 3.6.5 节打磨材料。

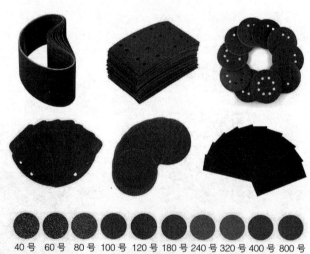

40 号　60 号　80 号　100 号　120 号　180 号　240 号　320 号　400 号　800 号

图 3-241　手持砂磨机所用各类砂纸

砂磨机操作注意事项

1）使用砂磨机应注意粉尘的收集和防护，尽量为机器搭配集尘装置使用。

2）打磨时应佩戴口罩、护目镜和防噪耳罩。

3）打磨时不需过度用力，在木料表面缓慢移动均匀打磨即可。

4）使用砂带机时，应双手紧握前后手柄，顺木料纹理方向打磨。在木料表面均匀施加压力，防止因重心不稳导致木料表面或边缘磨出凹坑。

5）使用砂带机时，应随时注意电线的位置，防止将电线缠入机体内。

6）突然断电后，应及时关闭砂磨机，防止再次接电时机器窜出造成伤害。

7）打磨完成后，应先关机，待机器停止运转后再移开机器。

【拓展思考】

1. 如果在打磨过程中使用 120 目砂纸打磨完，直接使用 600 目砂纸打磨，会出现什么后果？
2. 如果需要打磨较小的工件，可以怎么操作？

3.5.12　雕刻牙机

在前文手工工具的部分介绍了各类雕刻用的刀具。手工雕刻刀使用灵活，但工作效率较低，尤其在雕刻木作微小细节时很难获得较好的效果。因此，当前很多从业者使用雕刻牙机代替手工雕刻刀来进行一些细部的雕饰工作。本节简要介绍一下雕刻牙机。

当前市面上的雕刻牙机多种多样，但基本原理和构造是近似的，主要通过电机带动手柄前端的工作部旋转，来实现雕刻等工作（图 3-242）。以图 3-243 为例，该款牙机控制机箱上的按钮和旋钮可以控制机器的开关、正反转，也可以进行无级调速。这台牙机还搭配了一个踏板，可以用脚来灵活控制开关机，解放双手。主手柄内含一台电机，驱动前端的雕刻部件运转。

牙机的雕刻端头可以更换不同类型的雕刻刀、钻头、小型锯片、打磨头、抛光轮等，使之可用于木雕、石雕、玉雕、核雕等不同场合，用途广泛（图 3-244、图 3-245）。

牙机的具体操作方法可参考第 7 章动物雕刻的案例（参见第 7.2 节木雕动物）。

图 3-242　各类雕刻牙机

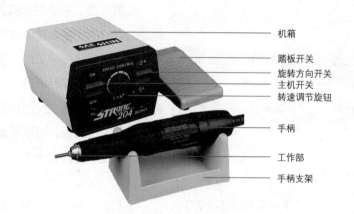

机箱
踏板开关
旋转方向开关
主机开关
转速调节旋钮
手柄
工作部
手柄支架

图 3-243 牙机的主要构造

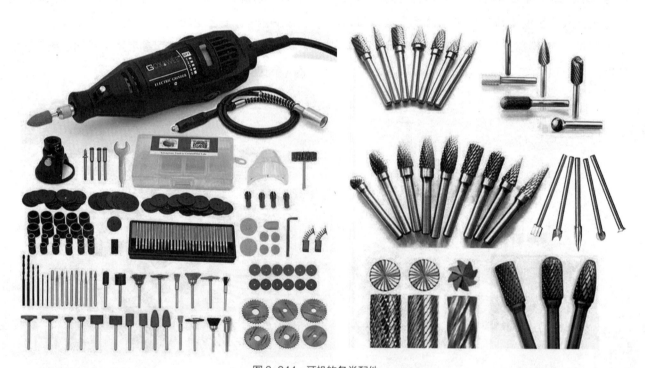

图 3-244 牙机的各类配件

牙机操作注意事项

1）应根据操作目的选用合适功率的牙机，牙机功率不足可能影响工作效果或烧毁电机。

2）牙机工作一段时间后，要停机待电机冷却后方能继续操作。

3）使用带有软轴的牙机时，软轴不可小角度弯折，可能造成电机损坏。

4）应根据夹头部件确定工作方法，调节合适的转速，不应过度用力操作。

5）应根据主轴旋转方向调节运刀方式，反向运刀可能造成跑刀，损坏雕刻表面。

6）手柄不用时要放置在支架上，防止跌落损坏。

图 3-245　雕刻牙机的各种工作场景

【拓展思考】

1. 使用牙机与使用手工刀具的雕刻结果有哪些不同？
2. 如果在工作过程中遇到卡刀，可能是什么原因造成的？

3.5.13 钉枪

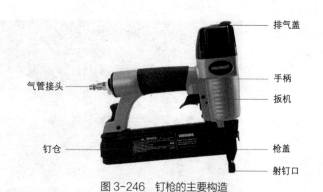

排气盖

手柄

扳机

气管接头

钉仓

枪盖

射钉口

图 3-246 钉枪的主要构造

钉枪是现代建筑和室内装修的常用工具，也常用于木工工作室中一些快速且不需考虑品质的工作。

钉枪的构造有：手柄、钉仓、机头、扳机、射钉口等（图 3-246）。

钉枪按照驱动方式一般分电动式、气动式和手动式三种类型（图 3-247~ 图 3-249）。

按用途区分有直钉枪、蚊钉枪、钢钉枪、码钉枪、片钉枪等。

直钉枪日常使用最多，常用于木工装修，包装箱制作等（图 3-250）。

蚊钉枪钉眼较小，主要用于制作一些小件工艺品（图 3-251）。

钢钉枪主要用于一些较大型的装修和户外施工操作（图 3-252）。

码钉枪主要用于制作软包，将皮革和布料等固定在木板框架上（图 3-253）。

片钉枪常用于制作相框（图 3-254）。

钉枪所用钉子种类较多，每种类型也有不同尺寸型号可选（图 3-255）。钉枪启动时，钉子会高速射出，具有一定的危险，应注意操作安全。

图 3-247 电动式钉枪

图 3-248 气动式钉枪

图 3-249 手动式钉枪

图 3-250 直钉枪

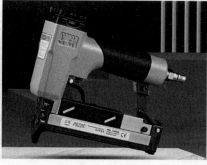

图 3-251 蚊钉枪

图 3-252 钢钉枪

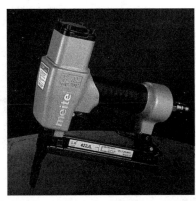

图 3-253 码钉枪

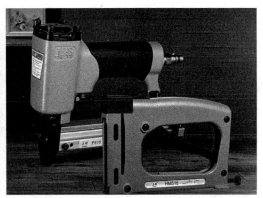

图 3-254 片钉枪

图 3-255 钉枪所用各类钉子

✂ 使用直钉枪制作一个小工具箱

扫码观看操作视频

1）佩戴护目镜、手套、防护服等防护用具。将钉枪对接空压机，把切割好的木板按照秩序放置好。

2）为钉枪安装排钉，打开空气压缩机气流阀，将底板夹持在台面，先将侧板与底板对准位置，钉枪出钉口抵住木板侧边，扣动扳机打钉。

3）注意打钉时可向不同方向倾斜，增加结构强度，但是不能透出板面。

的方法将框架和提手固定，完成操作。

4）组装好侧板与底板后，按照同样

钉枪安全操作注意事项

1）佩戴护目镜、手套、防护服等安全防护装具。

2）切勿对着他人启动钉枪。

3）对薄板使用钉枪时，钉子有可能穿透薄板，应小心预防。

4）更换排钉时，应切断电源或者关闭气阀。

【拓展思考】

1. 电动钉枪和气动钉枪的优缺点分别是什么？

2. 打钉时不小心透出板面，应该怎样处理？

3.6 辅助器材与耗材

3.6.1 工装辅具

木工设备的设计和适用场景具有一定的局限性。为了更有利于提高工作效率、定尺寸加工或提高工作安全性，我们常会为个别工序或部分设备制作用于辅助操作的工装。工作时可将需要加工的木料借助工装固定、限位或夹持，再通过各类木工工具做出需要的造型。工装制作是木工工作中的重要一环，设计精巧、制作精良的工装能够极大提高操作效率、制作精度和工作安全性。

此外，在批量化生产中，很多造型涉及曲面、花型或特定的规格。为保证产品的标准化生产，一般需要根据图纸制作工件的 1：1 模板，用以统一造型、重复划线或铣削工件，借助其提高工作效率。模板制作一般借助打印机、雕刻机，以及其他定型设备实现，通常使用相对廉价且制作方便的多层板、密度板和厚纸板等材料。

我们来认识一些专门的工装辅具及模板。

1）延伸台面和接料架（图 3-256）。主要用于各类长条锯料的接料工作。

图 3-256 台锯延伸台面和接料架

2）台锯用羽毛板（图 3-257）。可防止锯切过程中工件的反弹。

3）台锯直角锯切工装（图 3-258）。可用于锯切固定长度的小工件或为工件开槽。

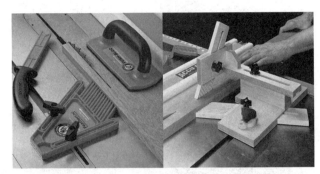

图 3-257 台锯用羽毛板

图 3-258 台锯直角锯切工装

4）台锯 45° 锯切工装（图 3-259）。

图 3-259 台锯 45° 锯切工装

5）台锯斜切工装（图 3-260）。可用于锯切特定角度斜边。

图 3-260 台锯斜切工装

6）台锯定角度锯切工装（图 3-261）。

图 3-261 台锯定角度锯切工装

7）台锯 45° 开槽工装（图 3-262）。用于使用台锯为盒子和框架锯切 45° 槽口的工装，可以用于嵌片榫的制作。

8）台锯梳齿榫锯切工装（图 3-263）。可以快速切割出齿状直榫。

9）带锯圆形工件锯切工装（图 3-264）。在使用带锯锯切圆形工件时，应确保夹持固定角度，防止工件翻滚伤人或损坏锯条。

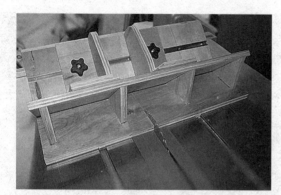

图 3-262 台锯 45° 开槽工装

图 3-263 台锯梳齿榫锯切工装

图 3-264 带锯圆形工件锯切工装

10）台钻靠山工装（图 3-265）。可以将木料牢固固定在台面上，实现限位打孔。

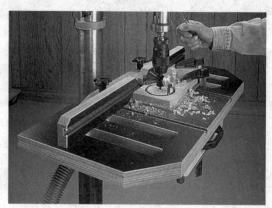

图 3-265 台钻靠山工装

11）台钻圆形工件钻孔工装（图 3-266）。可以解决钻孔过程中的定位和翻滚问题。

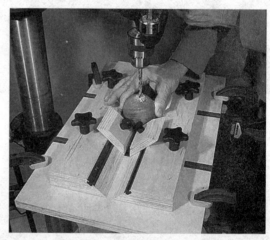

图 3-266 台钻圆形工件钻孔工装

12）修边机开槽工装（图 3-267）。用于在宽幅板面上快速开槽。

13）修边机银锭榫模板（图 3-268）。可以借助这些模板使用修边机快速定位，铣出不同大小的银锭榫。

14）铣槽模板（图 3-269）。可借助雕刻机或修边机沿框架铣出凹槽。

15）修边模板（图 3-270）。可以用于曲面工件的批量修边。

16）砂磨机定角度打磨工装（图 3-271）。

图 3-267　修边机开槽工装　　　　图 3-268　修边机银锭榫模板　　　　图 3-269　铣槽模板

17）砂轴机或台钻打磨模板（图 3-272）。

18）划线模板（图 3-273）。可以用于批量划线定位。

19）端面刨削工装（图 3-274）。专用于定角度刨削木材端面，可防止端面边口的劈裂问题。

从上面的例子中可以看出，设计巧妙的可靠工装辅具能大大提高工作效率和工作质量。我们可在日常工作中及时发现需求，设计制作出专用的工装辅具。

图 3-270　修边模板　　　　　　　　　图 3-271　定角度打磨工装

图 3-272　打磨模板　　　　　图 3-273　划线模板　　　　　图 3-274　端面刨削工装

✄ 制作一个台锯用直线锯切工装

扫码观看操作视频

1）使用台锯切割一块 450mm×600mm×18mm 的多层板或密度板用于制作底板（要求稳定不变形）。

2）切割一块 600mm×100mm×18mm 的多层板或密度板用于制作靠山。

3）切割一块 400mm×60mm×40mm 的木料用于制作前部挡块。

4）将靠山和挡块底部上胶，然后使用螺钉分别安装在底板的前后两侧，注意制作埋头孔安装螺钉，并使用直角尺检查靠山是否垂直于底板。

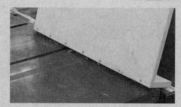

5）根据台锯面板导槽宽度和厚度切割两条硬木料导轨，长度约450mm，测试一下导轨宽度和深度，以刚刚能够通过滑槽为宜，不宜过紧或过松。

6）将导轨放置于滑槽，将底板平放在台面，中间位置对齐锯片，再借助台锯的纵切靠山将底板垂直对正锯片，然后标记导轨位置，在导轨制作沉孔，选择合适长度的螺丝钉，将导轨固定在底板上。

7）测试导轨是否能够在导轨槽顺滑移动，有问题及时修正，然后在导轨上涂抹适量石蜡，增加润滑度。

8）将工装移开，将台锯锯片升高，使用直角尺检查锯片是否垂直。

9）开机，将工装推过锯片，开出锯路，完成制作。

可用同样方法制作 45° 锯切工装，在最后的步骤将锯片调至 45° 切出锯路即可。这两个工装是台锯上使用频率比较高的，一般木工工作室都会自制一套备用。

【拓展思考】

在木工工作时，自己还遇到哪些操作不便或者效率较低的工作方式？能否借助工装来解决？

3.6.2　除尘设备

　　木工工作会产生大量的木屑和粉尘，为保证工作人员的人身健康和工作场所的环境卫生，一般要为木工工作室设置一套或多套中央集尘系统。中央集尘系统由集尘器、集尘管道和终端设备组成（图 3-275）。有旋风集尘和海帕过滤的集尘器能够将粉尘颗粒降到微米级（图 3-276、图 3-277）。而布袋式集尘器还会往空气中排放微尘颗粒，如果使用这种集尘器，我们还要注意做好个人的粉尘防护，保护呼吸道（图 3-278）。集尘器应根据木工工作室面积和终端设备的数量灵活配备，保证总功率能够满足要求（图 3-279）。

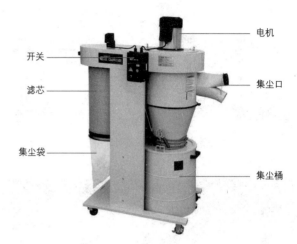

图 3-276　集尘器的主要构造

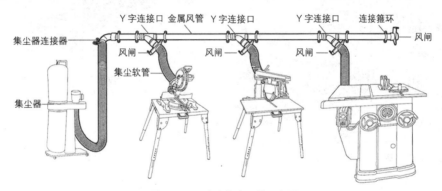

图 3-275　中央集尘系统示意图

图 3-277　各类带有海帕过滤或旋风装置的集尘器

图 3-278　布袋式集尘器

开关

电机

排水管

集尘桶

地刷

图 3-280　移动式吸尘器的主要构造

图 3-279　集尘系统的配置

　　移动式吸尘器也是木工工作室不可或缺的设备之一（图 3-280、图 3-281）。很多打磨和切削设备的排屑接口能够与吸尘器进行对接，使吸尘器起到集尘器的作用。木工工作完成后，需要借助吸尘器将设备台面和机箱内部的木屑清扫干净。木工工作室的环境卫生也离不开吸尘器。

　　把木工机械产生的刨花和木尘及时收集到集尘器，是保护木工设备正常运转和人员安全的重要举措，应该养成在木工设备开机前先开集尘器的习惯。

　　即便做好了中央集尘系统和工作环境的吸尘设备布局，工作场所也难免会有一些浮尘，长时间在这种环境下工作对呼吸道也具有不可逆转的危害。因此，条件允许的情况下，建议还要为木工工作场所布局新风系统或者安装换气扇及空气过滤器等设备（图 3-282~图 3-284）。

图 3-281　移动式吸尘器

图 3-282　工作室新风系统

图 3-283　换气扇

图 3-284　空气过滤器

【拓展思考】

　　有些手持电动工具没有配备集尘口或集尘袋，可采用什么方法减少工作过程中的粉尘污染？

3.6.3　磨刀工具

　　子曰："工欲善其事，必先利其器。"锋利的工具能够提高木工工作效率，更有利于工作者的操作安全。本节将介绍各种磨刀工具。

1. 磨刀机

　　磨刀机是木工工作室中的常备设备之一，用于快速打磨各类刀具，如刨刀、凿刀、雕刻刀、车刀、斧头、剪刀等。常用的磨刀机有皮带式磨刀机和砂轮磨刀机两类（图 3-285）。

　　皮带式磨刀机类似砂带机，使用金刚砂带快速打磨刀具。其主要构造有：电机、开关、磨刀台面、台面角度调节系统、砂带角度锁定旋钮、砂带等（图 3-286）。

　　砂轮磨刀机分干磨和水磨两种类型。中小型木工工作室建议选用水冷式磨刀机。水冷式磨刀机一般使用刚玉砂轮，转速较慢，可以利用水槽中的水给刀具降温。水冷式磨刀机的主要构造包括：主机箱、控制面板、提手、可调式刀架、砂轮、水槽、皮带轮等（图 3-287）。

　　图 3-288 这款水冷磨刀机配备功率为 300W 的主机箱，提供的转速在 90~300rpm 之间。在控制面板上，有调速和挡位显示窗，还有开关、正反转两个按钮。一侧配有 220 目白刚玉砂轮，下边是可拆卸水槽；另一侧是皮带轮，用于抛光刀具。在刀架上，可以安装直刀附件、车刀附件、剪刀附件等不同的磨刀配件，用于固定不同种类的刀具（图 3-289、图 3-290）。

　　一般来讲，磨刀机主要用于刀具的粗磨和抛光工作，对于刀具的精细打磨，可以使用磨刀石等工具手工操作。

2. 磨刀工具

　　市场上磨刀石种类较多，有天然磨刀石、人造磨

图 3-285　各类磨刀机

砂带角度锁定旋钮

砂带

台面角度调节系统

磨刀台面

开关

电机

图 3-286　砂带式磨刀机

刀架

砂轮

牛皮轮

水槽

开关

图 3-287　水冷式砂轮磨刀机

图 3-288　可调速水冷式磨刀机

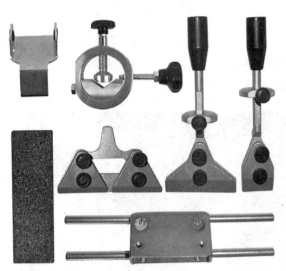

图 3-289　各种磨刀辅助夹具

图 3-290　各种磨刀辅助夹具的应用

刀石、金刚砂磨刀石等分类。

天然磨刀石种类比较丰富，其目数大约在 220~10000 目不等，一般使用磨刀油作为润滑剂，使用前不需要泡水（图 3-291）。

图 3-291　天然磨刀石

常用人造磨刀石粒度从 60~10000 目不等（图 3-292）。一般我们选择 220 目、400 目、1000 目、3000 目、5000 目这几款即可。人造磨刀石一般情况下使用清水作为润滑剂。通常，刚玉、碳化硅成分的磨刀石使用前都需要泡水 5~10 分钟，氯镁水泥石则不需要泡水。

图 3-292　人造磨刀石

金刚砂磨刀石是将金刚石颗粒烧结在金属表面制作而成（图 3-293）。常见目数有 220 目、400 目、600 目、1000 目、1200 目、1500 目、2000 目、3000 目等。金刚砂磨刀石的优点是表面平整，磨刀速度快，缺点是使用一段时间后，打磨能力会削弱。

我们可以利用金刚砂磨刀石平整的特点，使用稍粗的金刚砂磨刀石打磨人造磨刀石的表面，将磨刀石整平，以保证人造磨刀石的磨刀质量。使用金刚砂磨刀石，一般要使用磨刀油作为润滑剂。

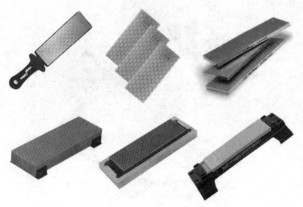

图 3-293　金刚砂磨刀石

除了金刚砂磨刀石，我们还通常会用到磨刀石修正石，专用于修正磨刀石的平面（图 3-294）。

图 3-294　磨刀石修正石

除了平面磨刀石，木工作业中还常用到打磨曲面刀具的磨刀石，其形状各异，也有人工合成、天然石、金刚砂等不同分类，用作不同形状的曲面刃口刀具的打磨（图 3-295）。

图 3-295　曲面磨刀石

除了磨刀石之外，还可购买或自制使用牛皮制作的荡刀板（图 3-296）。荡刀板与磨刀机上皮带轮的功能一致，用于刀具打磨流程中最后的抛光工作，一般配合研磨膏或抛光蜡膏使用。

图 3-296　荡刀板

为方便辅助手工磨刀，市场上还有各类磨刀器配件和角度辅助配件，用于固定刀具角度打磨（图 3-297）。

图 3-297　手工磨刀辅助配件

除以上各种工具，日常使用的砂纸也可以作为磨刀工具。可以将不同目数的砂纸粘贴在平板上或者卷曲到特定形状，打磨各种刀具（图 3-298）。

图 3-298　使用砂纸磨刀

✂ 使用磨刀机及磨刀石等工具精细打磨刨刀

扫码观看操作视频

1）为砂轮机水槽添加清水，设为正转模式，启动砂轮机，调节到合适的转速。这里我们调节到 3 挡，转速约为 110rpm。

2）使用砂轮平整器打磨砂轮，使之表面平整。

3）使用直角尺检查刨刀的刃口是否是直线，是否垂直于刨身侧面，如果存在不平整或不垂直的情况，需要先使用砂轮磨刀机粗磨，一般可选用 220~400 目左右砂轮粗磨修型。如果仅是刨刀不够锋利，可以直接从步骤 8 开始。

4）将刨刀使用刨刀夹具夹持好，将夹具安装在砂轮机磨刀架上，使用专用量角器辅助确定夹具的夹持角度，一般刨刀的角度可设置为 25°~35°。同时使用直角尺检查刨刃和砂轮面是否垂直。

5）开机双手手指按住刨刀在砂轮上缓慢左右移动，注意不要用力过猛，会降低打磨质量。

6）不断检查刨刃打磨情况，如果刨刃端面已全部修整为一个平面，即可停止粗磨。

7）使用直角尺贴紧刨刀侧边，尺身压住刨刀，逆光检查是否出现透光现象。如果边缝配合较好，则证明刨刃打磨得较为平直。

8）将用清水浸泡好的 1000 目磨刀石固定于台面，在表面喷洒清水。

9）使用磨石修正石打磨 1000 目磨石，若均匀出浆，则表示已打磨平整。

10）将刨刀背部朝下平放于磨刀石，打磨掉砂轮机磨出的卷刃。

11）如果使用专用磨刀器辅助，可以将刨刀夹持在磨刀器上并调整好角度，以能够将刨刃斜面平贴于磨刀石为准，锁紧磨刀器固定旋钮。

12）双手食指和中指平伸，按住刨刃位置，前后平行推拉磨刀器。

13）待刨刀端面的砂轮机磨痕打磨掉后，将刨刀反扣在磨刀石表面，再次打磨掉卷刃，完成

1000目级的打磨。

14）依次更换3000目、5000目磨刀石，随时观察刃口情况，打磨范围覆盖了整个刃面即可。

15）如果没有磨刀器或者刨刀不适用磨刀器（如日式刨刀），我们可采用手持打磨的方法：将刨刀横向手持，与磨刀石前后方向垂直，一只手食指和中指按住刨刀，将刨刀刃面紧贴住磨刀石，另一只手用中指和无名指勾住刨身保持角度，前后推拉打磨。

16）5000目打磨完成后，在磨刀机皮带轮上擦涂研磨膏，启动磨刀机，将刃面放在皮带轮上抛光，出现镜面效果即可。如果没有皮带轮，使用荡刀板也可以，注意要采用拉刀的方法抛光。

17）将刨刀安装在手工刨中，推刨测试打磨效果。

以上是精细打磨刨刀的方法。日常使用中，如果刀具变钝，在刃口没有缺损的情况下，直接用高目磨刀石精磨几下即可恢复锋利。日常粗刨工作，通常将刨刀打磨至 1000 目左右即可使用。

对于所有直刃的刀具，都可参照以上的磨刀方法。

对于曲面刃口的刀具，一般采用手工打磨的方法。其磨刀基本思路与直刃类似，但磨刀手法上略有区别（图 3-299）。

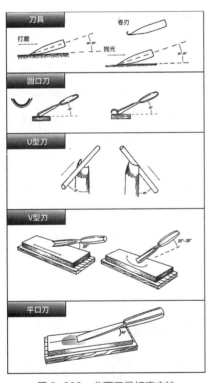

图 3-299　曲面刃具打磨方法

⚒ **打磨曲刃工具的方法**

扫码观看操作视频

磨刀安全操作注意事项

1）使用砂轮磨刀机时，应正确设置砂轮机转速和旋转方向，防止刀具反弹。

2）磨刀时，手指不能放在砂轮与刃口接触的位置，防止磨破皮肤而难以愈合。

3）在检验刃口的锋利度时，不能采用横向滑动手指的方法，手指应垂直于刃口轻轻擦过感受其锋利度。

📝 **【拓展思考】**

1. 如果磨出来的刨刀刃面出现了弧度，可能是什么原因？

2. 曲刃横手雕刻刀应该怎样打磨？

3.6.4　空气压缩机

空气压缩机简称为空压机。其基本工作原理是通过电机将空气压缩在储气罐中，然后使用高压空气驱动空气管道前端的设备工作。有多种不同功率的型号可选，其储气罐容量也有较大差异，从 8 升到几百升不等，可根据工作需要选配（图 3-300）。一般中小型木工工作室选配 30 升左右的型号即可。

图 3-300　各类空气压缩机

空压机的主要构造有：电机、散热片、压力开关、压力表、排气阀、储气罐、排水阀、移动轮等（图 3-301）。

图 3-301 空气压缩机的主要构造

消音器
电机
减振垫
储气罐
移动轮

散热片
压力开关
排气阀
压力表

排水阀
脚垫

空压机安装不同附件后可以实现以下几种功能（图 3-302）：

1）接入吹尘枪后，可以用于为工件、设备、工作台面及工作空间除尘。

2）接入气动钉枪后，可以用于各种安装打钉工作。

3）接入喷漆罐后，可以用于工件表面的喷漆工作。

4）接入气动设备如打磨机、起子机等，可以实现打磨、拆装螺丝等操作。

空气压缩机在使用过程中，应注意对电机和气管的保护。长时间工作后电机易发热，需冷却后再继续使用。不用时要随时关闭出气口开关，防止发生意外。另外，还要定期排放储气罐中的冷凝水。

【拓展思考】

1. 更换气管的接头设备时，首先要做的工作是什么？

2. 气动打磨机和电动打磨机的优缺点分别有哪些？

3.6.5 打磨材料

木工工作中，打磨是非常重要的一个步骤，是实现工件表面平整光滑的最主要手段。本节将要介绍一下各类打磨材料。

我国古代木匠通常使用木贼草、棕叶、浮石、青砖等对木制品表面进行打磨抛光处理。现在一些坚持传统工艺的红木家具厂，仍然采用水湿后用木贼草抛光的方式进行红木家具表面处理，效果细腻，不伤雕工，成品效果好。在现代家具车间，多以砂磨的方式取代传统打磨方法，打磨速度快，但是也会带来粉尘和噪声等不良影响。

木工常用砂纸主要为干磨砂纸，由研磨颗粒附着在纸张或布料表面制成。木工砂纸种类比较多，我们来分别认识一下（图 3-303）。

砂带、砂盘和砂轴常用于机械砂磨机。

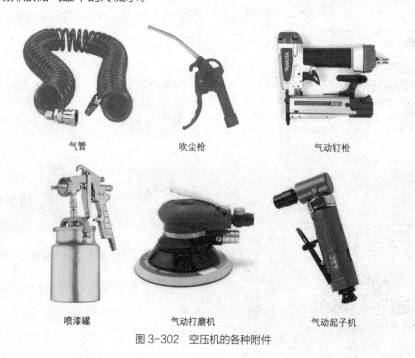

气管　　　　吹尘枪　　　　气动钉枪

喷漆罐　　　气动打磨机　　气动起子机

图 3-302 空压机的各种附件

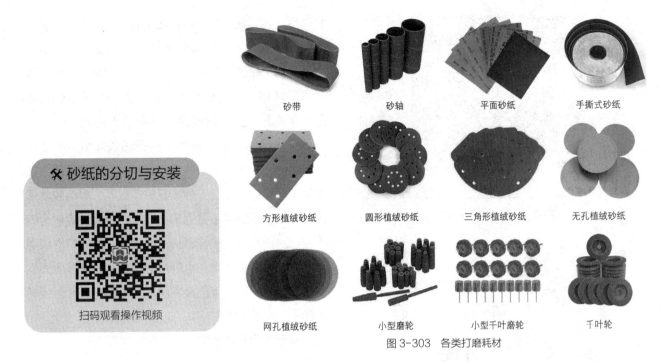

砂纸的分切与安装

扫码观看操作视频

图 3-303　各类打磨耗材

平面砂纸的规格一般为 280mm×230mm，多用于手工打磨，也可以分割成三份或四份后，夹持在方形平板打磨机或手工打磨板上使用。

手撕式砂带多用于手工打磨，在车床上打磨工件时常用。

植绒砂纸有圆形、方形、三角形等形状，适用于不同的手持砂磨机。有孔洞的砂纸装在砂磨机上，连接吸尘器后可以实现无尘打磨。

打磨轮用于小型打磨机、雕刻机，可以对小型工件进行局部修磨。

千叶轮用于角磨机，可快速粗磨造型。

除砂纸之外，钢丝绒、研磨膏等也常用于表面的精细打磨和抛光工作（图 3-304、图 3-305）。

我们可以根据表面磨料颗粒的粗糙度对砂纸进行分级，常用的砂纸目数有 60 目、80 目、120 目、150 目、180 目、240 目、320 目、400 目、600 目、800 目、1000 目、1200 目、1500 目、2000 目、2500 目、3000 目、5000 目、7000 目等。数值越大，表示砂纸磨料越细腻，能够将木料打磨得更加光滑（图 3-306）。

使用砂纸打磨木料表面时，应从粗到细依次使用，逐级将木料打磨光滑。如果目数跳跃过大，则很难磨平上一目砂纸留下的划痕（图 3-307）。如果

图 3-304　钢丝绒

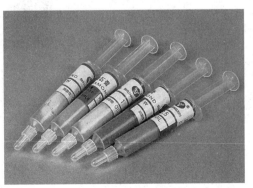

图 3-305　研磨膏

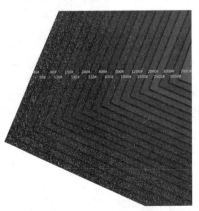

图 3-306　各种目号的砂纸

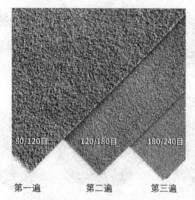

我国传统木工使用鱼鳔胶、猪皮胶、牛皮胶及米糊等作为家具粘合剂，时间久了接合处易发霉，且不耐热，其优点是使用热水泡软后可以再次拆装工件。现代木工常用化学合成胶水，主要组分为聚乙酸乙烯酯、聚氨酯、合成树脂等。不同胶水的固化时间不同，固化慢的胶水主要用于拼板和整体组装等面积大、工序长、较为复杂的工作，一般都需要使用木工夹等工具将胶合后的工件固定一段时间，等待胶水慢慢固化。快速胶水主要用于小面积、需要快速粘合的工作。选用胶水，应注意其防水等级，用于户外和潮湿空间的胶水应选择防水等级更高的。不同胶水固化后颜色、耐久度、牢固度不同，应根据木料和应用场合的不同合理选用。

以下介绍几款木工常用的粘合材料。

1）专用木工胶（图3-309）：主要成分为聚氨酯、聚乙酸乙烯酯等，是专用于木工接合的胶水，完全固化时间约24h，过程中需要夹持固定，可适用于家具、建筑构件等复杂工件的组合。我们还要注意根据使用环境选择不同防水等级的胶水。如图3-310所示的胶水（详见二维码），红色标签的代表一级防水，不适合户外和潮湿环境；蓝色标签的代表二级防水，可用于室内家具等常用环境；绿色标签的为三级防水胶水，可用于相对潮湿的环境中。

图3-307 砂纸打磨顺序

图3-308 各类打磨辅助工具

后期木料需要涂抹油漆或木蜡油等，将木料打磨至180~240目左右即可。手持砂纸打磨，应顺木纹纹理方向打磨，横向打磨会留下难以处理的划痕。一般手持砂纸较难将表面打磨均匀，为了取得更好的打磨面，可以将砂纸固定在各种形状的打磨板上使用（图3-308）。在本书第六章将有木作表面打磨抛光工作的介绍（参见第6.3节修平打磨）。

🖋 **【拓展思考】**

1. 如何判断砂纸的优劣？

2. 如何判断砂纸已到使用寿命？

3.6.6 粘合材料

木用粘合材料主要用于木作的拼接和组装工作。

图3-309 专用木工胶水

扫码查看彩图

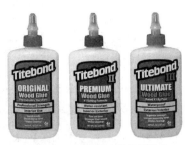
图 3-310　不同防水等级的胶水

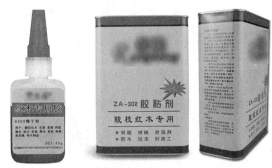
图 3-313　慢干型红木胶水　图 3-314　慢干型万用胶水

2）白乳胶（图 3-311）：白乳胶可以用于木作的日常简易粘合，基本不防水，不建议用于潮湿环境。

图 3-311　白乳胶

图 3-315　快干型万用胶水　图 3-316　油性原胶

7）树脂胶（图 3-317）：把 A 胶和 B 胶按固定比例混合后，可用于木材的粘合、孔洞的填补或者表面的刷涂。固化时间 1~2 天，粘接硬度和强度均较好，可加入色素形成装饰效果（参见第 6.5 节表面修复）。

3）多用途强力胶水（图 3-312）：需要在粘合表面湿水激活胶水，发泡膨胀后粘合效果较好，防水性强。

图 3-312　多用途强力胶水

图 3-317　树脂胶

8）B7000 慢干软性胶水（图 3-318）：初粘性较好，粘接面硬度不高，适合木材片材或木材与其他材料间的粘合。

4）慢干型万用胶水（图 3-313、图 3-314）：可用于硬木的粘合。

5）快干型万用胶水（图 3-315）：可用于各类木材的粘合。

6）油性原胶万用快干型胶水（图 3-316）：适合各类木材的粘接，用于需要快速组装粘合的场合。

图 3-318　B7000 慢干软性胶水

9）热熔胶棒（图3-319）：使用热熔胶枪融化后可用于木材的临时固定粘合。

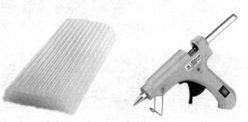

图3-319　热熔胶棒与热熔胶枪

【拓展思考】

1. 哪些胶水可以用于小工件的快速粘合？

2. 哪些胶水适合复杂工件，比如家具类的组装粘合？

3. 如果将木作用于潮湿环境，应该使用哪些胶水？

✖ 使用胶水组装榫卯

扫码观看操作视频

1）将需要组装的榫头和榫眼中的木屑和粉尘清理干净。

2）上胶前，一般要将需组装的工件试组装一次，确保没有问题后再上胶组装，以避免发现问题难以修正。

3）准备好胶刷、湿抹布、木工胶

水。使用胶刷将胶水均匀涂抹在榫头各表面，如果榫卯制作较松，还应在榫眼孔洞中沿四壁滴入几滴胶水。

4）将榫头插入榫眼，使用橡胶锤敲击，使工件紧密接合。

5）使用木工夹将接合部位夹紧。框架结构的接合还需测量对角线验证是否方正。

6）使用湿抹布将多余胶水清理干净，不要留下胶印。

7）静置待干，完成粘合。

3.6.7 涂装材料

木作组装完成后，一般需要通过表面涂装材料封闭木材管孔，可防腐、防虫，也可减缓木作使用过程中吸水变形、开裂，以及表面的损伤，延长木作使用寿命，并起到一定的美化作用。木工用的表面处理剂主要有桐油、木蜡油、虫胶（虫蜡）、大漆、树脂漆、聚酯漆、硝基漆、光敏漆等，不同表面处理剂的防水、防虫、防尘、防溶解、耐久和易用性不同。

1. 表面处理产品

市场上的表面处理产品种类繁多，可大致按照油类、蜡类、漆类区分。

1）油类

市场上常见的油类表面处理产品有桐油、亚麻籽油和木蜡油等。

（1）桐油（图 3-320）是提取自桐树果实的植物油，主要成分为脂肪酸甘油三酯混合物，呈金黄色泽，刷涂后变为橙红色。桐油具有较好的渗透性。优点是施工方便，环保性好，透气性好；缺点是防水性能较弱，干燥慢，防尘差。

（2）亚麻籽油（图 3-321）由亚麻籽提取而成，主要成分为各类脂肪酸，呈金黄色。亚麻籽油具有较好的渗透性。优点是环保安全，擦涂方便，硬度比桐油略高，透气性好；缺点是防护性弱，干燥慢，防尘差。适合擦涂餐具等与人体接触的器皿。

除桐油、亚麻籽油外，茶油、橄榄油、核桃油等也属于渗透型植物油，安全环保，适用于小型木作的表面擦涂（图 3-322）。

图 3-322 茶油、橄榄油、核桃油

（3）木蜡油（图 3-323）是由天然植物油与棕榈蜡、植物树脂及天然色素等材料混合而成，安全环保。尤其适合于各类实木产品，是近些年广受欢迎的表面处理剂。木蜡油中的油性成分能够渗透进木材内部，滋养封闭管孔，蜡质成分能够覆盖在木材表面，增强硬度，属于半渗透半覆盖型产品。其优点是环保性能好，防水性能好，施工方便，表面光泽好，硬度较高，固化速度快；缺点是与漆类产品相比涂层更薄，硬度略低（参见第 6.4 节表面涂装中擦涂木蜡油的操作演示）。

图 3-320 桐油　　图 3-321 亚麻籽油

图 3-323 各类木蜡油

2）蜡类

常见的蜡类表面处理产品有蜂蜡、虫胶、合成蜡等。蜂蜡和虫胶属天然蜡类材料。

（1）蜂蜡（图3-324）是由蜂群分泌的脂肪性物质，属于半渗透型。优点是施工简单，容易抛光；缺点是防护性弱，不耐高温，不耐磨，光泽度一般。我国红木家具常用的烫蜡工艺主要使用蜂蜡（参见第6.4节表面涂装中烫蜡工艺的操作演示）。

图3-324 蜂蜡

（2）虫胶（图3-325）是由紫胶虫分泌的紫色天然树脂。虫胶属于覆盖型表面处理产品，优点是黏着力强，光泽度好，封闭性好，环保性能好；缺点是防水性能弱，不耐高温，溶剂抗性弱，不耐磨，保质期较短。

图3-325 虫胶

（3）合成蜡（图3-326）主要为聚乙烯成分混合物，属半渗透型。优点是施工方便，比蜂蜡更硬，容易抛光；缺点是防护性弱，不耐高温，不耐磨，光泽度一般。

图3-326 合成蜡

3）漆类

（1）大漆（图3-327）。我们常用的大漆也叫作生漆、国漆，是从漆树上采割的乳白色纯天然涂料。属于覆盖型处理剂。大漆天然环保，漆面光泽度好、耐腐、耐磨、耐酸、耐溶剂、耐热、防水和绝缘性能好，尤其是耐久性好。我国先民在7000多年前就发现并利用大漆作为表面涂料使用。大漆的缺点是材料珍贵，施工复杂，工期较长。皮肤接触大漆后，容易产生较为严重的过敏症状（参见第6.4节表面涂装中擦涂大漆的操作演示）。

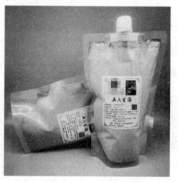

图3-327 大漆

（2）清漆（图3-328）是指不含颜料的透明或带有淡黄色的涂料，主要成分是树脂、油和溶剂。清漆属于覆盖型涂料。漆膜厚，耐热、耐磨损、抗腐蚀、防水性能好，施工较为方便；缺点是固化慢，易流挂，易变色发黄、环保性差。使用清漆需要做好个人防护，保持环境通风（参见第6.4节表面涂装中刷涂油性清漆的操作演示）。

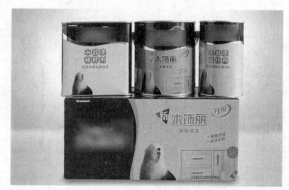

图3-328 清漆

（3）水性漆（图 3-329）是以水作为溶剂的覆盖型涂料，主要成分为丙烯酸或水性聚氨酯。因不含挥发性溶剂，所以环保性较好。水性漆的优点是漆膜牢固耐用，可添加色剂，干燥快，防水性好，耐磨，环保性好，施工方便；缺点是漆膜薄、硬度低，易流挂，易出毛刺，易受天气影响，对高温和腐蚀性溶剂抵抗力一般（参见第 6.4 节表面涂装中喷涂水性漆的演示操作）。

图 3-330　合成漆

图 3-329　水性漆

（4）合成漆（图 3-330）就是我们常说的油漆，种类丰富，有硝基漆、聚酯漆、树脂漆等分类。主要成分为各类高分子化合物，由成膜物质、颜料、溶剂和助剂四部分组成。合成漆的色彩丰富，装饰性好，漆膜厚，防水耐腐、耐光耐高温，施工方便，易清理；缺点是干燥慢，易流挂，环保性差等。

表 3-5 简单总结了各类表面处理产品的特点以及优缺点。

如果木材表面需要改色，通常可在表面处理剂中加入着色剂（图 3-331）。着色材料有植物性和矿物性两类，按适当比例混入表面处理剂中，经过多遍涂刷，可以让木材表面获得多种不同的色泽效果（图 3-332）（参见第 7.6 节方凳中木材表面改色方法的演示操作）。

表 3-5　各种表面涂装材料的特性分析

类别	种类	渗透性	优点	缺点
油类	桐油	渗透型	施工方便，环保性好，透气性好	防水性能弱，干燥慢，防尘差
	亚麻籽油	渗透型	环保性能好，比桐油硬度高一点，透气性好	防护性弱，干燥慢，防尘差
	木蜡油	半渗透半覆盖型	环保性能好，防水性能好，施工方便，表面光泽好，硬度较高，固化速度快	与漆类产品相比，涂层薄，硬度略低
蜡类	蜂蜡	半渗透型	施工简单，容易抛光	防护性弱，不耐高温，不耐磨，光泽度一般
	虫胶	覆盖型	黏着力强，光泽度好，封闭性好，环保性好	防水性能弱，不耐高温，溶剂抗性弱，不耐磨，保质期短
	合成蜡	半渗透型	施工方便，比蜂蜡更硬，容易抛光	防护性弱，不耐高温，不耐磨，光泽度一般
漆类	大漆	覆盖型	天然环保，漆面光泽度好，可换色，耐久性好	材料珍贵，施工复杂，工期较长
	清漆	覆盖型	漆膜厚，耐热，耐磨损，抗腐蚀，防水性好，施工较为方便	固化慢，易流挂，易变色发黄，环保性能差
	水性漆	覆盖型	漆膜牢固耐用，可添加色剂，干燥快，防水性能好，耐磨，环保性能好，施工方便	漆膜薄，易流挂，易出毛刺，易受天气影响，对高温和腐蚀性溶剂抵抗力一般
	合成漆	覆盖型	色彩丰富，装饰性好，漆膜厚，施工方便，易清理	干燥慢，易流挂，环保性能差

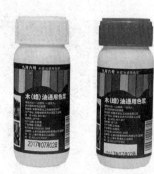

图 3-331　色浆

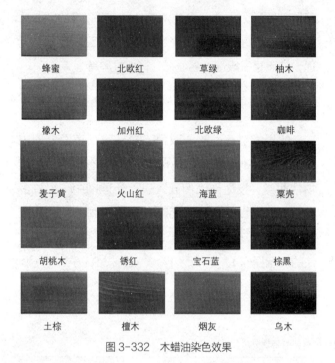

蜂蜜	北欧红	草绿	柚木
橡木	加州红	北欧绿	咖啡
麦子黄	火山红	海蓝	粟壳
胡桃木	锈红	宝石蓝	棕黑
土棕	檀木	烟灰	乌木

图 3-332　木蜡油染色效果

2. 表面涂装工具

1）布料（图 3-333）

在木工工作中，大致有四种情况下需要用到布料：①擦除工件表面的灰尘，②擦掉木作组装时溢出的胶水，③涂抹油类表面处理剂，④为木作抛光。一般来说，选用柔软的棉布即可满足这些需求。

图 3-333　布料

2）毛刷（图 3-334）

毛刷可以用于清理工件表面的灰尘，也可用于涂抹胶水，还可用于为木作涂刷表面处理产品。用于除尘或涂抹油漆的毛刷可选用猪鬃或尼龙毛刷，用于涂抹水性漆的毛刷建议选用质量较好的羊毛刷。

鬃毛刷　　　　羊毛刷　　　　尼龙刷

图 3-334　各类毛刷

3）喷枪（图 3-335）

喷枪主要用于各类油性和水性漆类的喷涂，一般需要配合空压机使用。

图 3-335　喷枪和空压机

4）热风枪（图 3-336）

热风枪主要用于家具表面烫蜡。

图 3-336　热风枪

【拓展思考】

1. 如果为一个户外座椅做表面涂装，可以选择哪种表面涂装产品？

2. 如果为一个砧板做表面处理，可以选用哪些表面涂装产品？

3. 如果为实木家具表面涂装，保留木材本色，可以用哪些表面涂装产品？

3.6.8　五金配件

在木工工作中，常会用到各种五金配件连接、加固工件或为木作装饰。五金件种类繁多，规格不一，应根据木制品的用途及样式合理选用，以下选取部分常见五金件按类别简要介绍。

1. 钉栓

1）直钉（图 3-337）：直钉主要用于薄板固定或者安装小型合页等配件。安装直钉一般使用铁锤敲击。

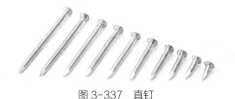

图 3-337　直钉

2）直排钉（图 3-338）：直排钉的长度从 18mm 至 50mm 不等，主要用于室内外装修或包装箱制作等，配合钉枪使用。

图 3-338　直排钉

3）螺丝钉（图 3-339）：螺丝钉的长度从 12mm 至 80mm 不等，用于木材之间或木材与其他材料的固定，一般建议先钻孔再拧入螺钉。

图 3-339　木螺丝钉

4）膨胀螺丝（图 3-340）：由膨胀管和螺丝钉组成，常用的膨胀管直径有 6mm、8mm 和 10mm 三种，所搭配的螺丝钉也各有不同。膨胀螺丝主要用于橱柜、相框、支架等在硬质墙面的安装，需要配合使用冲击钻在墙面预打孔（参见第 5.3 节五金接合中操作演示）。

图 3-340　膨胀螺丝

5）金属膨胀螺栓（图 3-341）：多用于重型器物的悬挂或安装，需要配合冲击钻、铁锤和扳手使用。

图 3-341　金属膨胀螺栓

6）内牙螺丝（图 3-342）：内牙螺丝通常和配套直径的螺杆组合使用。常见的内牙丝内径从 4mm 至 12mm 不等，长度在 10mm 至 30mm 之间。内牙丝多用于可拆装家具，方便平板运输（参见第 5.3 节五金接合中操作演示）。

图 3-342 内牙螺丝

7）螺栓和螺母（图 3-343）：常用于大木作的连接固定。螺栓的直径型号较多，长度各异，可以根据需要选用（参见第 5.3 节五金接合中操作演示）。

图 3-343 螺栓和螺母

8）三合一快接件（图 3-344）：主要用于板式家具的快速组装，需要在板材上预开孔。使用三合一快接件有利于扁平化运输，用户可以使用这种快接件自主将板式家具组装起来。

图 3-344 三合一快接件

9）锤子螺丝套装（图 3-345）：多用于框架结构的连接，需要预埋螺母，插入丝杆后旋转紧固。

图 3-345 锤子螺丝套装

2. 合页

1）平开合页（图 3-346）：平开合页的规格型号多样，较大型不锈钢材质的可用于门窗等大部件的安装。小型的铜质合页可用于小器件如箱盒盖及柜门的安装。部分合页需要在板边开槽，使用螺钉固定（参见第 5.3 节五金接合中操作演示）。

图 3-346 平开合页

2）子母合页（图 3-347）：用于安装门窗、橱柜门等，不需要在侧边开槽即可安装。

图 3-347 子母合页

3）天地合页（图 3-348）：用于安装门窗、橱柜门等，开合角度大，关门时隐蔽效果好，需打孔定位，用螺丝安装。

图 3-348 天地合页

4）翻板合页（图3-349）：用于连接桌面或台面加长板。

图 3-349　翻板合页

5）一字铰链（图3-350）：用于门窗、箱柜等安装，隐蔽效果好。需预先在侧边开出胶囊型槽口。

图 3-350　一字铰链

6）圆柱铰链（图3-351）：用于小型箱盒及柜门的安装，隐蔽效果好。需预先在侧边开出孔洞。

图 3-351　圆柱铰链

7）杯型铰链（图3-352）：杯型铰链是现代家具柜门最常用的连接件。根据柜门的不同，杯型铰链可分全盖、半盖和无盖三种，安装后可灵活调整位置，也可随时拆卸（图3-353）。杯型铰链安装时需要在柜门开孔，然后在柜体上定位安装（参见第5.3节五金接合中操作演示）。

图 3-352　杯型铰链

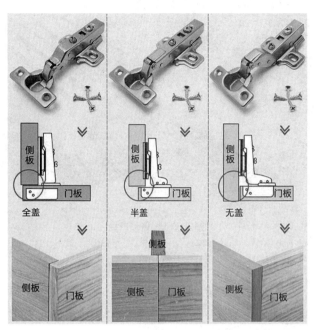

图 3-353　三种类型的杯型铰链

3. 抽屉滑轨

抽屉滑轨分侧拉式和底拉式两类（图3-354、图3-355）。用于承托抽屉，也可随时将抽屉拆卸下来。其长度从25cm至55cm不等，可以根据抽屉的实际尺寸选用。有的滑轨具有阻尼装置，可以自动关闭到位（参见第5.3节五金接合中操作演示）。

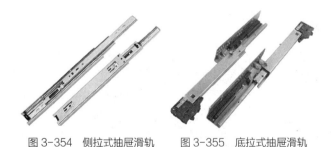

图 3-354　侧拉式抽屉滑轨　　图 3-355　底拉式抽屉滑轨

4. 拉手

拉手主要用于门窗、柜门或抽屉面板，大致可分传统和现代两类。现代拉手有单孔、双孔和嵌入式的区分（图3-356）。嵌入式拉手需要预先在面板上开槽。

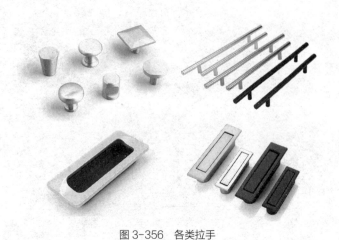

图 3-356　各类拉手

5. 支架

1）直角支架（图 3-357）：多用于置物架、搁板之类的支撑，一般用于硬质墙面的时候需要使用膨胀螺丝固定。

图 3-357　直角支架

2）液压支撑杆（图 3-358）：多用于上翻、下翻柜门或用于台面的连接和支撑。

图 3-358　液压支撑杆

3）层板托（图 3-359）：有不同的造型和材质可选。主要用于橱柜内部活动层板的承托。可以在柜体侧面定位打孔后装入。

图 3-359　各类层板托

4）挂钩（图 3-360）：挂钩种类多样，有的可以直接粘贴在墙面，有的需要使用膨胀螺丝固定在墙面。

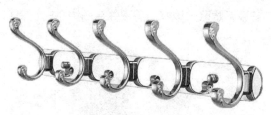

图 3-360　挂钩

5）床扣（图 3-361）：又称为床铰链，用于床头床尾与床架的组装。一般需要为两个工件开槽后安装。安装后直接挂入即可锁定位置。

图 3-361　床扣

6）吊码（图 3-362）：用于吊柜的安装，可以拆卸。

图 3-362 吊码

7）平面角码（图 3-363）：用于加固工件的连接，分 I 形、T 形、L 形等。

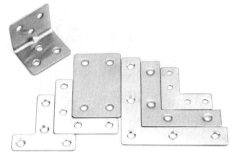

图 3-363 平面角码

8）支撑角码（图 3-364）：用于吊柜或工件的边角，承托固定。

图 3-364 支撑角码

6. 其他五金件

1）包角（图 3-365）：用于橱柜、桌子或箱盒边角的保护和装饰。

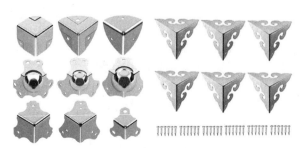

图 3-365 金属包角

2）面页（图 3-366）：面页配合拍子和挂锁使用，用于装饰、保护，可以在锁孔处挂锁。

图 3-366 面页

3）泡钉（图 3-367）：用于中式门窗、家具和箱盒的装饰。

图 3-367 泡钉

4）门吸（图 3-368）：分为弹簧和磁性两类，用于门扇或橱柜门的位置限定。

图 3-368 门吸

5）防撞垫片（图 3-369）：粘贴在板面后用于门扇或柜门的防撞。

图 3-369 防撞垫片

6）脚垫（图 3-370）：用于家具脚底的垫高或保护。

7）锁具（图 3-371）：有传统挂锁、暗锁、现代锁等不同种类。有些需要开槽开孔后安装。

【拓展思考】

1. 在柜门上安装铰链和传统平开合页有什么差别？

2. 在自己身边的木作作品中，还能见到哪些五金件？

图 3-370 各类家具脚垫

图 3-371 各类锁具

第4章 木工工作法概要

4.1 木工基本工作流程

木工制作是一个系统的过程，虽然制作内容五花八门，制作技法千差万别，但基本的工序是类似的。以实木家具为例，大致要经历以下16个过程：

1）确定制作项目：明确制作内容和制作周期，确定尺寸和设计方向。

2）绘制草图：设计产品造型，确定工件组织关系。

3）确定方案：敲定用料、尺寸、造型、细部结构等。

4）制作图纸：根据方案精确制图，进一步确定尺寸和细节。

5）制作料单：根据图纸列出用材总量和各工件规格。

6）制订工作计划表：根据工作量确定制作人员、周期和工作方案。

7）选料：根据设计方案和要求选取适量合格木材。

8）开料：将毛料按料单刨光、定长、定宽、定厚。

9）制作模板工装：为批量化生产制作模板和工装。

10）制作造型：拼板、制作各种曲面造型和表面修饰内容。

11）制榫：根据结构设计方案，制作各工件的榫卯结构。

12）粗磨：将各零部件进行粗磨。

13）组装：上胶组装各部件，校验平直。

14）精磨：精细打磨木作各部分。

15）表面处理：为木作做表面修饰或涂装。

16）安装配件：安装玻璃、拉手、导轨、合页等配件。

4.2 木作设计

传统木工工作，多是木作匠人根据师承进行重复性制作，匠人较少参与新作品设计与创作，即便有少量的形式变化，也多出现于局部尺度及花型的调整和选样。因此，传统建筑与家具的式样经历了较长时间的演变过程。

随着近现代科技发展和制作工艺技术的进步，以及计算机辅助设计的应用，从业者有更多机会进行木作产品的创新和研发。因此，我们鼓励木工学习者在掌握木工操作技术的基础上，对传统技艺进行借鉴和改良，进而完成创新性设计。把木作设计作为整个工作流程的起点，有利于全方位把握工作流程，有利于更好地满足使用需求，有利于更好地利用现有物质条件，还有利于规避设计和制作之间的脱节，扫除木工作品制作的前期障碍。

木工作品具体的设计手法因人而异。可通过手绘草图的方式，也可通过制作小比例模型的方式，还可借助计算机软件进行虚拟建模设计。

好的木作设计应注重以下几个原则：

1）满足需求：木作制品首先应实现其功能性和适用性需求。

2）结构合理：根据木材特性和作品使用场景，

3）以人为本：根据人体工学特征，设计合理的尺度和形态，提高作品舒适性，并关注特殊人群使用需求。

4）健康安全：用材环保健康，结构和造型充分考虑使用中的安全性。

5）形态美观：好的木作应满足其审美要求，具备一定的艺术价值。

4.3 识图与制图

1. 识图

识图是现代木工必须掌握的一项基本技能。当今，计算机辅助设计制图已经基本替代了繁琐的手工制图工作，但是基本的制图方法及标准方面变化并不大。木作产品的图纸主要有设计图、结构图、装配图、零件图及大样图等形式。

其中，设计图主要有投影图、轴测图、透视图等。投影图是模拟光线照射在物体表面，在物体背后的地面或墙面上产生的影子。工程制图中主要以正投影图来反映物体的形状和尺寸。正投影图是应用正投影法使物体在相互垂直的多个投影面上得到正投影，然后按规则展开在一个平面上所形成的多面投影图。正投影图主要有顶视图、底视图、前视图、后视图、左视图、右视图6个类型（图4-1、图4-2）。造型简单的产品一般以顶视图、前视图和左视图三视图表达。正投影图可反映物体的实形，便于测量和标注尺寸，缺点是没有立体感，需将多个正投影图结合起来分析得出物

体的三维构造。在正投影图中，一般将可见的轮廓线画成粗实线，不可见的孔、洞、槽等轮廓线画成细虚线，其他的线画为细实线，中心线一般以细点划线画出。

轴测图使用平行投影法将形体的三个坐标面同时展示，具有立体感，是一种虚拟的展示方式。相对于正投影图，轴测图更为立体形象，可反映木作的三维结构形态，但是不具备透视关系，常用于辅助说明木作的结构和部件组织关系（图4-3）。

透视图是应用中心投影的原理绘制的具有逼真立体感的单面投影图，用于在二维空间中展示三维形态特征，是源于绘画的一种表达手段。透视图真实直观，具有立体感，更接近人类视觉，更易于被理解，但绘制难度高，不能正确反映形体尺度，不能作为施工的依据，多用于方案的表现（图4-4）。按照观察视角，透视图可分一点透视、两点透视和三点透视三种，从不同视角观察，更有助于全面展现木作的三维特征（图4-5、图4-6）。

当木作结构复杂，使用设计图无法全面展示时，通常会使用剖面图或断面图等结构图予以辅助展现。剖面图是借助假想的剖切面将木作剖开，展示其剖切后的一个正投影面（图4-7）。断面图又称为截面图，更多用来展示木作的某一处细节的内部构造（图4-8）。

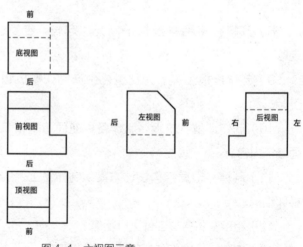

图 4-1 六视图示意

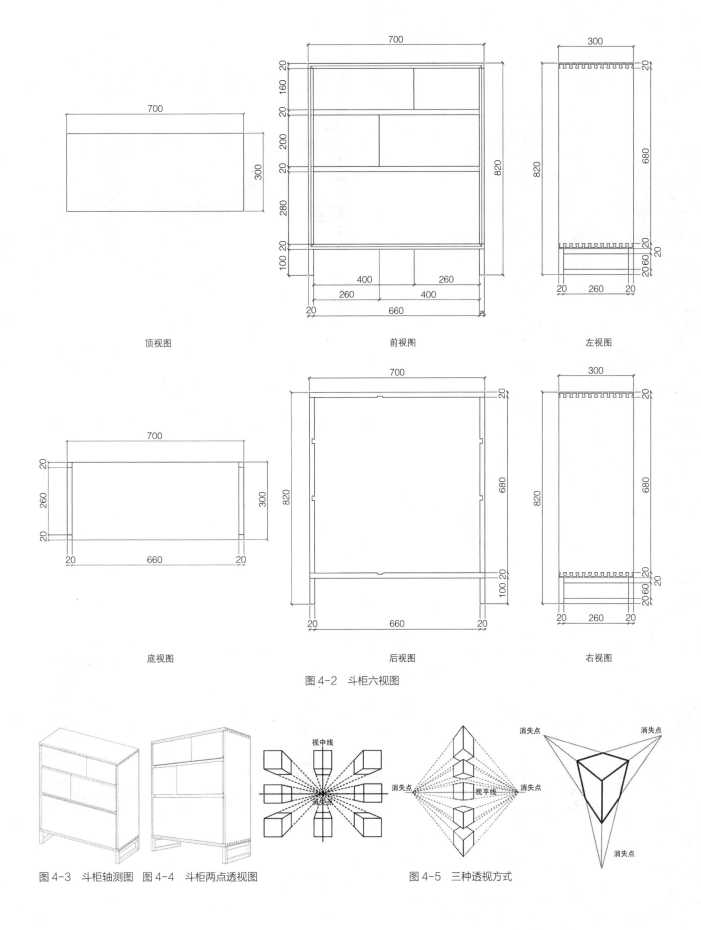

图 4-2　斗柜六视图

图 4-3　斗柜轴测图　图 4-4　斗柜两点透视图　　　　　　　　图 4-5　三种透视方式

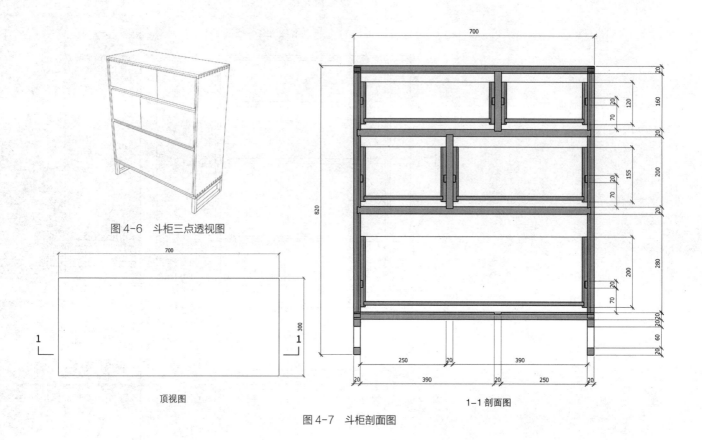

图 4-6 斗柜三点透视图

顶视图

1-1 剖面图

图 4-7 斗柜剖面图

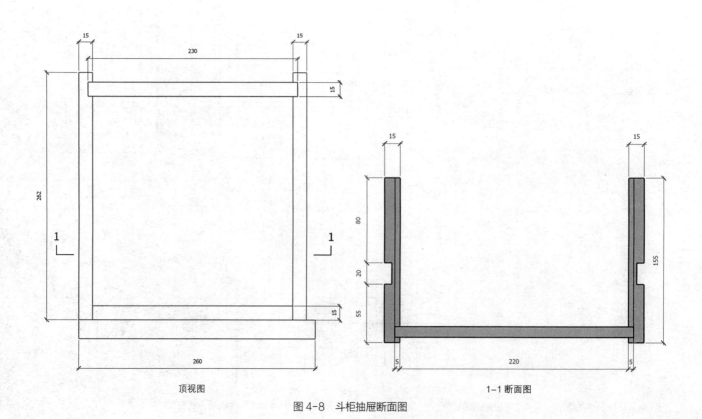

顶视图

1-1 断面图

图 4-8 斗柜抽屉断面图

剖面图和透视图虽然能分别从物体内部和外观角度展示木作的基本特征，但是仍然无法全面表现零部件的细部尺寸、整体的组织关系和内部结构特征。此时则可以借助零件图、部件图、装配图或爆炸图予以全方位综合展示。

零件图是将木作基本的加工单体进行展示的图纸，对零件的材质、尺寸、形态等进行详细展示和说明（图 4-9）。

部件是由一个或多个零件组合成的木作单元，常见的木作部件有抽屉、柜门、脚架等。部件图主要用于表达各零件的组合装配关系及相关造型和尺寸（图 4-10）。

爆炸图和装配图是将木作的各部件在空间中向各方向分离，同时展示各部件的细部特征及它们的组合关系的图纸类型。方便用户更好地理解和制作，并依照这种组织关系将木作装配起来（图 4-11）。

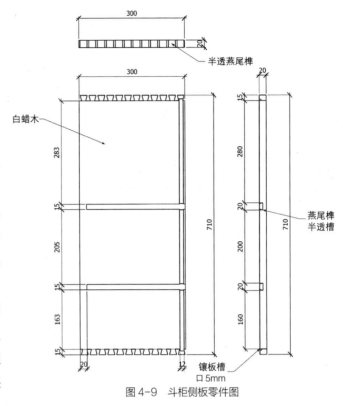

图 4-9　斗柜侧板零件图

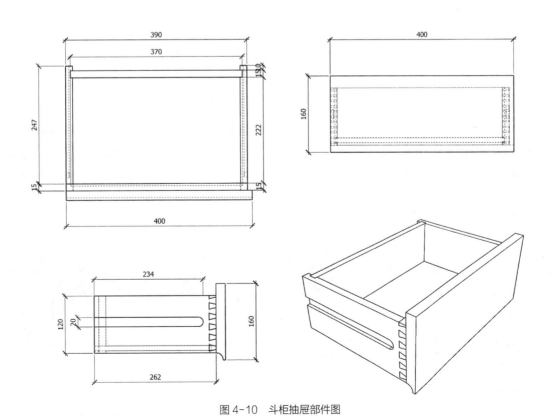

图 4-10　斗柜抽屉部件图

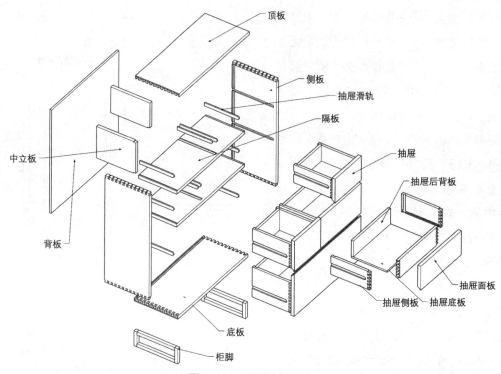

图 4-11 斗柜结构爆炸图

对于一些造型复杂，结构不规则的零部件，制作前常需要绘制节点图或大样图。节点图主要反映零件或部件的细部造型及其组织关系；大样图是指与实际尺度一致的图纸，常以网格法绘制，按原尺寸打印，粘贴在木料表面进行放样制作。

2. 制图

木作制图可以从建筑制图法或机械制图法入手学习。现代木工的制图常借助计算机软件代替手工制图，以提高工作效率，设计出更为精准而全面的图纸。通常，用于建筑和机械产品的制图软件都可以用于木作制图，最常用的有 AutoCAD、Revit、3d Max、Think Design、SketchUp、UG UX、SolidWorks、Rhino、TopSolid'Wood、Creo（Pro/E）等（图 4-12、图 4-13）。

相较于机械产品，木作产品结构相对简单，一般出具三视图和爆炸图即可满足制作需求。如果结构或配件较为复杂，如有抽屉、暗格、曲型曲面、雕花板

图 4-12 可用于木作设计的软件

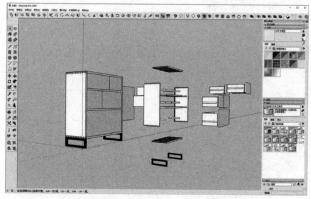

图 4-13 SketchUp 软件工作界面

等，可以单独出具节点大样图。

制图时，除了工件的结构组合方式外，产品的尺度是需要重点考虑的问题。无论是家具产品还是建筑构件，都需要围绕人体尺度设计尺寸。产品的三个维度应符合人因工程学的基本要求。例如一般成人使用的书桌或餐桌的桌面高度应在 700~760mm 之间，桌下净高应不低于 580mm；椅子和凳子的座面高度在 400~460mm 之间，座深在 340~480mm 之间，扶手椅的座面宽度应大于等于 400mm，扶手高度约 250mm；床的长度应大于等于 2000mm，床高加上床垫约 400~500mm；衣柜的深度 550~600mm 为宜；书柜的深度应大于等于 300mm，单格高度大于等于 350mm；室内门的宽度不低于 700mm，高度不低于 2000mm 等。

4.4　制作料单和计划表

1. 料单

图纸出具后，接下来的工作就是根据图纸内容制作料单表格，辅助工作者配料、选料及按尺寸制作。

在料单中，一般要列出零件（名称）、材料（类别）、尺寸（规格）、数量、制作工艺、备注等（表 4-1）。

表 4-1　料单示例

编号	零件	部件	木料	尺寸（长宽高）	数量	制作工艺	备注

2. 计划表

工作计划表常用于团队作业或工厂规模化生产时，为方便内部沟通而制定的表格，用以安排成员分工、制作周期、工作方案等。

工作计划表可根据生产类别和人员配置进行设计。常有的项目有订单编号、产品名称、数量、材料要求、时间要求和责任分配（表 4-2）。

表 4-2　工作计划表示例

序号	订单编号	产品名称	数量	下单时间	出货时间	材料要求	时间要求和责任分配					备注
							开料	造型	打磨	涂装	包装	

4.5　开料拼板

1. 配料

根据料单需要的木料数据，评估所用木材总量，选取符合需要的材种、等级、规格、纹理，以及色泽的原材料。使用各类开料锯切出所需尺寸的木料。这个过程中，应注意观察木料的缺陷，避免或合理规避木料的变形、开裂、白皮、节疤、腐朽、虫蛀等缺陷。

2. 开料

使用推台锯、斜断锯或电圆锯等根据料单截料，注意留出一定余量。再使用平刨和压刨将毛料刨平定厚，然后使用台锯将木料切出相应的长度和宽度。如果需要将木料切成薄板，可在压刨刨光平行面后，使用带锯剖料，然后再次使用压刨刨平。刨完的料要及时使用卷尺或直角尺检查尺寸和角度是否符合要求，不同工件的料要分组存放或做好标记，防止后期取用出错。开料的基本操作在第 3 章的相关章节中已经介绍过，这里不再展开。

3. 拼板

当木材单板宽度或厚度达不到制作要求时，就要进行拼板工作（图 4-14、图 4-15）。因木材的胀

1）选毛料锯切时，应留足加工余量，长度方向可留出 20~40mm 余量。宽度方向应充分观察毛料的边缘弯曲、粗糙程度，以及大小头问题，以板料最窄和最薄的部位为基准算料，留出足够的刨平余量。

2）先为长工件选材，锯切后的剩余料头可以用于短工件的制作。

3）先选主料、门板料、腿料、面料，再选牙条料、枨料、侧面料，后选背板料、内部料及辅料。

4）拼板料优先选桌面、门板、抽屉面料，然后选侧板料，再选隔板料、底板料和背板料。

5）为拼板选料时，应注意木料的大小头，以小头宽度计量，并留出足够的刨削余量。

6）用于承重的部件应尽量选用径切板；面板优先选择花纹美观、色泽一致的板材，以弦切板为主。

7）有少量缺陷但不影响使用的木材可修补后用于结构内部或细小部件。

8）为防止形变或开裂，所用木材的含水率应保持一致。

9）对于较长或者尖削度较大的木料，可采用先横截长度再纵切宽度的方法。

10）对于较宽的木板可采用先纵切后横截的分料方法，方便去掉缺陷部位。

11）如需制作一些曲线部件，可采用先划线后随形锯切的方法，提高木材利用率。

12）如需根据花纹或缺陷位置选料，也可先对毛板进行粗刨，然后观察花纹和缺陷，再量材锯切。

缩和力学特性不同，不建议将软木和硬木杂拼。如需制作拼花板，应选择结构强度近似的木材。为防止拼板后木材出现翘曲问题，应控制拼板的单板宽度尽量不大于 110mm。拼板的木材长度和宽度都要留有一定余量，方便拼板后重新切齐边缘。另外，要保证拼板木材每个单板宽度上无变化，边线平直无弯，且与大面绝对垂直，如果板材之间留有夹缝，则胶水无法起到粘合作用。关于木材的简易拼板操作，可参考第5.1节胶水接合一节的相关内容。

在进行长板的拼板工作时，为防止因单板板材的弓形翘曲而无法拼得一个平整的板面，可采用企口榫、嵌片榫等榫卯接合方式进行拼板。关于使用榫卯

图 4-14　手工拼板

1）用于桌板、柜门等看面的拼板木材，以优选花纹为主，将花纹美丽的纹理面相接，并注意花纹衔接的美观性。

2）用于结构或受力部分的拼板木材，以正纹理＋反纹理＋正纹理……的方法依次拼接，可相互抵抗形变应力，让板面更稳定。

图 4-15　使用拼板机拼板

接合拼板的操作，可参见第 3.4.9 节立铣、第 5.2 节榫卯接合、第 7.7 节咖啡桌、第 7.9 节餐边柜的相关演示操作。

拼板完成，胶水固化后，还应再次进行刨平、切割以确定最终尺寸。

4.6　造型制榫

1. 划线

木工工作中，划线具有重要的意义。依据精确合理的划线才能制作出与图纸相符的工件，更有效地利用木材。

划线工作在配料阶段就开始了，这个阶段的划线对精度要求不高，但要为后续工作留足余量。一般来说，建议在长度方向给予 20~40mm 余量，宽度和厚度给予 5~10mm 余量，多段截料时还应将锯路数量及其宽度计算在内。

木料开料完成后，根据后续的造型和制榫需要，一般要在木料各表面划出精确的分切线（图 4-16）。精确划线可以借助各种尺具、划线工具或为造型定制的模板。这个阶段的划线务求精准，划线中的错误将会导致制作出错甚至材料的报废。划线的偏斜、角度

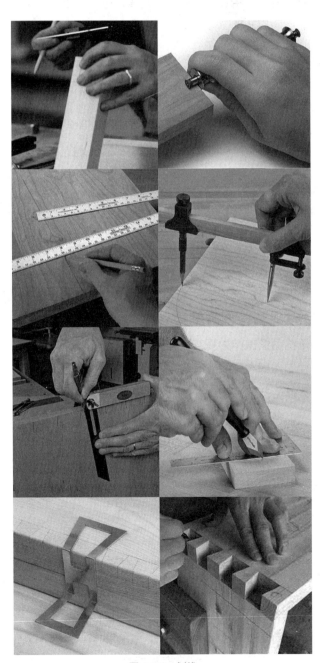

图 4-16　划线

的偏差、榫线的错位都可能导致无法组装或者配合不紧密。因此，在划线前，应确保划线工具的精度较高，使用状态较好，无明显影响划线的损坏或缺陷。划线时，划针、划刀或铅笔的尖端必须紧贴在尺具边缘，圆规的脚尖扎准圆心，还应注意划线的力度既清晰还不致损坏木材或者无法消除。

在为多个相同的零件划线时，可以借助直尺和夹具对齐并夹持在一起后同时划线，可提高效率并保证制作的一致性。

为燕尾榫划线时，可先在公榫划线，将公榫制作完成后再将公榫放在母榫端头，沿其边缘划线，这样可减少公差，使配合更紧密。

划线后，可使用铅笔在需要去除的部分打上斜线标记，以防止切削错误。

2. 造型制榫

划线完成后，就可以根据设计方案进行零部件造型制作了（图 4-17）。这一阶段需要完成的工作有切割曲形、打孔、开槽、倒角、修边、车削、雕刻等。比较复杂的造型工作需要用到较多木工工具和设备。要注意工作的前后顺序，循序操作，以前一步操作不干扰后续操作为基本要求。在造型制作阶段，为使工件制作精准或保持一致性，可借助各种工装辅具辅助操作（参见第 3.6.1 节工装辅具）。

各部件的造型制作完成后，就需要对结构连接部分制作榫卯结构了（有时根据工作需要，也可先制作榫卯，后制作造型）。榫卯结构形态多种多样，应务求制作精准。另外还要考虑木材的胀缩形变趋势，开槽和制榫时，留出木材的胀缩空间。

以直榫制作为例。制作时，一般先制作榫眼，再根据榫眼尺寸制作榫头。榫眼的尺寸应根据木料宽度、方榫机凿钻头或木工凿的刃口宽度综合考虑，争取能够使用较少的凿切次数完成制作。一般来讲，榫眼的长度方向应与木纹同向，避免制作垂直于木纹方向的长榫眼。不透榫的榫眼深度应比榫头长度略深

1~2mm，留出胶水空间，同时防止榫肩留缝。为保证结构强度，一般要求直榫的榫头长度不小于榫眼木材厚度的 2/3，厚度不小于榫眼木材厚度的 1/3，如果榫头端面较宽，可制作为双榫头或者多榫头。榫头的宽度和厚度与榫眼的公差要根据制榫位置和材料硬度灵活考虑，过松会导致接合松动，过紧则可能导致榫眼劈裂，一般横纹方向可以略松，顺纹方向可以略

图 4-17　造型与制榫

紧。为方便榫头插入榫眼，可在组装前使用扁凿或短刨将榫头倒出小斜角。

关于榫卯的基本知识及其制作技巧，可参见第5.2 节榫卯接合。

4.7　组装

木作各部件制作工作完成后，应进行试组装。在不用胶的情况下，将各部件组装起来，检查造型制作是否正确，榫卯配合是否合适，组装后框架是否平正等问题。如果都没有问题，就可以进行上胶组装了。

首先将组装台面清理干净，然后把组装工件需要的橡胶锤、胶水、胶刷、湿抹布、木工夹等准备好，按照"内→侧→下→上"的顺序依次上胶组装各部件（图 4-18）。如果胶水的硬化速度较快，则应将部件分组组装，然后再将各部件组装到一起。

组装完成后，应及时使用湿布清理掉溢出的胶水，并检查框架的平整方正和垂直度等问题，及时调整角度。然后使用木工夹将工件整体从各方向夹持固定，静置一段时间，等待胶水完全固化后再拆除夹具。

关于木作装配的操作，可参考第 7 章的相关内容。

图 4-18　组装

知识点：如何检查框架的角度

1）上胶组装后，应在胶水硬化之前及时检查框架平直。

2）将框架平放于水平台面。使用卷尺分别测量框架的两条对角线，如果不等长，应将较长的一条对角线使用橡胶锤轻轻敲击或使用木工夹夹紧，再次测量，直至等长。

3）使用直角尺检查立面的腿脚和侧板与台面或地面的垂直度，如果不是垂直的，使用木工夹随时矫正。

4.8　表面处理

木作零部件造型和榫卯结构制作完成后，就可以进行表面修平和打磨工作了。在木作组装完成后，还要再次进行整体的表面精磨工作。高质量的修平和打磨工作能够增强木作的表面处理效果，增加木作的触感光滑度和视觉光泽感（图 4-19）。

对木作整体打磨完成后，再根据设计要求进行表面涂装工作。涂装工作应分步多次完成，通常来说，为了取得良好的表面效果，使用油和蜡类表面处理产品需要 2~3 遍涂装，漆类需要 5~6 遍涂装。部分涂装手法还要求在每一遍之间进行打磨和抛光。

关于修平打磨和表面处理等内容，将在第 6 章表面处理工艺部分详细介绍。

图4-19　表面处理

4.9　安装配件

　　木作表面涂装完成后，可根据需要为其安装玻璃、门锁、拉手、合页、滑轨、包角、挂锁、闭门器等相关五金配件，以实现其使用功能（图4-20）。安装配件时，应注意木作表面的保护工作，防止留下敲击或磕碰痕迹。

　　在第5章中将演示部分五金件的安装操作（参见第5.3节五金接合）。

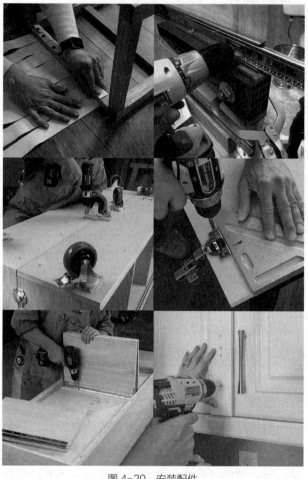

图4-20　安装配件

　【拓展思考】

1. 在不使用设计软件的情况下，可以采用什么方法来进行木作设计？
2. 零件和部件的区别是什么？
3. 在木工工作中，应先制作零部件造型还是先制作榫卯结构？
4. 在各个工序中，应怎样提高作品的制作精度？

第5章 木工接合

5.1 胶水接合

胶水接合是指仅使用胶水来实现粘接的木作接合方式。在制作家具及建筑等零部件的接合时，由于木材板料的宽度、厚度、长度等都有一定的局限，需要在这些方向增加木材的尺度时，就要考虑是否使用胶水粘合。

木工所用的胶水很多，大致可分天然胶和合成胶两个类别（参见第3.6.6节粘合材料）。现代木工使用的胶水多为水基胶水，涂抹后加压一段时间，固化后可以取得非常牢固的效果，甚至比木材自身纤维之间的结构强度更大（图5-1）。

为木板增加宽度，也就是拼板，常用于门板、桌板、柜板、座面板等较大面积的板面制作环节。拼板

一般为长纹理面的对接，属于木材细胞壁之间的接合，可以直接在对接的平面施胶，待胶水固化后即可达到足够接合强度。

图5-1 木工胶水

✂ 拼板

扫码观看操作视频

1) 观察需要拼板的木料，辨识大面上的纹理图案及端面的纹理正反方向，根据需要选择组合搭配方法。一般用于木作看面的板面以花纹美观为优先原则，用于其他位置的拼板建议按照正反纹理交替拼接的方式，能够更好地保持板面平整度。

2) 在对拼好的木板上使用大三角划线标记板材拼接顺序。

3) 将木料按顺序竖放，使用木工夹

临时夹持。

4) 在侧面涂抹木工胶水，使用滚轮或胶刷将胶水刷匀。

5）将拼板夹平放在台面或地面上。

6）按顺序将木料摆放在拼板夹上。

7）在拼板夹夹头位置垫上木条，旋紧夹固。

8）为防止夹持力导致板面翘曲，可在板面上方再夹持若干拼板夹。使用长直尺检查板面平整度，若不平整，微调各夹口夹持力度，若仍不平，可考虑在板面上方和下方同时夹持几块较硬的平直木料作为夹板。

9）使用湿抹布擦除溢出的胶水。

10）静置待干，完成操作。

因市场上商品板材的厚度有限，在制作家具的桌腿、床柱或建筑中较粗的结构时，常需要为木材增加厚度，厚度方向的拼接也是木材细胞壁之间的接合，一般接合使用胶水粘合即可达到足够强度。

✂ 拼接厚度

扫码观看操作视频

1）将需要拼接的木料以正反纹理相对的方法进行标记。

2）在板材大面涂胶并刷匀。

3）使用橡皮筋将两头绑紧，再使用木工夹夹固（使用橡皮筋可防止木工夹夹紧过程中的侧滑）。

4）使用湿抹布擦掉溢出的胶水，静置待干，完成操作。

如果木材的长度不够，需要木材端对端的加长时，一般不能直接用胶粘接。因为木材端面的管孔会让胶水失去粘合力，需要为木材设计榫卯或斜面结构，然后再使用胶水或五金件连接。具体方法可以参照第 5.2 节榫卯接合和第 5.3 节五金接合的内容。

知识点：拼板操作注意事项

1）拼板的木料需要刨削平直，避免拼缝处出现弯曲缝隙。

2）横向拼接时，为减少形变，单板宽度不宜超过 110mm。

3）拼板的木材尽量为同种木材，应避免软木和硬木的拼接。

4）拼板木材含水率差异一般应小于 1%。

5）涂胶量应适宜，一般应控制在 150~180g/m²。

6）应均匀施胶，以夹持后能从拼缝处均匀溢出胶线为宜（图 5-2）。

7）为防止翘曲，可在拼板正反面使用硬质横木辅助夹持固定。

8）拼板后应及时用湿布擦掉多余胶水，胶水痕迹会影响表面处理效果。

胶水过量

胶水不足

胶水适量

图 5-2　拼板时胶水应适量

【拓展思考】

1. 使用胶水拼板时，对环境温度有什么要求？

2. 为什么拼板时要在夹口位置使用垫片？

3. 为什么拼板时要在两个面同时使用夹具？

5.2　榫卯接合

5.2.1　榫卯的概念、特征与分类

古时将榫卯称为"凿枘"。《庄子·天下》曰："凿不围枘。"《史记·孟子荀卿列传》记："持方枘欲内圜凿，其能入乎？"《二程遗书》中记："枘凿者，榫卯也。"《集韵》中记载："榫，剡木入窍也。""卯，事之制也。"据考，榫卯的称谓，自唐宋以后才确定下来。"榫"一般指榫头，是结构中的凸起部分，"卯"一般指卯眼或榫眼，是结构中的凹陷部分。

榫卯结构是实木木作的灵魂所在。在我国，榫卯技术的应用已有数千年历史。如本书第 1 章所介绍，距今 7000 多年的新石器时期河姆渡遗址中，其干栏式建筑就已经应用了多种榫卯形态。北宋《营造法式》一书，是我国古代历史上最完整的建筑专著，其中对榫卯的施工工艺、质量标准等作了明确规定。我国木结构榫卯技术到了北宋时期发展到高峰阶段。数千年来，榫卯从建筑上的应用演化到在家具中应用，智慧的古代木作匠人们发明了丰富而又实用的榫卯形态与制作技术。王世襄先生在其著作《明式家具研究》中写道："我国家具结构传统，至宋代而愈趋成熟。自宋历明，经过不断地改进和发展，各部位的有机组合简单明确，合乎力学原理，又十分重视实用与美观……中国传统家具从明代至清前期发展到了顶峰，这个时期的家具，采用了性坚质细的硬木材料，在制作上榫卯严密精巧……各构件之间能够有机地交

代连结而达到如此的成功，是因为那些互避互让、但又相辅相成的榫头和卯眼起着决定性的作用。构件之间，金属的钉子完全不用，鳔胶粘合也只是一种辅佐手段，凭借榫卯就可以做到上下左右、粗细斜直，连结合理，面面俱到，工艺精确，扣合严密，间不容发，常使人喜欢赞叹，有天衣无缝之妙。"

榫卯是借助木材纤维之间的结构强度及相互摩擦作用，通过穿插和借力实现接合而形成的互锁结构。因其是将木材的连接部分切割或凿削制成，材料通常来自木材自身，在胀缩性、弹性、力学特征等各项物理属性方面都能够实现自洽，保持结构的稳定性。相较于使用金属等连接件，不会发生锈蚀及组织破坏而导致的松动问题。对于实木制品，采用榫卯接合通常能够使用和保存更久的时间。

榫卯结构除了赋予木作结构强度之外，其制作工艺和造型本身也富有审美趣味和文化价值。榫卯结构可以理解为木作的"关节"部分，从美观和力学角度，都对工艺和造型提出了较高的要求。中国传统硬木制作，要求家具尽量不露端，通常以攒边镶板和暗榫的方式将木料端头纳入结构内部（图5-3）。除了美观方面的考虑外，更重要的是减缓了木料端面的管孔对水分的吸收和释放，一定程度上避免了木作的开裂和变形，是非常科学的制作工艺。另外，传统的榫卯制作标准对结构精度也有较高要求，讲究严丝合缝，不允许刮腻子填缝，更不允许使用铁钉等辅助手

段。接缝严密，能够避免接合处的水分渗透，防止因木材的胀缩产生松动。不使用铁钉，也能有效防止木材产生压缩形变而导致接合松动。这些"讲究"，正是匠人们数千年来的经验总结，暗合了木材应用的科学原理。同时，在精神层面，对于工艺的要求和坚持，也是文化传承的一部分，为后人所称颂。

数千年来，中外木工匠人设计出了花样繁多的榫卯样式，用于不同的木作结构。但万变不离其宗，从榫卯的接合形态区分，大致可分为直榫、燕尾榫、嵌榫、搭接榫四大类。榫头也有单头、双头、多头及大进小出之分。榫头透出榫眼的称为明榫、透榫或贯通榫，不透出的称为暗榫、半透榫或非贯通榫，榫头透出并使用销钉锁定的称为活榫。榫头上的纤维方向应为纵向的，采用横向纤维的榫头不够牢固，抗拉抗剪能力较弱，一般要避免。

以下简要介绍四种榫卯形态的基本特征。

1. 四种榫卯形态

1）直榫

直榫就是榫头和榫眼的直入式接合（图5-4）。根据应用部位的不同，直榫可分为明榫、暗榫、开口榫、加腋榫等不同样式（图5-5）。明榫是将榫眼木料凿通，榫头插入后从侧边可以看到榫端的榫卯样式；暗榫是榫头的长度短于榫眼木料宽度，榫眼不贯通的榫卯样式；开口榫是指榫眼部位一端切开，形成

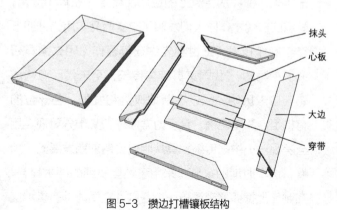

图5-3　攒边打槽镶板结构

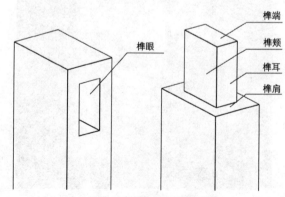

图5-4　直榫各部分名称

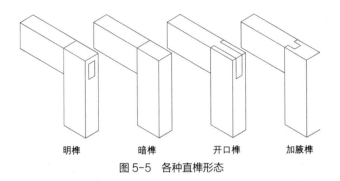

图 5-5　各种直榫形态

"U"字形开口，榫头可直接从侧端插入的样式；加腋榫是在明榫或暗榫的基础上，在榫头部位多出一个直角半榫，一方面可以加强榫合强度，另一方面是为了挡住榫眼料侧边开槽镶板而在端头留下的缺口。

2）燕尾榫

燕尾榫是将榫头端部进行燕尾形加宽的榫卯形态，燕尾榫的加宽榫头能够帮助形成结构的抗拉力。多头的燕尾榫结构能够形成更多的长纹理接合面。因此，使用燕尾榫组织的结构一般具有较好的抗拉强度。燕尾榫多用于框架或箱体的端面接合部分，根据造型的差异，可分为全透燕尾榫、半透燕尾榫、全隐燕尾榫和变体燕尾榫等形态（图 5-6）。

3）嵌榫

嵌榫是模拟榫头的形态，独立于接合木料之间的结构件。在需接合的木料制作榫眼、榫孔或榫槽，将

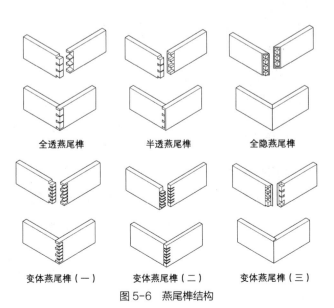

全透燕尾榫　　半透燕尾榫　　全隐燕尾榫

变体燕尾榫（一）　变体燕尾榫（二）　变体燕尾榫（三）

图 5-6　燕尾榫结构

嵌榫嵌入，上胶后完成接合。嵌榫的形式主要有方块嵌榫、圆棒榫、银锭榫、燕尾形嵌榫、楔钉榫、三角嵌片榫、方栓嵌榫、燕尾栓嵌榫、挤楔、走马销、蛇首销榫，以及配合现代接合工具的多米诺榫、饼干榫、拉米诺榫等形式（图 5-7）。

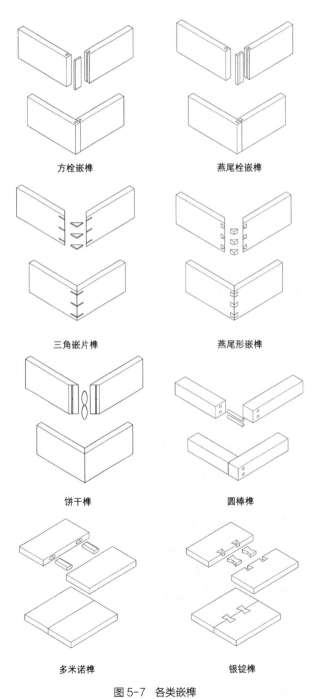

方栓嵌榫　　　　　　燕尾栓嵌榫

三角嵌片榫　　　　　燕尾形嵌榫

饼干榫　　　　　　　圆棒榫

多米诺榫　　　　　　银锭榫

图 5-7　各类嵌榫

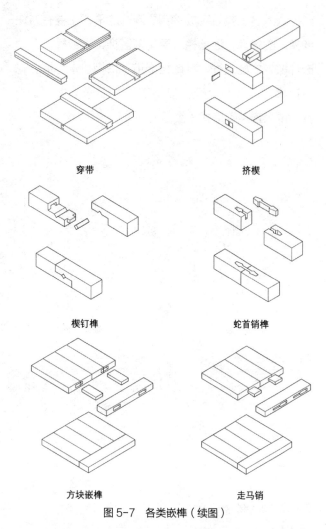

穿带

挤楔

楔钉榫

蛇首销榫

方块嵌榫

走马销

图 5-7 各类嵌榫（续图）

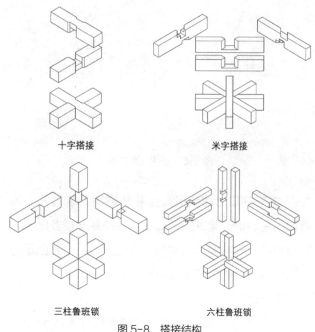

十字搭接

米字搭接

三柱鲁班锁

六柱鲁班锁

图 5-8 搭接结构

4）搭接榫

搭接榫是将两个或两个以上的结构件以开槽搭接的方式组合到一起，根据需要上胶或不上胶（图 5-8）。中国传统建筑的斗栱结构、玩具中的鲁班锁结构或者家具中的十字搭接结构、米字搭接结构等都是搭接榫的具体表现。

关于榫卯的结构造型，国内外有较多的总结性文献可供参考。王世襄先生在其《明式家具研究》一书中，把明式家具榫卯结构划分为 4 个大类 20 个细目。叶双陶先生在其著作《中华榫卯：古典家具榫卯构造之八十一法》一书中总结了古典家具构造的 81 法。乔子龙先生在其著作《匠说构造》中总结了 147 式传统榫卯形态。日本大道工具研究会编著的《图解

日式榫接》一书中，总结了流传在日本地区的 161 种木作榫卯形态。美国家具设计师泰利·诺尔编著的《木工接合——为木家具选择正确的接合方式》一书，分类总结了数十种现代榫卯的结构形态。另外，我们还可以从线上平台或者相关手机应用程序中学习到各类榫卯知识。

本书研究团队在近年的研究中系统地总结了古今中外的 400 多种榫卯形态，又创新设计了 200 多种新型榫卯形态。并根据造型形态将榫卯结构划分为 9 个大类。分别为：拼板接合、加长接合、角度接合、丁字接合、十字接合、多向接合、边面接合、腿面接合、装饰结构。以下简要介绍一下这 9 个类别中的部分典型榫卯构造。

2. 榫卯接合式样

1）拼板接合

拼板接合用于木材板面的加宽或加厚需求。除了第 5.1 节胶水接合介绍的平板胶接方式外，为减少木材的翘曲，加大接合面，增加结构的牢固程度，还可以根据实际需要选择如图 5-9 所示的几种常见的拼板接合方法。

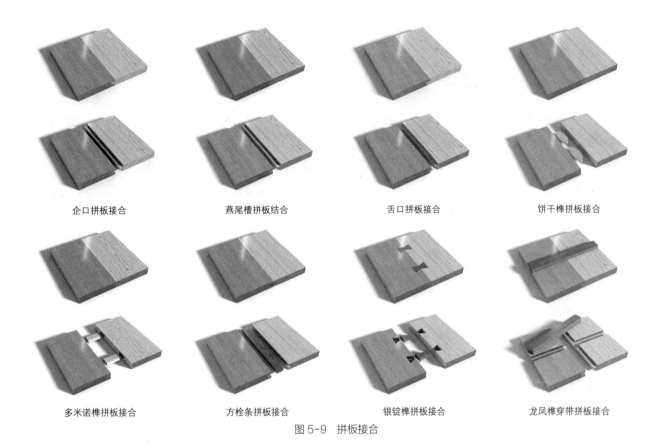

企口拼板接合	燕尾槽拼板结合	舌口拼板接合	饼干榫拼板接合
多米诺榫拼板接合	方栓条拼板接合	银锭榫拼板接合	龙凤榫穿带拼板接合

图 5-9　拼板接合

2）加长接合

在建筑大木作中，经常会需要将多段木材连接成更长的木构件以用于柱式或横跨结构。在制作家具的弯曲靠背或椅圈扶手时，也经常需要将多段木料相接。加长接合可以实现短料长用、节约木材的目的。

正如之前所介绍的，木材在长度方向上的横截面接合不能直接使用胶接的方式，需要在端面制作出长纹理接合面或锁止结构以增强接合强度。如图 5-10 所示的几种是木材加长接合的常用方法。

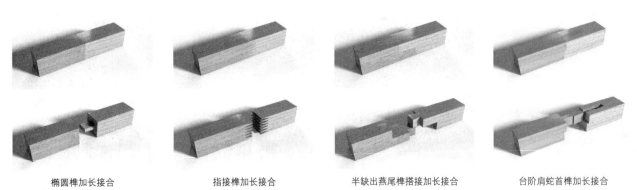

椭圆榫加长接合	指接榫加长接合	半缺出燕尾榫搭接加长接合	台阶肩蛇首榫加长接合

图 5-10　加长接合

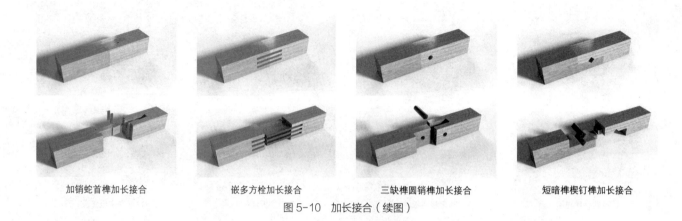

加销蛇首榫加长接合　　嵌多方栓加长接合　　三缺榫圆销榫加长接合　　短暗榫楔钉榫加长接合

图 5-10　加长接合（续图）

3）角度接合

角度接合分为板材角接合、方材角接合和框架角接合三种形式，应用于建筑或家具中板与板的直角接合、方材（圆材）与方材（圆材）的直角接合，以及门板、柜门或窗户的框架接合等（图 5-11）。

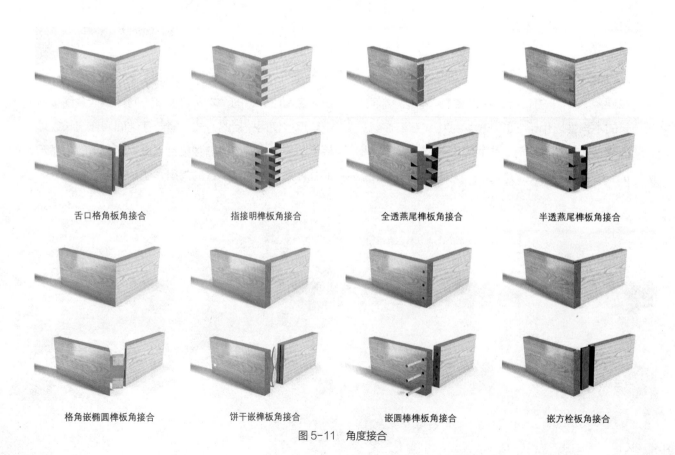

舌口格角板角接合　　指接明榫板角接合　　全透燕尾榫板角接合　　半透燕尾榫板角接合

格角嵌椭圆榫板角接合　　饼干嵌榫板角接合　　嵌圆棒榫板角接合　　嵌方栓板角接合

图 5-11　角度接合

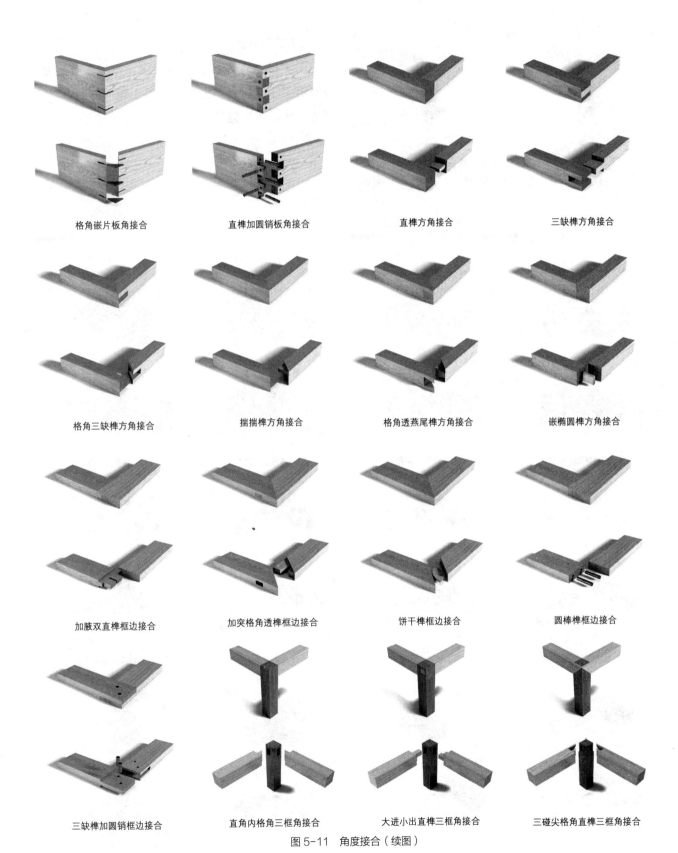

格角嵌片板角接合　　　　直榫加圆销板角接合　　　　直榫方角接合　　　　三缺榫方角接合

格角三缺榫方角接合　　　　揣揣榫方角接合　　　　格角透燕尾榫方角接合　　　　嵌椭圆榫方角接合

加腋双直榫框边接合　　　　加突格角透榫框边接合　　　　饼干榫框边接合　　　　圆棒榫框边接合

三缺榫加圆销框边接合　　　直角内格角三框角接合　　　大进小出直榫三框角接合　　　三碰尖格角直榫三框角接合

图 5-11　角度接合（续图）

4）丁字接合

　　丁字接合分为板材丁字接合、方材丁字接合，以及框架丁字接合等形式。常用于橱柜的层板与侧板的接合、各种框架结构横材和立柱的接合等场景（图5-12）。

粽角榫接合　　　　　十字双扣榫三框角接合

图5-11　角度接合（续图）

单肩直榫板丁接合　　燕尾榫板丁接合　　嵌椭圆榫板丁接合　　多头挤楔板丁接合

直榫方丁接合　　双面大格肩方丁接合　　三缺夹榫方丁接合　　单肩燕尾榫搭接方丁接合

挤楔直榫方丁接合　　挂销榫方丁接合　　大进小出直榫框丁接合　　裹腿方丁接合

图5-12　丁字接合

格肩直榫方丁接合

图 5-12　丁字接合（续图）

5）十字接合

在建筑的梁椽、斗栱之间，以及家具的腿枨之间，经常会用到十字交叉的接合方式（图 5-13）。

6）多向接合

在建筑的梁椽、攒顶，以及家具的腿枨之间，经常会用到多个方向的交叉接合方式，即多向接合（图 5-14）。

半缺搭接单十接合

半缺格角搭接单十接合

三材格肩三缺单十接合

三材直榫加销单十接合

凸字直榫十柱接合

双三缺搭接十柱接合

三柱鲁班锁十柱接合

三柱钩挂鲁班锁十柱接合

图 5-13　十字接合

三材半缺顶角多向接合

三材半缺搭接多向接合

三材三缺多向接合

图 5-14　多向接合

三材搭接多向接合

四材米字搭接多向接合

图 5-14 多向接合（续图）

7）边面接合

木材拼板后，端面外露容易吸水或失水导致板面变形或开裂，为端面接合边条能够避免端面直接外露，并能约束板面的形变。常见的边面接合有大板两端镶边、四角攒边镶板和圆框镶板几种类型（图 5-15）。

8）腿面接合

古典及现代家具中腿柱和面板的接合方式多种多样，常见的有如图 5-16 所示的几种。

企口边面接合　　　　　走马销边面接合　　　　　方栓条边面接合

打槽穿带装板边面接合　　　　圆框打槽装板边面接合

图 5-15　边面接合

挤楔直榫腿面接合　　　留端三缺榫腿面接合　　　角端直榫半围腿面接合　　　角牙嵌圆棒榫腿面接合

图 5-16　腿面接合

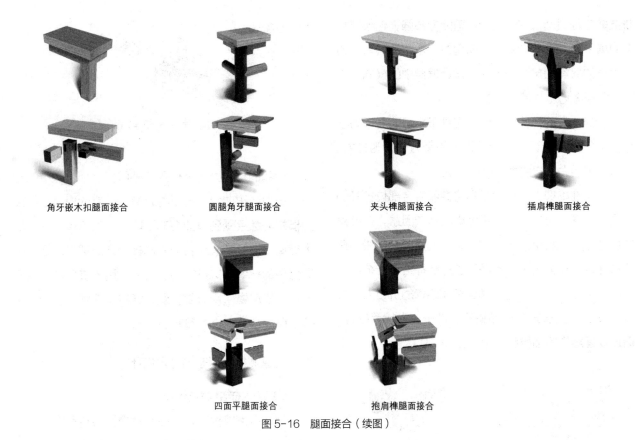

角牙嵌木扣腿面接合　　　圆腿角牙腿面接合　　　夹头榫腿面接合　　　插肩榫腿面接合

四面平腿面接合　　　　　抱肩榫腿面接合

图 5-16　腿面接合（续图）

9）装饰结构

装饰结构主要用于家具、建筑角部或横材之间的连接和装饰，能够起到加固和美化的作用（图 5-17）。

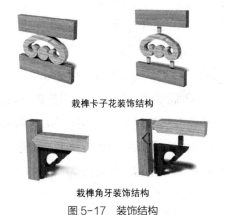

栽榫卡子花装饰结构

栽榫角牙装饰结构

图 5-17　装饰结构

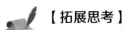
【拓展思考】

1. 观察自己周围的木制作品，能发现哪些榫卯形态？

2. 为什么要有这么多种榫卯形态？

5.2.2　榫卯结构设计与制作工艺

几千年来，古今中外木工匠人们创造了大量的榫卯形态。榫卯是结构的关节部分，一件木作结构是否牢固稳定，能否耐久，榫卯起到了关键作用。要想让榫卯起到更好的作用，我们在设计和制作榫卯时，就要讲究科学，让榫卯结构符合木材特性和力学原理。

1. 榫卯结构设计

在之前的章节中，本书已经介绍了木材的各项力学特征。受构造特征影响，木材的力学特性呈现各向异性。木材的力学特性可分为抗拉、抗压、抗剪、抗弯四类。其中，木材的顺纹抗拉能力较强，横纹抗拉能力较弱，受力后木材较容易从横纹方向撕裂或劈开。木材的顺纹抗压能力和横纹抗压能力都较强，木结构建筑和家具中的承重结构多数都是利用了木材的抗压能力。木材的抗剪分为顺纹抗剪、横纹抗剪和截断抗剪三种类型。其中截断抗剪能力最强，框架结构中的横枨端头部分会受到截断剪力。木材的抗弯能力与木材的品类和尺寸相关，在设计框架中的横向结构时，需要考虑木材的抗弯属性。

设计木作的榫卯结构时，应基于木材的各项力学特性进行结构设计。榫卯结构中的受力也分为拉力、压力、剪切力、弯曲力等多种情况。

作用在榫卯上的拉力是指将榫卯接合部位拉开的力量。在榫卯结构中，如不考虑胶水的因素，搭接榫的抗拉力较弱甚至接近于零。直榫抗拉能力一般，燕尾榫结构抗拉力较强，不同形态的嵌榫结构，抗拉能力不同（图5-18）。为了增强榫卯结构的抗拉力，可以在榫头的垂直方向添加销钉、楔子、木栓等构件，通过物理结构阻挡榫头拉出（图5-19）。

图 5-18　燕尾榫板角接合　　图 5-19　挂销榫方材丁字接合

榫卯的压力是指对榫卯接合部位进行压缩的力量。因木材的顺纹抗压和横纹抗压能力较好，一般情况下，木材的受压不会导致太大的问题。但是应保证榫接部位接合紧密，如果出现暗榫榫头长于榫眼的情况，榫卯受压可能会导致榫眼部位的撕裂。另外，木材的受压承重部分不能使用斜纹理木材，斜纹理会大大降低结构的承压能力。

榫卯结构的剪切力是指作用在接合线上的拉力或者压力。木材长纹理和长纹理的接合可以直接使用胶水连接，因现代木工胶水的强度一般大于木材纤维自身强度，所以受剪力时一般不会从接合位置断开。但是遇到木材端面和长纹理面或者端面和端面的接合时，端面的管孔会导致胶合能力变弱，受到剪力时较容易错位断开。所以一般涉及端面接合都需要借助榫头或者销钉等方式增加长纹理方向的接合面，以抵抗剪切力（图5-20）。

图 5-20　半缺斜肩加销加长接合

榫卯的弯曲力是指作用在榫卯接合部位远端的拉力、压力或扭曲力。椅子的靠背、悬空的桌板、框架的横枨等都会受到弯曲力的影响。增加榫接面积、增大榫肩、加长榫头或者加入木楔等方法都可以增强榫卯部件的抗弯或抗扭能力。另外，用于抗弯部位的榫卯用料应尽量采用直纹，避免斜纹，否则受弯曲力影响后可能会从木材中部断裂。

2. 四种基本榫接形态的力学设计

1）直榫的结构力学设计

设计直榫结构时，应综合考虑榫头料和榫眼料的尺寸、材质、接合位置等各种因素，在保证力学强度的基础上进行造型设计。

如果榫头尺寸过小，榫头和榫眼的接合面不足，上胶后，胶合面无法提供足够的结构强度，会导致结构的抗拉和抗剪力不足而松动。增大榫头的厚度和宽度，能够提高接合面积，提高结构抗拉和抗剪力。但是如果榫头过大，榫肩的面积就会相应变小，抗弯能力就会减弱。另外，如果榫眼料尺寸较小，过大的榫眼还会导致榫眼壁厚不足，在抗扭抗裂方面会有隐患。一般建议榫头的厚度（榫眼宽度）为榫眼料宽度的1/3左右为佳。如果采用暗榫接合，榫头的长度也应达到榫眼料厚度的2/3以上为佳（图5-21）。

图 5-21　不透榫直榫方材丁字接合

如果榫卯的接合面长度或厚度超过 4cm，就需考虑将榫头制作为双榫、多榫或者加腋榫，以增加与榫眼的接合面积，增强结构强度（图 5-22）。

图 5-22　加腋双榫框边接合

在直榫的制作过程中，一般建议榫头的宽度方向略紧，以增大摩擦力，在榫头厚度方面做足即可，过厚易导致撑裂榫眼料。当直榫用于角接合时，采用加腋榫能够增加接合面积，增强结构强度，同时应注意榫眼距离工件端头预留的长度不能太短，否则榫头插入时容易导致端头劈裂。

直榫的抗拉力较弱，木作使用过程中可能会发生湿胀干缩及压缩形变，导致榫头松动。为防止榫头松脱，一般可采用在榫颊的垂直面穿入销钉，或者在榫端切出开口插入锥形楔子，或者通过在出头的榫端插入活销的方式加固结构（图 5-23）。

图 5-23　挤楔直榫方材角接合

2）燕尾榫的结构力学设计

燕尾榫的造型是互锁结构，多用于抽屉、箱柜等端对端的直角结构中，利用了其抗拉力和抗扭力比较强的力学特征。

燕尾榫的接合部分提供了较多的长纹理接合面，其结构配合紧密度决定了力学强度。现代木工较多采用全透燕尾榫和半透燕尾榫，一方面这两种燕尾榫的长纹理接合面更多，结构强度更高。另一方面也利用了其装饰效果——现代人对裸露的燕尾榫结构更为偏爱（图 5-24）。

图 5-24　变体燕尾榫板角接合

因燕尾榫常用在较宽的板面连接中，制作时应考虑板面发生瓦形形变的可能性。应将木材心材向外，可有效抑制因板面形变导致榫卯两端开脱。如果是手工制作燕尾榫结构，可在对接面的两端制作更多榫头，增加接合面积，加强结构强度。

3）嵌榫的结构力学设计

嵌榫的应用，一方面节省了木料，另一方面提高了工作效率。在力学设计方面，因为嵌榫是独立于榫接木料的结构，一般不能与榫接木料的胀缩达到同步，所以在使用销钉或嵌接结构时，应充分考虑木材的胀缩变化，制作榫眼和榫槽时，留出足够的形变空间。例如，使用圆棒榫加固边面结构时，应在靠近板面两端的位置制作出椭圆形榫眼，以防止木料形变带来的剪切撕裂（图 5-25）。

图 5-25　边面接合中两侧圆孔制作为椭圆形

相对于榫头和榫眼的直连，使用嵌榫制作的榫卯结构存在更多松动的可能性。尤其是使用圆棒榫时，长纹理的接触面积很小，并不能提供足够的胶接面，在木材压缩形变的作用下，出现松动的可能性大大增加（图 5-26）。因此，虽然圆棒榫等嵌榫结构大大提高了工作效率，广泛应用于现代家具的榫接，但并不是一种耐久性较好的连接方式。

图 5-26　圆棒榫接合

4）搭接榫的结构力学设计

用于建筑的各种搭接榫卯结构一般不需上胶，在需要提供抗拉或抗剪结构强度时，一般采用销钉或者入楔、加栓的方式提供机械结构强度。

用于家具的搭接榫一般都需要胶水来提供长纹理面的接合强度。现代胶水保证了较大接合面下的结构强度。

将搭接结构用于加长接合、角度接合或者丁字接合并不是很好的处理方式，但胜在制作方便，如果在此基础上加入销钉，其结构强度就会大大增加（图 5-27）。

图 5-27　加销十字搭接接合

将搭接榫结构用于十字接合或者多向接合时，因为造型本身提供了互锁结构，所以在结构受压、受剪或受弯方面并不存在太大问题。

综上，从受力角度讲，直榫适用于结构的抗压、抗剪和抗弯。燕尾榫在抗拉方面独具优势。但是因燕尾结构多用于结构中的转角部位，且多为外露，抗剪和抗弯方面并不优秀。嵌榫形式多样，多为模拟直榫和燕尾榫的形式，力学特征方面与两者有着相似之处，但总体强度要弱于非嵌榫结构。为搭接榫结构加入销钉等锁止结构是提高工作效率并保证结构强度的好办法。

表 5-1 总结了各种榫卯造型在同等条件下的力学强度特征差异。

表 5-1　同等条件下不同榫卯造型的结构强度比较

榫卯造型	接合强度
榫接的形态	燕尾榫＞直榫＞嵌榫
榫头的数量	多头榫＞双头榫＞单头榫
榫头的开放性	闭口榫≥半闭口榫＞开口榫
榫肩的数量	四肩＞三肩＞双肩＞单肩
榫头的长度	透榫＞半透榫
榫头的形状	方榫＞圆榫
燕尾榫的类型	明榫＞半隐榫＞闷榫
嵌榫的类型	整榫＞方栓嵌榫＞椭圆嵌榫＞嵌片榫＞圆棒榫

需要指出的是，这张表仅从接合强度分析了同等条件下的榫卯牢固度。但在实际应用中，需要综合考虑材料类型、尺度、强度需求、使用环境、工具条件、加工效率、成本、美观度等各项因素，灵活选择合适的榫卯结构形式。

3. 榫卯的制作工艺

榫卯接合形态种类较多，要根据制作需求和木材特性合理选用，还要借助各类工具精确制作，并需要经过大量的实践积累才能胜任。榫卯制作水平侧面反映了一个木工工作者的技术水准。

现代木工设备和工具的发明和改良，极大提高了木工工作效率，也让榫卯制作的难度大大降低。丰富多样的木工工具，给榫卯制作提供了更多的可能性。同一种榫接结构，可能有几种甚至几十种工具及方法可以实现（图 5-28）。在具体制作时，应依循熟练、顺手、方便的原则，充分利用现有的工具条件，选择有把握的方法进行制作。

下面简单总结一下榫卯制作的技巧与注意事项：

1）榫卯的选料

用于榫接结构的木料不能出现裂纹、斜纹、节疤、腐朽等缺陷。

2）榫卯的划线

制榫的木料应检查方正，否则划线可能无法交圈。

图 5-28　各种制榫工具与工艺

可在需要去除的木料部分打上斜线，便于区分造型。

3）榫卯的造型

榫卯的造型和大小直接决定了榫卯接合面的大小，应根据木作的造型、接合面积及木料尺度决定制榫的形状和尺寸。

手工凿切时应根据凿子型号决定榫眼宽度。

榫头的厚度一般应不小于木材宽度的 1/3，比榫眼宽度略窄 0.1~0.2mm。榫头宽度一般应比榫眼长度多出 0.5~1mm。

制作明榫时，榫头长度一般要比榫眼深度长出 2~5mm，组装后再截头刨平。

制作暗榫时，榫眼深度一般比榫头长度深 1~2mm，方便容纳多余胶水。

建议根据榫眼料厚将榫头长度设为 15~35mm 之间，榫头过短会降低接合强度。

木料接合面长度或厚度大于 40mm 时，应制作双榫或多榫头。

燕尾榫的夹角以 8°~12° 为宜。

圆棒榫的长纹理接合面接近于零，接合强度并不高，不适宜用于结构中的抗剪和抗拉部位。

4）榫卯的工艺

榫卯制作时，应根据所加工木料的材质特征合理确定榫接紧密度。一般情况下，使用软木制作的榫卯应略紧，使用硬木制作的榫卯结构应松紧适宜。

锯切时，锯应放置在余料一侧，根据情况留出划线。

榫头榫眼应尽量光滑平整，增大材质接触面和摩擦力。

手工凿切时可将榫眼两端面中部位置制作小凸面，以增大摩擦力，提高抗拉能力。

为方便组装，可使用短刨或扁凿为榫头倒出 45° 棱角。

为了展示榫卯结构的制作过程，我们录制了 12 种典型榫卯结构制作过程的视频。可以这些案例为参考，举一反三，灵活变通，在具体应用过程中依据需求，优选合适的工艺手段实现制作。

请扫码观看。

扫码观看操作视频

注：榫卯结构制作视频列表

① 椭圆榫拼板接合

② 楔钉榫加长接合

③ 半透燕尾榫板角接合

④ 三缺榫框角接合

⑤ 加腋榫框边接合

⑥ 粽角榫框角接合

⑦ 燕尾榫板丁接合

⑧ 挤楔榫框丁接合

⑨ 格肩榫架丁接合

⑩ 搭接榫十字接合

⑪ 攒边镶板边面接合

⑫ 插肩榫腿面接合

【拓展思考】

1. 如何评价一个榫卯结构的好坏？

2. 手工制作和借助木工机械制作榫卯各有什么优缺点？

5.3 五金接合

对于实木结构来讲，榫卯接合是最科学的接合方式。这是因为榫卯结构用材均来自结构件自身，能与整体达到同胀同缩的效果。古代匠人制作的用材考究、结构科学、制作精良的榫卯结构能够做到坚实牢固，甚至使用几百年不损坏。但随着现代商业和物流业越来越发达，人们习惯于从网络上或专门的商场购买家具等木作用品，这就涉及运输便利性和成本问题。因为现代硬木产品所用材料及制作工艺的原因，仅使用榫卯接合而不上胶的话，很难做到结构的长久稳固，但是上胶后就无法拆装，这就导致了部分产品因体积较大不方便运输的难题。所以，为解决现代实木家具的长途运输问题，生产商们采用了部分部件使

用榫卯接合再搭配五金件连接的方式。将产品部件采用扁平化打包运输送达用户，用户可以在收到产品后，自行组装起来，这样做节省了大量的运输成本。除上述原因，我们认为，五金件接合还具备提高工作效率、节约制作成本的优势。

在木工工作中，以下几种情况可以考虑使用五金件接合：

（1）快速接合木作，提高工作效率；

（2）使用可拆装五金件以方便包装、运输和存储；

（3）实现生产的标准化、系列化和通用化；

（4）木材自身的强度有限，需要借助五金件加固；

（5）无法借助胶接或榫卯实现的连接；

（6）用作装饰或实现其他功能。

1. 钉接

钉接是木材接合法中最简便的一种方法，在简易木工作业中应用最多。钉接受力分为长度方向的拉伸力和垂直方向的剪切力。钉子越长，对木材的摩擦力越大，能够承受的拉伸力越强；钉子越粗，钉自身的强度越大，能够承受的剪切力也越强。

当前木工使用钉接的方式主要有以下几种场景：

1）气钉接合

使用气钉枪或打钉机直接在木料上打钉实现接合。气钉分为直排钉、U字钉、相框钉等，常用于室内外装修场景和简易包装箱及辅具的制作（参见第3.5.13节钉枪）。

2）直钉接合

直钉常用于建筑大木作及简易工具的制作，将不同尺寸的直钉通过锤击直接敲入实现木料的连接。打钉时可以根据木材特征适当向不同方向倾斜，以增强钉接强度。为防止打钉时劈裂木料，可以使用铁锤将钉子尖头打钝再钉入。因直钉的抗拉效果较弱，现今应用越来越少。

3）螺钉接合

使用木螺丝钉连接木料，是各种装修场景和简易

家具制作的常用方法。其优势在于螺纹部分能够提供较好的抗拉力，且便于拆卸。在硬度较大的木材表面使用螺钉时，应根据螺钉直径预先在木材表面钻孔再拧入螺钉，以防止直接拧入螺钉导致木材从钉口处开裂，钻孔直径和深度以略小于螺钉直径和长度为宜。为防止钉头露出木材表面，可使用锥形钻在钉口位置钻出锥孔，然后将钉头埋入木材表面以下（参见第3.5.6 节手电钻）。

4）膨胀螺丝接合

多用于木制品的安装，借助膨胀管的抗拉作用，能确保木制品与墙面等构造牢固接合。

5）螺栓接合

螺栓接合主要用于大木作的简易接合，需要在相接合的木料上钻出与螺栓直径相同的孔洞，将螺丝穿过孔洞，在出口位置使用螺母进行紧固。

⚒ 使用膨胀螺丝安装木制置物架

扫码观看操作视频

1）使用直尺测量置物架背部的孔距，借助卷尺在墙面确定打钉高度，标记第一个打孔位置。

2）使用水平尺定位第二个打孔点的位置和高度。

3）根据膨胀管直径为冲击钻安装合适型号的钻头，根据膨胀管长度设定钻孔深度定位杆。

4）开机，在墙面钻孔，注意让冲击钻垂直于墙面。

5）在孔洞中敲入膨胀管。

6）使用手电钻在膨胀管处拧入螺钉，螺钉留出8mm左右长度余量。

7）将置物架孔洞对准螺钉挂墙，再次使用水平尺检查水平，完成操作。

✂ 使用螺栓固定木结构

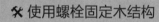

扫码观看操作视频

1）根据木料的厚度和结构要求选择合适型号的螺栓，并根据结构受力特征确定螺栓的数量。

2）在需要穿入螺栓的位置划线。

3）根据螺栓直径和划线位置预钻孔。

4）穿入螺栓，使用扳手拧紧螺帽。如木材较软，还需考虑为结构两侧垫上垫片。

5）完成连接。

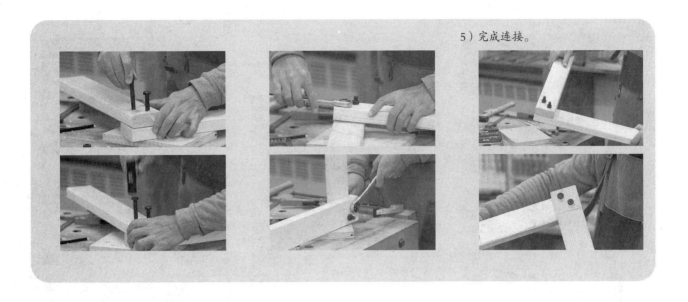

6）内牙螺丝接合

使用木螺丝钉直接钉入木料的方法能够提供的抗拉力，虽然较直钉好很多，但是其窄细的螺纹提供的抗拉力还是有限，且不适合反复拆卸的场景，而内牙丝接合能够解决这个问题。内牙丝具备更大的接合面积，能够提供比螺钉更强的接合强度，且金属间的配合更易于反复拆卸，使用寿命更长。

⚒ 安装内牙螺丝

扫码观看操作视频

1）将两个工件定位对齐，在需打孔位置划线标记。

2）使用沉孔钻在上部工件划线位置打孔，利用其钻尖在下部工件上标记位置。

3）根据内牙丝的外径选择合适的钻头，使用纸胶带在钻头标记打孔深度，为下部工件开孔。

4）使用六角扳手将内牙丝攻入下部工件。

5）若上述沉孔钻的钻芯直径不足，还需根据螺杆直径，使用手电钻夹装合适的钻头为上部工件打孔。

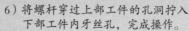

6）将螺杆穿过上部工件的孔洞拧入下部工件内牙丝孔，完成操作。

2. 五金件连接

应用于木作的五金件种类丰富，在建筑装修和板式家具中最为多见。实木家具中也常用到合页、滑轨、角码、挂销、液压杆等五金件（图5-29）（参见第3.6.8节五金配件）。

图5-29 家具五金件

⚒ 使用合页连接收纳盒盒盖

扫码观看操作视频

1）准备物料，根据盒子尺寸选择合适型号的铜合页。

2）在盒子两个部件之间夹持一张卡片制造出开合缝。

3）将合页放在盒子的合适位置，使用铅笔在孔位标记画点。

4）使用手电钻安装细钻头在标记位置打出浅孔，注意打孔不要太深。

5）放置合页，选择合适尺寸的螺钉，使用螺丝刀将对角孔位的螺丝拧入。

6）松开夹子，开合盒盖检查扣合效果。若无问题，继续拧入其他螺钉，完成操作。

⚒ 安装柜门铰链

扫码观看操作视频

1）根据柜门的组装方式选择合适型号的铰链（全盖、半盖、无盖）。

2）在柜门上标记划线，定位打孔位置。国内常用杯型铰链打孔中心位置距边约 22.5mm。

3）将柜门固定在台钻台面，为台钻

更换 35mm 直径的开孔钻。

4）为柜门划线定位处打孔，打孔深度约为 11mm（铰链杯厚）。

5）清理柜门孔洞中的木屑，放入铰链杯，划线定位上钉位置。

6）在上钉位置使用手电钻预开细孔，然后拧上螺丝。

7）将柜门放置在柜体安装位置，下面垫上预设门缝间隙的垫条，在铰链安装位置定位划线。

8）移开柜门，使用手电钻在划线位置预开孔。

9）使用手电钻和短螺钉将铰链固定在侧板，注意预留可调空间，可先分别在两个铰链的长孔位置上两个钉，开关柜门测试位置，无误后再将全部螺钉打入。

10）检查柜门四周留缝和柜门与侧板的平齐度，使用十字螺丝刀分别调节铰链上的两个螺丝，调节柜门前后和左右位置（外侧螺丝调节柜门左右位置的移动，内侧螺丝调节柜门前后位置的移动）。

11）调节后，若柜门与周边四边框处于同一平面，柜门开合方便，缝隙匀称，则可完成操作。

✄ 安装抽屉滑轨

扫码观看操作视频

1）根据抽屉深度选取合适型号的侧面滑轨。

2）在柜体内部需要安装抽屉的位置垫上合适高度的木块（侧面滑轨安装高度建议与抽屉拉手在同一个水平面上），将滑轨放在木块上，根据抽屉面板厚度，调节滑轨前后位置。

3）标记滑轨孔眼位置。一般定位三个位置即可，两端孔眼建议定位在可调节孔。拿掉滑轨，使用手电钻选择合适粗细的钻头（一般为φ2.5mm），在标记位置预开螺丝孔，注意深度不能超过螺丝长度的1/2。

4）使用手电钻将螺丝装入相应的孔洞，固定滑轨导轨部分。

5）根据导轨位置在抽屉侧板标记滑条高度和前后位置。

6）将滑条从滑轨中抽出，在抽屉侧板标记孔眼位置，将滑条固定在抽屉侧板上。

7）将抽屉推入导轨，检查推拉是否流畅，若推拉有困难，可调节导轨滑槽螺丝位置。

8）安装抽屉面板和拉手。

9）如使用的是阻尼滑轨，测试抽屉加力后能否自动闭合，若能自动闭合到位，则表示安装成功。

以上介绍的五金件连接多用于家具制作。在建筑大木作中，常用的五金件主要有螺栓和角码等。另外，为了结构和造型需要，还可定制专用金属预制件与木材配合使用（图5-30）。

五金接合是采用金属与木材相连接的方法，由于金属与木材的膨胀系数和硬度不同，在长久使用过程中，木材的胀缩会导致接合处产生压缩形变，在接合位置形成空隙，从而导致金属构件的松动和脱落问题。而且，在潮湿的环境中使用，金属件还容易锈蚀从而失去接合强度。因此，五金接合除了具备接合方便、提高效率、节约成本的优势之外，还带来了产品使用寿命方面的隐患。我们要辩证思考五金接合的优缺点，根据需要合理选用。

图 5-30　金属预制件接合

【拓展思考】

1. 使用手电钻安装螺钉时，如何防止滑丝现象？

2. 生活周边中，自己还见到了哪些采用五金件连接的木作产品？

第6章　表面处理工艺

6.1　表面雕刻

在我国木结构建筑、古典家具和工艺品造型中，雕刻工艺占有重要地位，应用非常广泛（图6-1）。木雕技艺源远流长，技法繁多，本节主要介绍木作表面或单体薄板的雕刻技艺。表面类雕刻大致可分阴刻、浮雕和透雕等形式。现代木工制作中，激光雕刻、CNC雕刻等新型技术的应用已经非常普遍，部分替代了繁复的手工雕刻工作，但从作品的价值和生命力角度，传统手工雕刻仍然有着不可替代的作用。

1. 手工表面雕刻

手工表面雕刻是借助各种雕刻工具在木料表面雕刻出图案或文字，用于装饰、标记或纪念。常用的工具和耗材主要有：横手削刀、打胚刀、修光刀、刻刀、雕刻槌、牙机、牙机配件、手持砂磨机、快速锯、曲线锯、鸟刨、木工锉、砂纸、划线工具、手电钻、木蜡油、手套、指套、口罩、护目镜、磨刀工具

图6-1　应用在建筑、家具和工艺品上的表面雕刻

⚒ 手工雕刻浮雕花板

扫码观看操作视频

1）准备一块200mm×200mm×20mm

的椴木板。

2）将打印好的雕刻图案使用胶水粘贴在木板，用滚轮压平，然后将

木板固定在操作台上。

3）使用平刀或斜口刀沿花纹走线，雕刻出线条斜面，注意根据木纹纹理方向用刀。

4）使用圆刀、平刀和U形刀清底，使用V形刀雕刻线条的底部。

5）根据造型需要换刀继续雕刻调整。

6）使用平刀和三角刀雕刻浮雕斜面和线槽。

7）检查并进一步修饰细节，使用砂纸手工打磨掉边角毛刺，完成制作。

等。这些工具已在前面的章节中分别介绍过，本节不再重复。

手工雕刻类型多样，技法多样，需要长时间练习，不断总结经验，达到熟能生巧的境界，才能制作出精致美观的雕刻作品。

2. CNC 数控雕刻

在第3章雕刻机一节中，本书已介绍过使用CNC雕刻机进行简易收纳盘的制作。本节介绍一下使用CNC精雕机制作浮雕造型的过程。

✂ 使用 CNC 数控雕刻机制作浮雕

扫码观看操作视频

1）使用蚊钉枪将待雕刻工件固定在雕刻机台面。

2）将雕刻机主轴归零，换刀，设定零点坐标。将雕刻图形导入雕刻设计软件，设定雕刻刀路，导出雕刻刀路文件，再将文件导入雕刻机控制软件中设定加工方式和雕刻参数。

3）对刀，测试刀路。

4）设置主轴转速和行进速度，点击雕刻按钮开始雕刻。持续观察机器工作过程，遇到问题及时关停。

5）检查雕刻细节，完成操作。

　　使用数控雕刻机制作浮雕或者圆雕作品是一个相对复杂且耗时较长的过程，以上只是简单的步骤介绍。具体工作中，我们需要使用雕刻机配套软件进行详细的图形设计与绘制，然后精准编制雕刻刀路。浮雕作品的效果很大程度上取决于对雕刻参数的设计，这部分知识需进行专门学习。

3. 激光雕刻

　　在前面第 3 章雕刻机一节，本书已介绍过使用激光雕刻机进行板材切割的工作方法。本节介绍一下使用激光打标机在木作表面雕刻图案。

✂ 使用激光打标机雕刻图案

扫码观看操作视频

1）将准备好的工件放置在台面，转动升降轮调节激光打标机焦距至机器设定距离。

2）在打标软件中载入预先设计的图案文件，设定雕刻尺寸和雕刻方

式，设定雕刻输出功率。

3）找一块与工件等厚的同材质木料进行测试。根据打标机激光演示打标范围调节工件位置。如批量操作，可以设置靠山用以辅助操作。

4）戴上口罩，开启吸尘器，点击雕刻按钮完成测试。保持测试工件位置，靠近观察雕刻效果，如果雕刻深度过浅，可以再次雕刻或者调高雕刻参数再次雕刻。如果图案边缘不够清晰锐利，应调节激光头的焦距。再次测试，直至效果合适。

5）放入待加工工件，调整好位置，点击雕刻按键，直至完成操作。

【拓展思考】

1. 如果要手工雕刻一个局部镂空的透雕作品，基本步骤是什么样的？

2. 在使用 CNC 雕刻机或激光打标机时，自己应该做好哪些安全防护措施？

6.2 表面修饰

6.2.1 镶嵌

自古以来，匠人们就喜欢在木作表面填嵌或包镶其他材料，以求更好的表面装饰效果（图6-2）。常用于木作表面镶嵌的材料有木材、贝壳、石材、玉石、瓷片、珠宝、犀角、骨牙、金属等。

图 6-2　镶嵌工艺品

图 6-5　国外镶嵌家具作品

　　填嵌工艺是在木料表面挖槽剔沟，再把嵌件填入粘住，通过纹样和色泽的差异产生装饰效果（图 6-3）。填嵌的表面有磨光、刻画、阴刻、突起等多种做法。传统填嵌的槽口和线条基本为手工雕刻，在现代我们也可以借助 CNC 数控雕刻机、激光雕刻机或修边机等进行精确铣削。填嵌手法自唐朝时期就有应用，尤以清代宫廷器用最显特色。匠师们将黄杨木、玉器、瓷片、珠宝、大理石、螺钿、玳瑁、犀角、珐琅等珍贵材料镶嵌在家具或日用木器表面，为家具增添了雍容华贵的装饰效果，俗称为"百宝嵌"（图 6-4）。另外，在东亚、东南亚和西方国家也有一些花样繁多的镶嵌家具及工艺品，各具特色（图 6-5）。

　　包镶工艺是用金属、珍稀木材或多色小木片等在木作表面进行贴面包覆（图 6-6）。我国古代家具中偶见一些使用小木片拼接的大画案、炕桌等家具。在日本箱根地区有 200 多年历史的"寄木细工"就是一种典型的包镶工艺。匠人们将不同种类不同颜色的木材进行拼接，产生有规律的花纹，然后刨出薄片包镶粘贴在器物表面，起到富丽华美的装饰效果（图 6-7、图 6-8）。

图 6-3　填嵌工艺

图 6-4　清代家具表面的镶嵌

图 6-6　建筑及家具上的包镶装饰

图 6-7　寄木细工工艺

图 6-8　寄木细工作品

图 6-9　各种木作表面的绘画装饰

【拓展思考】

　　除了本节提到的材料，还能将哪些材料用于镶嵌工艺？

6.2.2　绘画

　　自新石器时期起，我们的先祖就在木材上绘画。发展至今，木材表面的绘画装饰大量应用在古典建筑、船舫、漆器、家具、工艺品、玩具等各类木作中，丰富了作品的装饰效果（图6-9）。木材表面的装饰绘画所用材料有各类颜料、色漆、金银粉等。手法有彩绘、髹漆、描金、贴金、压花、印花等（图6-10）。题材丰富多样，表现力强，又被赋予很多象征意义，应用非常普遍。

图 6-10　木作表面的各种绘画装饰工艺

【拓展思考】

　　如何延长木作表面绘画材料的寿命？

6.2.3　做旧

做旧工艺主要为了模拟木作长久使用后所产生的磨损、老化变色、污垢和划痕等特征，追求木作的古色古香效果（图 6-11）。

模拟表面的划痕损伤效果，可以使用刷子、彩色铅笔或蜡笔在木料表面绘制，或者使用钉子、钢丝刷、刀具、锉刀等在木料表面随机剐蹭实现（图 6-12）。

模拟表面的颜色变化，可以对木料的表层涂料进行轻微打磨，或者使用漂白产品让材质部分区域变浅，烧灼让材质部分区域变深，还可以使用染色剂对木料边角区域重新染色，或者直接打磨掉边角区域的有色漆面。

模拟表面的污垢效果，可以使用上色或上釉方法对木料的转角或凹陷处加深处理，同时把凸起部分进行轻微打磨。

在第 7 章床头柜的制作演示中，在表面处理环节有做旧效果演示（参见第 7.8 节床头柜）。

【拓展思考】

做旧和作假有什么区别？

6.2.4　炭化

木材炭化是将木材置于高温环境中，将木材纤维炭化，起到防腐防虫和装饰性效果。木材炭化分表层炭化和深层炭化两种（图 6-13）。

表层炭化是使用高温气枪对表面进行烧灼，使木材表面形成一层很薄的炭化层，起到类似油漆的作用（图 6-14）。因木材早材和晚材的密度不同，耐火性

图 6-11　做旧的家具

图 6-12　做旧工艺

表层炭化   深层炭化

图 6-13 两种炭化类型

图 6-16 深层炭化的应用

图 6-14 木材表层炭化

【拓展思考】

木材炭化的好处是什么？有什么缺点？

6.2.5 染色

有差异，炭化可以将表面烧灼出丰富的纹理层次。主要应用于建筑装修和工艺品中，家具制品中也偶有使用。近些年流行的烧桐木家具，就是将桐木表面高温炙烤炭化制作而成的，有复古的韵味（图 6-15）。

深层炭化是将木材置于 200℃ 左右的高温环境中，使木材的有机成分发生质变，能够取得良好的防水、防虫、防腐蚀效果，广泛应用于建筑室内外装修及户外家具中（图 6-16）。

炭化木天然环保，稳定性强，纹理清晰美观，成本低廉，容易制备，是近些年比较流行的工艺技术。

为木料罩染染色剂能够增强木材纹理或改变木色，取得特殊的外观效果（图 6-17）。如果我们对木料的原色不满意，或想模仿珍贵木材的色泽，或需要进行局部遮瑕时，可以对木料进行染色处理。常见的染色剂有水基、油性、酒精、丙烯酸等类型（图 6-18），使用时可以预先涂装，也可以与油漆、水性漆、木蜡油等表面处理剂混合后使用（图 6-19）。

在为木制作品染色之前，最好先用待染色木作的同种木料制作一块测试板用于观察染色效果（图 6-20）。

图 6-15 表层炭化的应用

图 6-17　木材染色效果

蜂蜜	北欧红	草绿	柚木
橡木	加州红	北欧绿	咖啡
麦子黄	火山红	海蓝	粟壳
胡桃木	锈红	宝石蓝	棕黑
土棕	檀木	烟灰	乌木

图 6-18　木材染色产品

图 6-19　木作染色

图 6-20　染色测试

操作之前，应将木料表面打磨平整，处理掉各种划痕和毛刺，尤其是应及时擦除或刮除组装时溢出的胶水。在本书第 7 章方凳的表面处理部分，将演示为方凳进行染色处理的方法（参见第 7.6 节方凳）。

【拓展思考】

木材表面染色不匀可能是什么原因？

6.2.6　漂白

　　木材中，木质素及细胞侵填物是木材显色的主要原因。为了追求一定的装饰效果和使用需求，消除材色不匀或局部变色、色斑，可对木材进行漂白处理。木材漂白是指使用化学药剂使木材颜色变浅或褪色，是统一色调、处理色变的一种加工工艺（图 6-21）。木材常用的漂白剂可分为氧化型和还原型两类。常见的有过氧化氢（H_2O_2）、过氧化钠（Na_2O_2）、过硼酸钠（$NaBO_3$）、次氯酸钠（$NaClO$）、二氧化氯（ClO_2）、亚硫酸钠（Na_2SO_3）、二氧化硫（SO_2）、草酸（$H_2C_2O_4$）、山梨酸钠（$C_6H_7NaO_2$）等（图 6-22）。

图 6-22　木材漂白产品与工艺

　　漂白木材时，选用适量漂白剂涂于木材表面，待木材颜色变浅后再用清水洗净即可。如果使用的是酸性漂白剂，应在漂白后使用碱性溶液中和，再用水洗净。在本书第 7 章咖啡桌的表面处理部分，将演示为咖啡桌表面做漂白处理的方法（参见第 7.7 节咖啡桌）。

【拓展思考】

漂白木材时要做好哪些个人防护？

6.3　修平打磨

　　虽然我们在选料阶段会避免掉木材的大多数缺陷，但木材被刨平后仍可能显现一些缺陷，如节疤、

图 6-21　家具漂白效果

坑洞、白皮、表面细小裂纹等。另外，在木料加工和组装过程中，受设备加工精度、加工方式、刃具的磨损、操作过程中的污染及搬运过程中不小心的磕碰等因素影响，都有可能造成木制品表面的瑕疵，如凹凸不平、锯痕、撕裂、毛刺、戗茬、压痕、污渍等。因此，在对木制品进行表面涂装前，一般要进行修平填缝和打磨抛光工作。

1. 修平填缝

对于木作表面的粗糙管孔、少量的缝隙或戗茬，可以使用满批腻子进行处理（图 6-23、图 6-24）。遇到较大的孔洞或裂缝，可以将孔缝稍作修整，使用木块或木皮施胶后填补，然后使用填缝剂或环氧树脂填平，再使用彩铅或画笔绘制出与周围颜色一致的木纹（图 6-25，参见第 6.5 节表面修复中使用环氧树脂修复节疤或裂缝的演示操作）。

如果遇到工作过程中不小心留下的锤击凹陷或者磕碰伤痕，可使用水蒸气热烫的方法恢复平整。具体操作方法是在凹陷处喷水，然后使用蒸汽熨斗垫上湿巾或湿布熨烫，或者使用热风枪加热该区域。如果凹陷过深，应使用木粉腻子或填缝剂填平（图 6-26）。

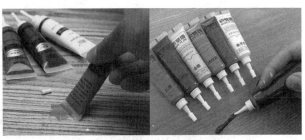
图 6-24　使用修补膏修复木作表面细小缝隙

图 6-25　木粉腻子

图 6-23　满批腻子

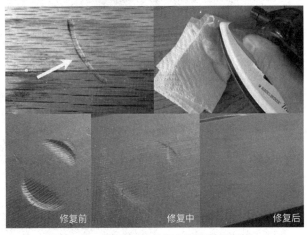
图 6-26　使用热蒸汽修复木作表面钝器伤痕

修复前　　修复中　　修复后

✄ 使用填缝剂填充木材孔洞

扫码观看操作视频

1）将木料平放于台面，准备好与木材色泽相近的填缝剂，准备好刮刀、调色板等。

2）根据孔洞大小使用刮刀挖取适量填缝剂在调色板上，如果腻子与木料色差较大，可用不同颜色

的填缝剂调色。调出的腻子色泽
以略深于木料为宜，填缝剂干后
颜色会变浅。

3）使用刮刀将填缝剂涂抹在孔洞
中，如果孔洞较大应分多次填
补，每次填充一部分，干后再继
续填充，最终填平后应略高于
木料表面，填缝剂干后会略微
收缩。

4）将木料静置一段时间，待填缝剂
硬化干燥后，若表面孔洞已被填
平，使用240目砂纸将木料表面
打磨至光滑平整，完成操作。

⚒ 使用满批腻子填充木材毛孔（戗茬）

扫码观看操作视频

1）将木料平放于台面，准备好满批
腻子、刮板、抹布等。

2）挖取适量腻子放在调色板上，加
入适量染色剂搅拌均匀，使之与
木料颜色接近。

3）使用塑料刮板将腻子涂抹在木料
表面，然后刮匀，最后顺木纹方
向刮除多余腻子。

4）将木料静置一段时间，腻子硬化干燥后，观察表面缺陷和毛孔是否被填平。如果尚未填平，使用 180 目砂纸将木料表面手工打磨光滑，然后使用棉布擦掉粉尘。

5）如法涂抹第二遍腻子。

6）第二遍腻子干燥后观察是否还需要再次重复刮腻子，如果表面平整，木料毛孔（戗茬）基本被填平，即可完成操作。

✄ 填充接合缝隙

扫码观看操作视频

1）使用气枪将木作缝隙中的粉尘和木屑清理干净。

2）在缝隙两侧粘贴纸胶带隔离。

3）选择与木色一致的填缝剂，使用刮刀填充进缝隙，然后刮平表面。

4）待填缝剂干燥后，揭掉纸胶带，手工打磨平整，完成操作。

另外，在木作组装完成后，如果榫卯结构制作不够精密，就有可能在接合处留缝。缝隙内部无法做表面处理，无法防水防潮，时间长了容易导致接合处松动，所以应为缝隙处填充木料填缝剂，阻止水分通过，为后期涂装作准备。

2. 打磨抛光

为了让打磨工作更为顺利，在选料阶段就要注意对木料进行筛选，避免使用开裂、死节、虫蛀、腐朽等难以修复的木料。若使用平刨和压刨刨光，应注意保持刀片的锋利和刨削面的平整，避免出现逆纹戗茬、刀痕脊线、头尾凹陷、崩边等问题。榫卯的制作要精准平整，太松的榫卯在组装后会出现活动、错位、漏缝等问题，太紧的榫卯强行组装会导致开裂等问题，需要使用胶水和填缝剂进行修补填充。木制品制作后期，如果需要进行雕刻、装饰、上色、上漆等表面处理工作，都需要预先将木制品表面打磨光滑。

木作的打磨抛光过程一般分三个阶段。

1）第一个阶段是工件造型制作完成后的粗磨工作

一些结构复杂，内部空间小、部件多的木作，组装后打磨难度大，应在组装前将各工件打磨到180~240目（图6-27）。对木材表面坑洞和凹陷进行修复后，可根据需要使用细刨或者刮刀再次找平，以减少打磨工作量。粗磨阶段可使用各类手持砂磨机对所有工件进行打磨，一般由120目开始即可，如果木料表面过于粗糙，可以先使用60~80目砂纸快速找平，再按照120目、180目、240目等顺序打磨（图6-28）。

2）第二个阶段是上胶组装后的打磨工作

各工件粗磨完毕后就可以进行组装工作了。组装过程如果使用胶水，应使用湿布及时擦掉溢出的胶水，否则后期很难清除。湿布会导致木作表面的开放纤维胀开，从而产生毛刺。另外，木作表面还可能会留下部分胶痕、填缝剂或组装敲击留下的痕迹，以及机器打磨无法照顾到的边角区域，所以仍需检查一遍，打磨掉所有不光滑的影响表面涂装的瑕

疵。打磨时要注意顺纹理方向打磨，防止留下划痕（图6-29）。一般需要做表面涂装的家具打磨至240目左右即可，工艺品等可适当提高打磨精度。

3）第三个阶段是表面处理过程中的打磨抛光工作

本书第6.4节表面涂装会介绍到木作的表面涂装工艺。表面涂装产品分油类、蜡类、漆类等，不同的涂装工艺对应不同的打磨要求。部分表面处理工艺需要多次涂装，在每一遍涂装之间，都需要进行打磨抛光，防止厚涂区积累起皱。如果表面处理剂采用木蜡油或水性漆等产品，为防止木材表面起毛刺，可先用湿布擦拭或使用底漆涂装木作表面，表面干燥后使用240~320目砂纸打磨掉毛刺，再进行表面涂装。待涂装表面干燥后，再使用1000目砂纸或钢丝绒打磨抛光（图6-30）。如果表面涂装采用蜡膏类产品，应使用棉布或布轮抛光（图6-31）。如果表面使用毛刷涂装，在下一遍涂装之前，应先使用400~600目砂纸将刷痕打磨平滑（图6-32）。

关于打磨的具体手法，一般要求是顺木纹方向均匀打磨即可，无需用力打磨，不要过度打磨。在

图6-29　木作组装后的精磨工作

图6-27　零部件粗磨工作

图6-28　木作打磨流程

图6-30　使用钢丝绒抛光

图6-31　使用棉布抛光

图 6-32　使用细砂纸打磨木作表面

第 7 章的木工制作案例中，将会反复进行木作的打磨工作。俗话说："三分工，七分磨"，打磨工作需要耐心、细心，不可急于求成，不能敷衍了事，否则会极大影响到作品最终的外观效果。

　【拓展思考】

1. 如果工件产生了镂空的孔洞或缝隙，我们该怎样进行修平处理？
2. 如果打磨不均匀或不到位，会对最终的表面涂装产生哪些影响？

6.4　表面涂装

木作打磨光滑后，就可以进行表面涂装了。表面涂装是指按照一定工序将涂料涂布在木制品表面上，起到硬化、防水、防变形、防开裂、防腐蚀、防虫蛀等作用，能够延长木制品使用寿命，同时还赋予木制品特定的色泽、纹理、质感，起到美化作品的作用。

1. 表面涂装的方法

表面涂装的主要方法有手工涂装和机械涂装两类。手工涂装包括刷涂、擦涂和刮涂，机械涂装包括气压喷涂、高压无气喷涂、静电喷涂、淋涂、辊涂、浸涂等。

1）手工刷涂

手工刷涂是使用各类鬃刷、尼龙刷、毛刷、滚刷等直接蘸取涂料施工（图 6-33）。一般需要施工 1~3 遍。优点是工具简单，施工方便，节省涂料，易于掌握，灵活性强，材料附着性好，场地限制小，适用于不同形状和材质，适合多种涂料。缺点是劳动强度大，工作效率低，不适合快干型涂料，易产生刷痕、流挂和涂布不均等缺陷。

2）手工擦涂

手工擦涂是使用棉布或棉球蘸取涂料在木料表面施工（图 6-34）。一般需要施工 2~3 遍。优点是适合快干型涂料，施工方便，节省涂料，易于掌握，灵活性强，附着性好，场地限制小，对形状和材质限制小。缺点是工作强度高，效率低，擦涂不匀容易导致涂料厚积。

3）手工刮涂

手工刮涂是使用刮刀或刮板刮涂涂料，主要用于

图 6-33　手工刷涂

图6-34 手工擦涂

图6-35 手工刮涂

图6-36 气压喷涂

刮涂腻子、底漆或厚质涂料（图6-35）。一般施工1~2遍。优点是施工方便，易于操作。缺点是工作强度大，工作效率低，厚涂易开裂、卷皮，需配合打磨等工序。

4）气压喷涂

气压喷涂是使用压缩空气经过喷枪，将涂料雾化喷涂到木料表面（图6-36）。一般施工2~6遍。优点是涂料适用性广，适用于各种形状和材质，工作效率高。缺点是涂料浪费大，环境污染大，对人体危害大，涂层较薄，需多次喷涂。

5）高压无气喷涂

高压无气喷涂是将涂料加压，通过喷嘴喷出后雾化，涂布在工件表面（图6-37）。一般施工2~6遍。优点是涂层质量较好，附着力强，涂料利用率高，生产效率高。缺点是不适合黏稠涂料，操作施工需要一定技巧，对环境有污染，对人体有危害。

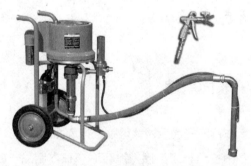

图6-37 高压无气喷涂设备

6）静电喷涂

静电喷涂是分别在涂料和木作表面接入正负电荷，通过电荷吸引实现喷涂（图6-38）。优点是涂料利用率高，工作效率高，表面质量高，成本较低，环境污染小。缺点是有一定火灾隐患，安全要求高。

7）辊涂

辊涂是使用辊涂机将辊筒上的涂料涂布到木料表

面（图 6-39）。优点是可涂布大面积木料，适合黏稠涂料，厚度均匀，质量好，生产效率高，节省涂料。缺点是不适合形状复杂的表面，不适合涂布面漆。

8）淋涂

淋涂是使用淋漆机将涂料涂布在木料表面（图6-40）。优点是适合大面积板面，适合高黏稠涂料，厚度均匀，质量好，生产效率高，节省涂料，操作方便。缺点是不适合实木家具，不适合薄涂，不适合小件和异形表面。

涂装工艺丰富多样，不限于以上几种方法。我们可以根据所处工作环境、场地规模和经济预算选用更合适的表面涂装工艺。

2. 表面涂装的几种工艺

第 3 章已经分类介绍了各类表面涂装材料。下面介绍和演示部分表面处理剂的涂装操作方法。

1）木蜡油涂装

通过前面章节的介绍我们知道，木蜡油是室内外家具和建筑木结构常用的表面处理产品。主要成分由各类植物油、植物树脂及天然色素等按一定比例混合而成，不含化工产品的毒性，具有天然的环保特性，越来越受市场欢迎。木蜡油多为透明油脂状态，能够清晰地呈现木材花纹肌理，获得美观的表面处理效果。木蜡油融合了纯油类产品的渗透性和蜡类产品的覆盖特性，其中的油性成分能够渗透进木纤维内部，蜡质附着在木材表面，形成较为坚固的保护层。木蜡油产品具有防水耐热、耐腐耐磨、光泽好、耐久性强、擦涂方便、易于维护的特点，同时存在干燥略慢、厚涂易黏稠的问题。木蜡油加入色素染料能够形成半透明的有色涂装效果。

图 6-38　静电喷涂

图 6-39　辊涂设备

图 6-40　淋涂设备

✂ 擦涂木蜡油

扫码观看操作视频

1）将木作放置在干燥无尘的环境中。

2）戴上一次性手套，将木蜡油倒入专用容器，视情况加入稀释剂，充分搅拌均匀。

3）选择一块干净棉布，包裹少量棉纱后扎紧做成球状形态。

4）蘸取少许木蜡油，由下而上，由内而外，将木蜡油均匀涂抹于木作表面。

5）涂抹完成后，再使用另一块干净无油棉布擦掉木料表面多余油脂，静置待干。

6）第一遍木蜡油干燥后，使用1000目砂纸或钢丝绒顺木纹打磨。

7）使用棉布或气枪清理木作表面灰尘。

8）如法涂抹第二遍木蜡油，如有需要，可在第二遍木蜡油干燥后在主要接触面涂抹第三遍木蜡油，完成操作。

知识点：手工擦涂一般操作方法

1）擦涂方法有直线型、S型、8字型、螺旋型等，可交替使用。

2）轻擦薄涂，用力均匀，避免厚积。

3）滑行起落，边角收油。

2）烫蜡工艺

我国传统红木家具常用烫蜡的方式进行表面抛光处理。传统的抛光蜡主要为蜂蜡或棕榈蜡，使用热风枪加热后让蜡融入毛孔，然后抛光即可得到温润美丽的光泽。一般建议为有油性的木料进行烫蜡处理，普通的木料烫蜡后防护效果一般，并不耐久。

⚒ 烫蜡

扫码观看操作视频

1）将蜂蜡敲碎放在容器中使用热风枪加热直至融化。

2）使用棉布包裹一团棉絮制作成擦拭垫，蘸取融化的蜂蜡，均匀涂抹在木器表面。

3）将热风枪调节至低温模式，在木器表面加温，直至蜂蜡再次融化并浸入木料毛孔，使用棉布擦除多余蜡质。

4）一小时后，再次使用擦拭垫为木器涂抹第二层蜂蜡，并使用热风枪吹化，擦匀。

5）再静置一小时，如法擦抹第三遍蜂蜡。

6）使用塑料刮刀清除缝隙和边角处的多余蜂蜡。

7）使用棉纱在木器表面打圈擦拭抛光，直至表面出现均匀且温润的光泽效果。

8）完成操作。

3）大漆工艺

大漆，也叫作生漆，是传统的天然漆，取自自然，经久耐用，在我国拥有数千年的应用历史。目前市场上多将大漆应用于红木家具和日用餐具等高级木作的表面涂装。

虽然大漆的操作工序较为简单，但是干燥过程对空气温度和湿度都有较高要求，尤其是要求环境空气湿度最好是 75% 以上。而且，想要达到较好的表面处理效果，一般要进行多遍甚至上百遍的反复擦涂和打磨，制作周期较长，时间成本较高。

⚒ 擦涂大漆

扫码观看操作视频

1）将木器表面使用湿布润湿，等待20分钟左右，使用600目砂纸打磨掉产生的毛刺。

2）戴上橡胶手套、护目镜、口罩等防护用品。

3）在棉布上倒上少许底漆，拧紧过滤到调漆盘上，可根据需要加入瓦灰或染色剂等，再加入少许橘子油或广油，调匀。

4）使用鬃刷或棉布团蘸取少量底漆均匀涂抹木器表面，静置10~20分钟，然后使用新棉布擦掉多余漆料。

5）在温度适宜、空气潮湿的室内空间将木器静置 12 小时以上。如有条件，也可将木器放置在专用的阴房或干燥柜中干燥。本例使用喷壶在柜内喷水，制作简易干燥箱。

6）第一遍底漆干燥后，使用 1000 目砂纸湿磨木器表面。根据需要擦涂第 2 至第 3 遍底漆。

7）准备好擦漆，使用上述同样的方法调漆、擦涂并打磨若干次，打磨砂纸的目数可逐级提高至 5000 目左右。

8）每一遍擦漆结束后，可使用橘子油清洗鬃刷和台面。

10）完成操作。

9）最后一遍漆干燥后，在木器表面擦涂茶油，使用高目抛光粉或研磨剂配合棉纱抛光木器。如有需要，还可再刷涂一遍透明漆（揩清漆），然后进行揩清操作，使作品表面达到镜面光泽效果。

需要特别说明的是，初次接触大漆的人，如果防护不当，大漆接触皮肤后可能引起较为严重的漆酚过敏现象。表现为皮肤红肿、奇痒难耐、寝食难安，目前尚无较好的治疗措施。一般持续3天至1周后症状会消失，痊愈后通常不会产生疤痕等问题。多数情况下，大漆过敏后体内会逐渐产生抗体，再次使用大漆过敏现象会减轻或消失。若反复出现过敏现象，则应避免继续接触大漆。另外，虽然髹漆过程会导致过敏现象，但是大漆涂装过的木作产品是无毒安全的，可以放心使用。

4）清漆涂装

根据原料的不同，清漆可以分为油性漆和水性漆两类。油性漆多由油类和合成树脂以及催化剂的混合物制成，水性漆多由水溶性的丙烯酸和聚氨酯树脂制成。清漆涂抹在木作表面后，形成一层透明而牢固的保护层。清漆的保护层能有效防水、耐磨损、耐热、抗腐蚀，大量应用于需要体现木材原有肌理的表面涂装中。但是，清漆也存在固化时间长，容易流挂，时间长了会发黄等缺点。清漆的涂装可以使用刷涂、喷涂或者擦涂的方法。其中刷涂的方法适合个人用户，喷涂更适合工厂的专业喷漆房。另外，水性清漆可以加入水溶性染色剂，在木料表面呈现半透明的染色效果。

> **知识点：手工刷涂一般操作顺序**
>
> 先难后易，先里后外，先上后下，先底后面，先角后面，先横刷再顺刷，沿一周顺序涂刷。

✕ 刷涂油性清漆

扫码观看操作视频

1）将打磨光洁且经过填缝处理的待刷漆木作放置于无尘空间的台面上。戴上防护口罩和手套，打开底漆，倒入专用容器。根据使用说明，按比例加入稀释剂，充分搅拌均匀。

2）使用尼龙毛刷横向于木纹刷涂一

遍，然后再顺木纹方向涂刷一遍，用刷头轻轻扫掉多余流挂。

3）静置 5~8 小时，表面干燥后，使用 320 目砂纸打磨掉毛刺并除尘。

4）涂刷第二层底漆，静置 5~8 小时待干。

5）使用 600 目砂纸打磨木作表面，使用棉布擦除粉尘。

6）打开面漆并与溶剂调和，为木料涂刷第一遍面漆，干燥后再次打磨并擦净粉尘。

7）如法涂抹 2~3 遍面漆，直至表面涂层达到合适的厚度。

8）使用抛光棉纶为木作表面抛光，完成操作。

✄ 喷涂水性漆

扫码观看操作视频

1）带上口罩和手套，将水性漆底漆倒入喷枪漆壶，搅拌均匀并拧紧壶盖。

2）在喷漆台面覆盖隔离薄膜。将喷枪接入空压机。找一块废旧木板，测试喷枪出雾效果，如果出雾效果不佳，可以调节喷嘴螺丝。

3）将木作放置在工作台上（如果是小件可放置在旋转工作台上），用气枪清理表面灰尘，将喷漆枪接入空压机。

4）以先内后外，先边后板，先底后面的顺序在木作表面喷漆，喷嘴距离木作不宜太近，以 20~30cm 为宜，防止流挂（如果木作可拆卸，应先分别为各部件喷漆，待喷漆工作完成后再组装）。静置 2 小时左右待干。

5）第一遍底漆干燥后，使用 600 目砂纸手工打磨，去除表面毛刺，使用吹尘枪除掉表面粉尘。

6）再次喷涂 2~4 遍水性漆底漆。

7）将水性透明面漆倒入喷漆壶，按比例加入清水，搅拌均匀。

8）在木作表面喷涂 2~4 遍水性面漆，每遍间使用 1000 目砂纸打磨。

9）完成操作。

喷漆工作安全操作注意事项

1）喷漆工作应在专门的喷漆房，应有专门的换气扇等通风装置。如果在户外喷漆应注意不要造成环境污染。

2）定期排放空压机积液，以免出现漆膜起泡、泛白等缺陷。

3）喷漆应佩戴护目镜、面罩、手套、工作服等防护装备。

4）加注漆料前应关闭气阀。

5）应在工作场地配置灭火器材。

6）喷漆工作完成后，应清空漆壶并加入稀释剂将喷枪清洗干净。

表面处理安全操作注意事项

1）多数表面处理产品都易燃，应在安全的环境中专门存放。

2）尽量在干燥通风的环境中进行表面处理工作。

3）在做表面处理工作时，应正确佩戴口罩、护目镜、手套等防护用具，防止吸入溶剂烟雾，防止皮肤接触腐蚀性涂料。

4）油性抹布会发热易燃，应泡水后丢弃。

5）工作时周围应配备灭火器等消防器材。

6）如果表面处理剂进入眼睛，应使用大量清水冲洗，严重时应及时就医。

5）合成漆涂装

市场上的合成漆常见的有硝基合成漆和聚酯合成漆。硝基漆主要由硝化纤维素和合成树脂制成，聚酯漆的主要成分为聚酯树脂。合成漆一般需要加入固化剂或稀释溶剂混合调配使用，还可以加入有色染料或调色填料、釉料等形成不同颜色的漆膜。由于合成成分的不同，合成漆所表现出的颜色、硬度、防水性、防腐性、耐热和耐溶性有较大差别，但总体上具有干燥速度快、涂刷方便、呈色效果好、可塑性强、易修复、易清理等优点，同时存在环保性差，硬度、防水、耐久、耐热、耐磨、抗腐蚀性能一般的缺点。

合成漆既可刷涂，也可喷涂（参见第 6.5 节表面修复中为木作脱漆并使用合成漆刷涂的演示）。

【拓展思考】

1. 如果发现木蜡油涂装的表面黏稠难干，可能是什么原因？

2. 如何避免刷涂过程中产生的流挂和刷痕问题？

6.5 表面修复

木作使用过程中，难免会产生污染或损伤，主要表现有涂层开裂脱落、老化、变色、污染、污渍、木料裂缝、划痕等。本节介绍几种表面修复的方法。

1. 表面水渍

长期在木作表面上放置热杯子热碗等，或者木作长期处于潮湿的环境下，表面可能产生白色或黄色的水环或水渍等。使用家具修补液、凡士林、风油精或酒精擦拭受损区，然后使用棉布抛光即可（图 6-41）。

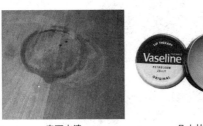

表面水渍　　　　凡士林　　　　酒精

图 6-41　表面水渍的修复产品

2. 表面污渍

木作的表面污渍包括画笔痕迹、胶带印记、涂料、有机材料的固态残留等。一般的表面污渍可以尝试使用酒精、松节油、脱胶剂、木蜡油稀释剂等擦除，较厚的残留物可以使用吹风机加热后轻轻刮除，如果未能奏效，可以使用细砂纸轻轻打磨掉表面涂层，然后使用同色的木蜡油或水性漆等修复（图 6-42）。

表面污渍　　　　松节油　　　　脱胶剂

图 6-42　表面污渍的修复产品

3. 表面划痕

如果划痕不多或者不深，颜色损失不多，可以使用透明木蜡油、水性漆或透明蜡涂抹后抛光即可。如果痕迹过深，露出木本色，可以使用与表面色泽一致的修补蜡或填缝剂修饰（图 6-43）。

表面划痕　　　　木器修补膏　　　　家具修补蜡

图 6-43　表面划痕的修复产品

4. 表面伤痕

如果木料受到磕碰或其他原因导致了面积较大的疤痕，可以使用木粉腻子、修补膏、同色热熔棒或者环氧树脂修复。木粉腻子和修补膏修复的表面较脆，热熔棒修复的表面较软，环氧树脂修复的表面硬度足够，但需要再次打磨抛光（图 6-44）。

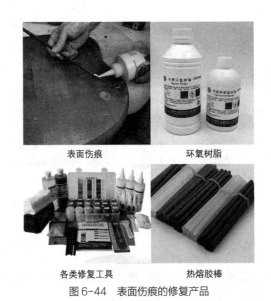

表面伤痕　　　　环氧树脂

各类修复工具　　　　热熔胶棒

图 6-44　表面伤痕的修复产品

5. 涂料开裂或脱落

如果木作表面使用合成漆或者防水性能差的其他涂料，时间长了有可能产生涂料表面开裂或脱落现象。如果开裂或脱落并不严重，可以喷涂溶剂，然后使用合成漆或者虫胶进行修补。如果开裂或脱落严重，可以使用脱漆剂将漆面溶解掉，然后重新打磨上漆（图 6-45）。

脱漆剂　　清漆面脱漆效果　　色漆面脱漆效果

图6-45　脱漆产品及其效果

6. 大面积损伤或老化变质

如果是合成漆基底，可以使用脱漆剂将漆面全部脱掉，打磨后重新上漆。如果是木蜡油或者水性漆表面，可以使用砂纸将表面涂层全部打磨掉，然后重新涂装。如果效果不好，还可以考虑加入更深的色素，将表面着色，覆盖掉原有缺陷（图6-46）。

图6-46　大面积脱漆及修复

✕ 使用环氧树脂修复节疤或裂缝

扫码观看操作视频

1）将木作节疤或裂缝中的木屑或粉尘清理干净，如果孔洞已经透空，可以使用透明胶带在木料底面（边角）粘贴封底。

2）戴上口罩和手套，将容器放在电子秤上，清零数值。使用一次性量杯将环氧树脂A胶和B胶按照3：1的重量比倒入容器，使用搅拌棒搅拌30秒左右。

3）再加入适量与木色近似的色素，再次搅拌均匀。

4）将环氧树脂滴入节疤或裂缝，并溢出少许，留足干燥收缩余量。

5）平放静置，等待环氧树脂干燥。如果节疤或裂缝过大，环氧树脂会在干燥过程中收缩，在表面形成低洼，可按上述方法继续滴入环氧树脂，直至填平。

6）待树脂干燥后，使用压刨或砂磨机将表面打磨平整，使用棉轮抛光，完成操作。

✂ 使用脱漆剂和油漆修复木作漆面

扫码观看操作视频

1）在通风良好的空间放置木作。

2）将木作上的五金件和杂物去除。

3）戴上护目镜、口罩和橡胶手套，将脱漆剂均匀喷涂在木作表面。

4）待漆面起皱开裂后，使用硬毛刷、塑料刮刀或旧毛巾剥离漆面。如有部分漆面尚未脱离，可再次使用脱漆剂喷涂。

5）如果木作有零部件缺失或破损，可用同种木料制作新的零部件安装固定上去。

6）如果木作有裂缝和孔洞，可使用填缝剂填平修补。

7）清理木作阴角和沟槽处的污渍，打磨木作表面。

8）根据木作表面色泽需要，选用合适的表面处理涂料。本例选用聚酯半透明彩色罩漆。将漆料按比例混合，搅拌均匀。

9）去除木作表面灰尘，在木作表面刷涂色漆。

10）第一遍色漆干燥后，使用400目砂纸轻轻打磨木作表面。

11）根据漆面效果涂刷第2遍或多遍面漆。

12）完成修复。

知识点：如何判定表面处理涂料类别？

　　1）涂饰不透明或透明发黄，硬度中等，容易剥落的一般为合成漆涂饰。

　　2）透明或半透明涂饰，硬度较高，光泽度高，涂层较厚，一般为清漆涂饰。

　　3）透明或半透明涂饰，硬度中等，光泽度中等，涂层薄，一般为木蜡油涂饰。

　　4）透明或半透明，无表面涂层，表面较软，有油脂气味的，一般为桐油等植物油涂饰。

　　5）半透明，表面涂层较软，不耐热，一般为蜡类涂装。

知识点：怎样为表面处理产品选择合适的修复溶剂？

	水	酒精	松节油	油漆稀释剂	甲苯	脱漆剂
油性清漆	—	—	—	—	—	溶解
水性清漆	—	溶解	—	溶解	溶解	—
合成漆	—	溶解	—	溶解	—	溶解
木蜡油	—	—	溶解	—	—	—
蜡	—	—	溶解	—	溶解	—
油	—	—	—	—	—	—

 【拓展思考】

　　1.如果桌面上滴了墨水并且渗透到了木质内部，该如何修复？

　　2.油性清漆涂装的表面，被电池漏液腐蚀了，该如何修复？

第 7 章　木工制作实操

7.1　木勺

本节通过制作一个木勺，练习使用手工工具制作简单曲面造型的技法。

1. 工作目标

制作黑胡桃木勺一个，擦涂茶油。

2. 整体尺寸

200mm×40mm×25mm（尺寸仅供参考）。

3. 参考图纸（图 7-1）

4. 物料列表（表 7-1）

表 7-1　木勺物料列表

部件	木料	尺寸（长宽高）(mm)	余量（长宽高）(mm)	数量
木勺	黑胡桃	210×50×30	10×10×5	1

5. 设备工具

弓锯、雕刻刀、木工锉、木工桌、手套、铅笔等。

6. 耗材辅料

砂纸、棉布、茶油等。

7. 工作程序

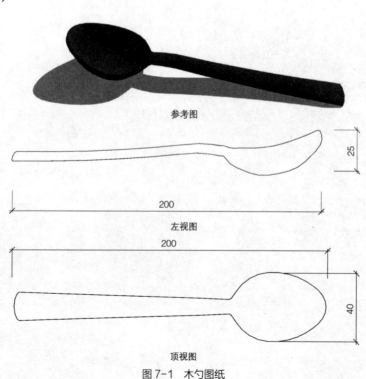

参考图

左视图

顶视图

图 7-1　木勺图纸

扫码观看操作视频

第1步　造型制作

1) 准备黑胡桃木料一块，尺寸约
210mm×50mm×30mm，准备好
制作相关工具。

2) 使用铅笔在木料表面绘制勺子
造型。

3) 将木料夹持固定在台面。

4) 使用圆口雕刻凿刀雕刻勺口，用
刀方法为：一只手按住刀刃前
端，一只手握住雕刻刀柄，向心
用刀，逐步扩大雕刻区，挖到
底部时，按压刀柄抬刀，防止
戗茬。

5) 基本雕刻完成后，使用圆刀修饰
造型，直至勺口圆润光滑。

6) 将木料竖向夹持，使用弓锯锯切
出勺柄正视方向的造型。

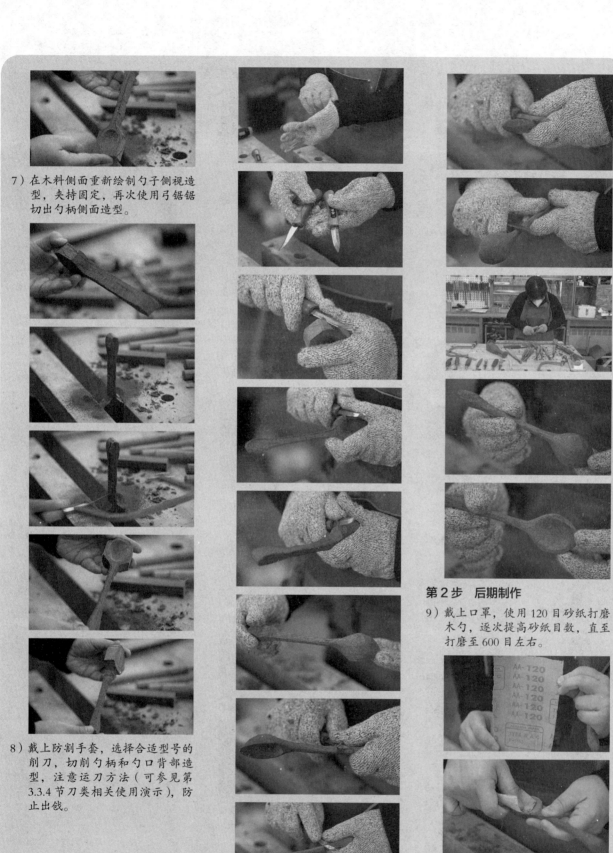

7）在木料侧面重新绘制勺子侧视造型，夹持固定，再次使用弓锯锯切出勺柄侧面造型。

8）戴上防割手套，选择合适型号的削刀，切削勺柄和勺口背部造型，注意运刀方法（可参见第3.3.4节刀类相关使用演示），防止出戗。

第2步 后期制作

9）戴上口罩，使用120目砂纸打磨木勺，逐次提高砂纸目数，直至打磨至600目左右。

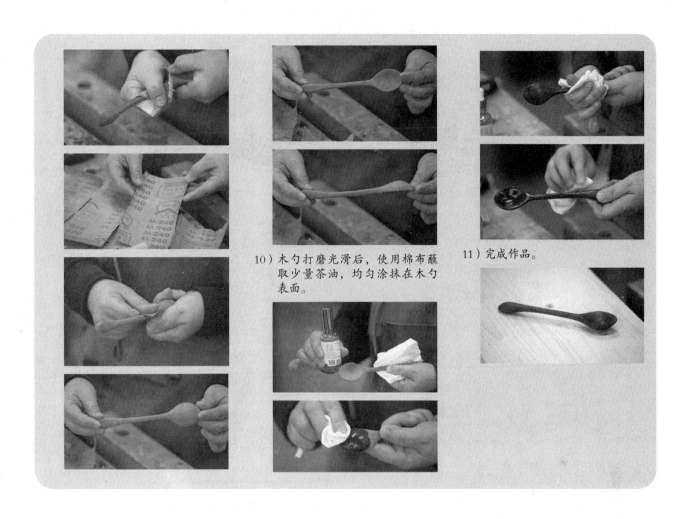

10）木勺打磨光滑后，使用棉布蘸取少量茶油，均匀涂抹在木勺表面。

11）完成作品。

7.2　木雕动物

本节通过雕刻一个小熊，练习基本的圆雕技法。

1. 工作目标

雕刻一只小熊，涂抹固态木蜡油。

2. 整体尺寸

96mm×46mm×58mm（尺寸仅供参考）。

3. 参考图纸（图 7-2）

4. 物料列表（表 7-2）

表 7-2　木雕动物物料列表

部件	木料	尺寸（长宽高）(mm)	余量（长宽高）(mm)	数量
小熊	椴木	116×66×78	20×20×20	1

5. 设备工具

拉花锯 / 弓锯、雕刻刀、防割手套、雕刻牙机及配套刀具等。

6. 耗材辅料

砂纸、棉布、木蜡油等。

7. 工作程序

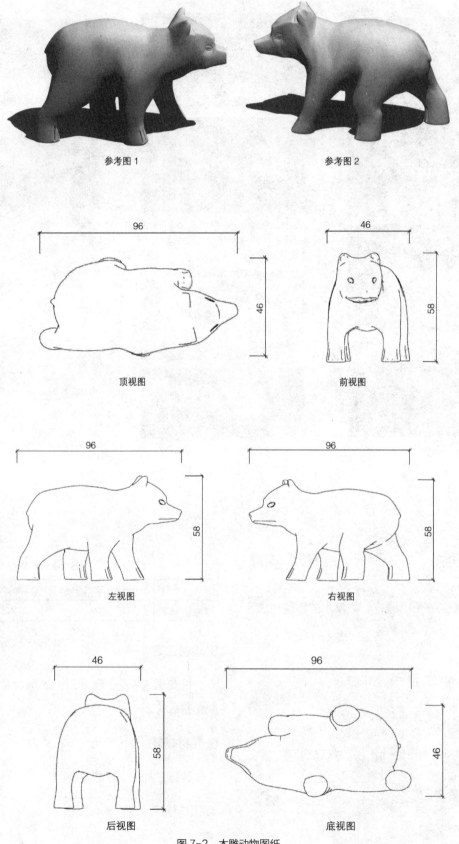

参考图 1　　　　　　　　参考图 2

顶视图　　　　　　　　前视图

左视图　　　　　　　　右视图

后视图　　　　　　　　底视图

图 7-2　木雕动物图纸

扫码观看操作视频

1）锯切一块尺寸约为 116mm× 66mm×78mm 的无瑕疵椴木料。

2）根据图纸，将动物侧身轮廓描绘在木料上。

3）将木料固定在台面，使用曲线锯粗略锯切外轮廓形状。

4）仔细观察木纹走向，用笔在木料表面标记雕刻方向。戴上防割手套，选择合适削刀，握住小熊身体，使用推刀（削铅笔）和拉刀（削苹果）的方式按照箭头标记雕刻出基本造型。

5）为雕刻牙机安装打胚刀。开机，调节合适转速，进一步雕刻动物基本形。应注意用刀方向，在正转模式下，一般采用拉刀方式雕刻。

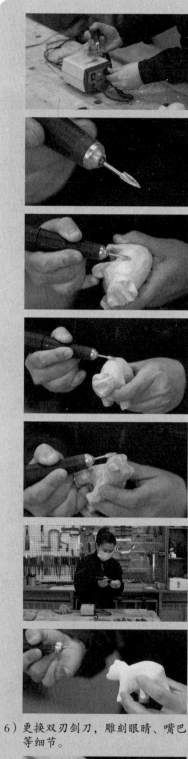

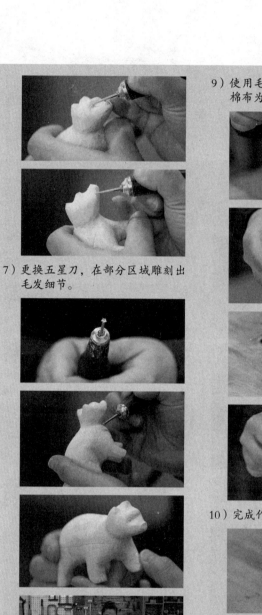

9）使用毛刷扫除表面灰尘，使用棉布为表面涂抹木蜡油。

7）更换五星刀，在部分区域雕刻出毛发细节。

10）完成作品。

8）使用 240~400 目砂纸打磨表面，去除毛刺。

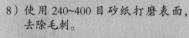

6）更换双刃剑刀，雕刻眼睛、嘴巴等细节。

7.3 木盘

本节通过制作一个木盘，学习木工车床的端面车削技法。

1. 工作目标

制作椴木木盘一个，并作大漆涂装。

2. 整体尺寸

200mm×200mm×45mm（尺寸仅供参考）。

3. 参考图纸（图7-3）

4. 物料列表（表7-3）

表 7-3 木盘物料列表

部件	木料	尺寸（长宽高）(mm)	余量（长宽高）(mm)	数量
木盘	椴木	210×210×50	10×10×5	1

5. 设备工具

推台锯（斜断锯或手锯）、带锯、圆规、手电钻、车床、车刀、卡规等。

6. 耗材辅料

砂纸、棉布、螺丝钉、大漆及辅料等。

7. 工作程序

参考图

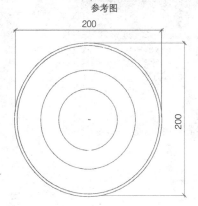

顶视图

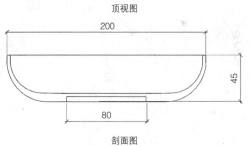

剖面图

图 7-3 木盘图纸

扫码观看操作视频

第1步　物料准备

1）选取厚椴木一段，使用推台锯截为方料。

2）使用铅笔在木料表面绘制对角线，找出中心，使用圆规按照最大直径绘制正圆。

3）使用带锯将多余边角锯掉。

第2步　制作背面造型

4）将车床花盘放置在木料中心位置，使用手电钻在六个丝孔拧入螺钉固定花盘。

5）撤走车床尾架，将花盘上的木料旋拧到车床主轴上，使用紧定螺丝将花盘固定，并检查是否松动。

6）将车刀架移动至木料侧面，距离木料20mm左右锁紧，选取打胚刀、弧口刀、半圆刀、切断刀、圆刃和方刃简易车刀等备用。佩戴好面罩、口罩、护目镜等护具，开启集尘器。

7）将车床转速调至最低速，将开关拧到正转方向，逐渐提高速度到1000rpm左右。注意观察共振现象，如在1000rpm左右有共振，可适当降低或提高转速。

8）一只手握住打胚刀前端，另一只手握住刀柄，将打胚刀放置在刀架上，前端手指按压在车刀与车刀架接触位置，刀柄下垂约30°，缓慢往前进刀，直至刀刃背部接触到旋转中的木料，然后缓缓抬起手柄，直至可以削出刨花。

9）保持车刀落在刀架上，缓缓左右移动车刀，将木料逐渐车削为圆柱形。过程中可以转动打胚刀的刀柄，让刃口朝向外侧，防止刨花飞溅到面部。随时停机观察木料造型。重启机器时，应将转速调至最低再开机，然后再缓慢升高转速。

10）将车刀架移动并调节至斜侧方向，更换弧口刀，缓慢进刀，制作木盘的外侧造型。进刀方法同打胚刀类似。

11）外侧造型制作完成后，使用方刃简易车刀和半圆刀制作盘足，再将盘足边缘修整为直角，盘足内部挖削深度约 5~7mm（这一步工作主要是为了给接下制作木盘正面作准备，制作出来的直角盘足是为了方便卡盘卡住木料）。

12）木盘背面造型制作完成后，关掉电机，将转速调至最低，然后反

转开机，逐渐调高转速。使用 120 目砂纸打磨盘底造型，逐级更换砂纸，直至打磨至 600 目左右。

第 3 步　制作正面造型

13）关机，松开花盘紧定螺丝，取下花盘，使用手电钻将螺丝钉拧出。

14）将木盘底对准卡爪按住，旋转卡盘调节手柄，直至卡爪将盘底胀紧，注意紧度适宜。如果胀紧度不够，开机操作过程中容易将木料甩出，造成危险；如果紧度过大，则容易胀裂木料。将卡盘安装到车床主轴，并使用紧定螺丝固定。卡紧后，在木料边缘用力晃动一下，木料不受影响则紧度合适。

15）将车刀架调节至平行于木料盘口方向，锁紧。正转开机，使用打胚刀、半圆车刀（圆刃简易车刀）慢慢进刀，制作木盘的正面造型。注意车刀的活动范围应该在轴心的左侧部分，不能向右超过木料圆心，否则旋转中的木料会将车刀带离车刀架，造成安全事故。在制作过程中，应随时关注木盘的壁厚和底厚，随时关机使用卡规测量底部的厚度，防止挖穿盘底。

16）木盘凹面造型制作完成后，按照上述方法将木盘凹面打磨到600目。

17）检查没有问题后，将木盘从卡盘上取下，完成作品造型的制作。

第4步　表面处理

18）为木盘表面擦涂大漆（具体方法参照第6.4节表面涂装）。

19）完成作品。

7.4　拼花砧板

　　本节通过制作一个拼花砧板，进一步练习使用木工机械开料、拼板、倒角、打磨等操作。

1. 工作目标

　　制作简易拼花砧板一个，擦涂橄榄油。

2. 整体尺寸

500mm×280mm×22mm（尺寸仅供参考）。

3. 参考图纸（图7-4）

4. 物料列表（表7-4）

表 7-4　拼花砧板物料列表

部件	木料	尺寸（长宽高）(mm)	余量（长宽高）(mm)	数量
砧板	白蜡木	520×40×23	20×0×1	4
	黑胡桃	520×40×23	20×0×1	3

5. 设备工具

斜断锯、平刨、压刨、台锯、木工夹、立铣、砂磨机等。

6. 耗材辅料

砂纸、棉布、胶刷、防水木工胶、橄榄油等。

7. 工作程序

透视图

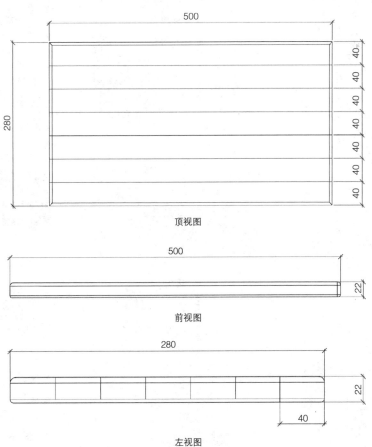

顶视图

前视图

左视图

图 7-4　拼花砧板图纸

扫码观看操作视频

第1步 物料准备

1）选择白蜡木和黑胡桃毛料各一段[本例选取2in（约为50.8mm）黑胡桃和1in（约为25.4mm）白蜡木各一段]，固定于斜断锯台面，根据料单使用斜断锯锯切长度，定长为520mm。

2）使用直角尺检验平刨靠山垂直度，调节刨削深度。开机，使用平刨将木料基准面刨平，然后再刨平一个侧面，使用直角尺检验刨削面的垂直度。

3）使用压刨刨削出平行面，根据料单定厚，留出1mm左右余量。

4）使用直角尺检验台锯锯片垂直度，调节锯片高度，使之超出木料一个锯齿左右。使用台锯将木材锯切为厚度23mm、宽度40mm的木方，其中白蜡木4块，黑胡桃木3块。

第2步　拼板

5）准备好600mm拼板夹3个，木工胶水一瓶、胶刷或橡胶滚轮一个、湿布一块。根据花纹排列木料顺序，立放准备上胶。

6）在木料侧面施胶，使用胶刷或橡胶滚轮刷匀。

7）按顺序将木方平放在拼板夹上，为拼板夹夹头两端垫上木块，旋紧拼板夹。

8）使用湿布擦掉板面溢出的胶水，静置待干（12小时左右）。

第3步　制作造型

9）胶水固化后，将拼板夹取下，使用短刨刨平溢出的胶粒。

10）使用压刨刨平双面，定厚22mm。

11）使用直角尺检查横切靠山垂直度。根据料单，使用台锯横切板面，定长为500mm，使用直角尺检验锯切效果。

12）为立铣安装半径5mm的圆角铣刀，刃口高度定为5mm。使用立铣为砧板各边倒角。

第4步 后期处理

13）使用平板砂磨机和手工砂板将板面打磨至240目。

14）吹掉板面灰尘，为砧板薄涂橄榄油，并及时擦掉多余油脂，静置待干。

15）第一遍涂装干燥后，使用1000目砂纸打磨板面，涂抹第二遍橄榄油。

16）完成作品。

7.5 收纳盒

本节通过制作一个收纳盒，练习简单盒体结构的制作和接合方法。

1. 工作目标

制作黑胡桃收纳盒一个，烫蜡处理。

2. 整体尺寸

250mm×140mm×120mm（尺寸供参考）。

3. 参考图纸（图 7-5）

4. 物料列表（表 7-5）

表 7-5　收纳盒物料列表

部件	木料	尺寸（长宽高）（mm）	余量（长宽高）（mm）	数量
立板 1	黑胡桃木	250×120×10	0	2
立板 2	黑胡桃木	140×120×10	0	2
面板	黑胡桃木	240×130×10	0	1
底板	黑胡桃木	240×130×10	0	1
内衬 1	白蜡木	120×83×7	0	2
内衬 2	白蜡木	230×83×7	0	2

5. 设备工具

斜断锯、平刨、压刨、台锯、带锯、平板砂磨机、热风枪、砂板、安装锤、橡皮筋等。

6. 耗材辅料

砂纸、棉布、棉纱、木工胶、蜂蜡、合页、面页等。

7. 工作程序

透视图 1

透视图 2

顶视图

前视图

图 7-5　收纳盒产品图纸

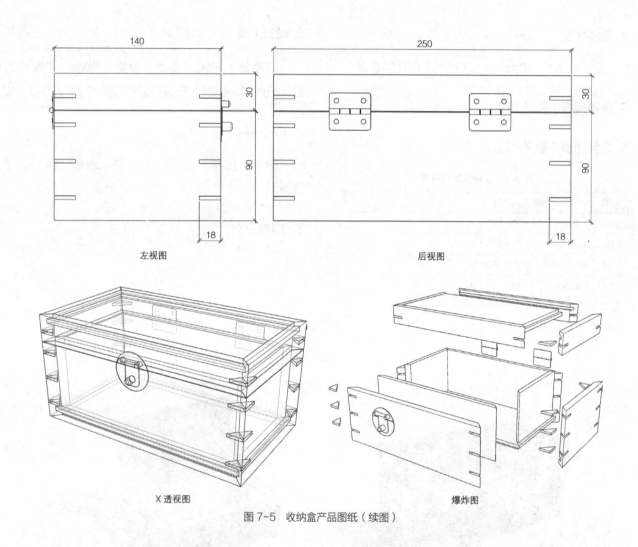

图 7-5　收纳盒产品图纸（续图）

扫码观看操作视频

第1步　选料刨料

1）根据料单截取一段黑胡桃木料，使用平刨刨平两个基准面。

2）根据料单所需料厚，使用带锯将木料剖切成薄板，注意留出一定厚度余量。

第 2 步　制作盒体

4）使用直角尺检验锯片垂直，将锯片高度下调至超出木板厚度8mm左右。使用台锯按料单尺寸纵切出立板、面板和底板料。

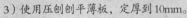

3）使用压刨刨平薄板，定厚到10mm。

6）设置锯片高度为5mm，将靠山距离设置2mm，将面板和底板四边锯切一道后，紧贴锯片夹持一块木板，再次锯切四周，制作出面板和底板的四个裁口边。

5）使用直角尺检验横切靠山垂直度，在纵切靠山夹垫木块，根据料单，把板料截出相应长度。

8）将台锯锯片角度调整为45°，锯切一块废木料，使用直角尺检查拼接角度是否垂直。

9）为四块立板锯切45°斜边，组装测试边角配合情况。

10）将六个板片摆放在台面，在立板之间的接缝处涂抹胶水，面板和底板的裁口及立板的槽口处不涂胶。

11）在立板的槽口插入面板和底板，将盒体组装起来。

7）将锯片高度设置为6mm，靠山距离5mm，为4块立板料开槽，调整靠山距离为7mm，再次锯切，为立板开出5mm×5mm的面板和底板的安装槽口。

12）使用橡皮筋束紧，静置待干。

第 3 步　制作嵌片榫

13）胶水固化后，取掉橡皮筋，清理接缝处胶水痕迹。

14）在盒子转角处标记开槽位置。在台锯滑槽中装入 45°开槽工装，将锯片露出高度设置为 12mm，使用方形木块和木工夹设置锯切限位。

15）将盒体放入工装，调节限位位置，依次锯切四个边的 45°嵌片槽口。

16）使用台锯锯切出一段宽 20mm厚 3mm 的白蜡木条，将木条卡入盒体锯缝检查配合程度。

17）将白蜡木条横截为长度 30mm左右的木嵌片。

18）在嵌片上胶，插入到盒体上的榫口，使用安装锤敲击到位，静置待干。

第4步　后期制作

19）胶水固化后，使用平切锯锯掉嵌片多余的部分。

20）使用平板砂磨机打磨盒体至320目。

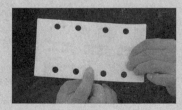

21）使用带锯分切盒盖（此处也可以使用台锯操作：将台锯锯片升高至15mm左右，靠山距离30mm，将盒体面板紧贴靠山，依次锯切盒体四个面，最后一次锯切时，在盒体上端锯缝夹持3mm木条，防止底部锯切完成后夹锯）。

22）使用砂纸手工打磨锯切面至320目。

23）根据料单，选择白蜡木料，按照以上方法锯切出盒体四片45°的内衬板，锯切完成后插入盒体检查配合程度。

24）打磨木盒边角，擦净粉尘。

第 5 步　后期处理

25）为盒体烫蜡（具体方法参见第 6.4 节表面涂装）。

26）烫蜡完成后，在盒盖和盒体接缝处安装合页和面页（具体方法参见第 5.3 节五金接合）。

27）完成作品。

7.6　方凳

本节通过制作一个方凳，练习基本的榫卯结构制作工艺及框架结构的组合方法。

1. 工作目标

制作红橡木方凳一个，染胡桃色，擦涂木蜡油。

2. 整体尺寸

350mm×260mm×450mm（尺寸仅供参考）。

3. 参考图纸（图 7-6）

4. 物料列表（表 7-6）

表 7-6　方凳物料列表

部件	木料	尺寸（长宽高）(mm)	余量（长宽高）(mm)	数量
凳面	红橡木	370×270×22	20×10×2	1
凳腿	红橡木	40×30×430	—	4
长牙条	红橡木	30×20×290	榫长 25+25	2
短牙条	红橡木	30×20×220	榫长 25+25	2
长枨	红橡木	30×20×290	榫长 25+25	2
短枨	红橡木	30×20×220	榫长 25+25	2

5. 设备工具

推台锯、平刨、压刨、台锯、带锯、方榫机、立铣、砂盘机、平板砂磨机、多米诺榫机、各类尺、划线器、木工夹等。

6. 耗材辅料

砂纸、棉布、多米诺榫片、木工胶、染色剂、木蜡油等。

7. 工作程序

透视图

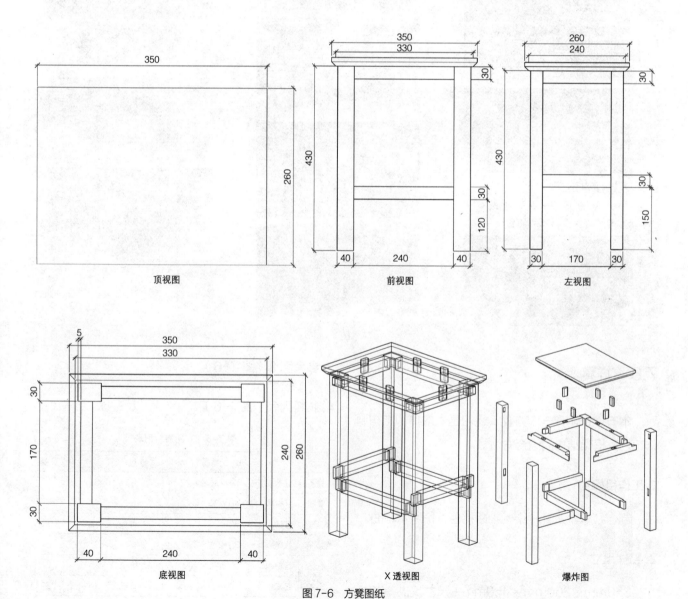

顶视图　　　　　　　前视图　　　　　　　左视图

底视图　　　　　　　X透视图　　　　　　爆炸图

图 7-6　方凳图纸

扫码观看操作视频

注：本节以板块分类流程，具体工作中可根据实际情况统筹工序，交叉制作，节省时间。

第1步　选料刨料

1）综合统筹所用木料总量，优选材质佳无缺陷的 2in（约 50.8mm）红橡木木料。用于凳面的料可选弦切板以彰显花纹，用于腿枨的木料可选径切板用于承重。

2）本例所选木料超过平刨最大刨削宽度，故先使用推台锯进行纵切（此处也可以选用带锯纵切）。

3）使用平刨刨光基准面和侧面，使用直角尺校验垂直。

4）根据木料厚度调节压刨台面高度，使用压刨刨光平行面。

5）使用直角尺校正台锯锯片垂直度，升降锯片直至超出木料一个锯齿高度左右。使用台锯找直平行边，使用直角尺校验垂直。

第2步　制作凳面

6）将横截靠山设置为 90°，使用台锯横截出长度约 370mm 的木料。

7）根据凳面宽度使用台锯纵切，留出 5mm 左右余量。

9）拼板前，观察木料端面，以正反纹理交错的方式拼板。

10）为凳面料上胶拼板，注意板面上下同时夹持，并在夹口处垫上木片。使用湿布擦净余胶，静置待干。

11）胶水固化后，使用短刨清除拼板缝隙胶粒，再使用压刨刨平板料双面，定厚20mm。

8）测量木料厚度，设置带锯靠山，使用带锯将木料对半剖切。注意切割至末端时可采用拉料的方式锯切。

12）使用台锯锯切凳面，将尺寸定为 350mm×260mm×20mm。

15）使用砂盘机将凳面四个角打磨为圆角。

13）将台锯锯片角度调整为 45°，设置靠山位置，将锯切高度设置为 10mm，正面向上，为凳面侧边切出四个斜边。

第 3 步　制作腿枨

17）按照料单，使用台锯依次锯切凳腿、牙条和横枨。此处可在纵切靠山夹持垫板用于批量锯切长度。

16）使用平板砂磨机和手工砂板打磨凳面及各边角。

14）为立铣安装 5mm 半径倒角刀，为凳面四周倒圆角。

18）使用铅笔、直角尺和划线器，对照图纸分别在 12 根木料上绘制榫卯锯切线。划线时注意腿枨的对应和避让关系，可先为四个凳腿编号，然后循序划线。重复内容可集束划线。

19）为方榫机更换 10mm 凿钻头，设置打榫深度，固定限位杆，在腿料划线位置制作榫眼。

20）调节带锯靠山，沿划线废料一侧锯切牙条和枨料的榫头。

21）根据榫肩高度调节锯片高度，在纵切靠山夹持垫板以备重复锯切，依次出锯切牙条和横枨的榫肩。

22）将锯片调整为45°，为牙条料锯切45°斜角。完成牙条和横枨的制作。

23）为立铣更换半径8mm的倒角刀，调节铣刀高度和靠山位置，为腿料外缘倒角。

24）使用平板砂磨机将各工件打磨至240目。

第4步 组装腿枨

25）将腿枨和牙条试组装到一起，标记组装顺序，检查配合程度。如有问题，及时修正。

26）擦净木料表面灰尘，清理台面，上胶组装腿枨部分。使用木工夹固定，擦除多余胶水。

27）使用角尺和卷尺检查腿枨是否方正平直，静置待干。

第5步 组装凳面

28）胶水固化后，使用手刨将腿牙与凳面的接触面找平。

29）将凳面倒扣于桌面，将腿枨定位在凳面的中心位置，在四个牙条划线定位打孔位置。

30）设置多米诺榫机限位，分别为脚架和凳面制作榫孔。

31）在榫孔上胶安装多米诺榫片，将凳面与腿架组装在一起，使用木工夹固定，擦掉多余胶水，静置待干。

第6步 表面处理

32）胶水固化后，使用240目砂纸手工整体打磨，使用砂磨机将凳面打磨至320目，吹掉表面粉尘，清理环境卫生。

33）调配适量胡桃色染色剂，加入容器，与木蜡油充分混合。

34）为凳子涂抹两遍染色木蜡油。中间不进行表面打磨，每遍木蜡油涂完后用干净白布擦掉多余油料。

35）第三遍使用原色木蜡油覆盖一遍。

36）木蜡油干燥后，使用 1000 目砂纸和棉布抛光凳子，完成作品。

7.7 咖啡桌

本节通过制作一个可拆卸以实现扁平化运输的圆桌，重点练习大面积圆盘造型的制作方法以及斜腿的接合方法。

1. 工作目标

制作白蜡木圆桌一张，漂白处理，涂刷硝基清漆。

2. 整体尺寸

800mm×800mm×720mm（尺寸仅供参考）。

3. 参考图纸（图 7-7）

4. 物料列表（表 7-7）

表 7-7　咖啡桌物料列表

部件	木料	尺寸（长宽高）(mm)	余量（长宽高）(mm)	数量
桌面	白蜡木	820×820×22	20×20×2	1
桌腿	白蜡木	730×80×20	10×0×0	4
牙条	白蜡木	508×60×20	榫长 76+76	2

5. 设备工具

斜断锯、平刨、压刨、台锯、带锯、立铣、台钻、多米诺榫机、曲线锯、电木铣、修边机、平板砂磨机、三角砂磨机、手电钻、手电钻支架、划线器、双刃锯、夹背锯、扁凿、木工锉、直角尺、木工夹等。

6. 耗材辅料

砂纸、棉布、毛刷、圆木榫、多米诺榫片、木工胶、漂白剂套装、硝基清漆套装、M6×13mm 内牙丝、M6×65mm 螺杆、脚垫等。

7. 工作程序

透视图

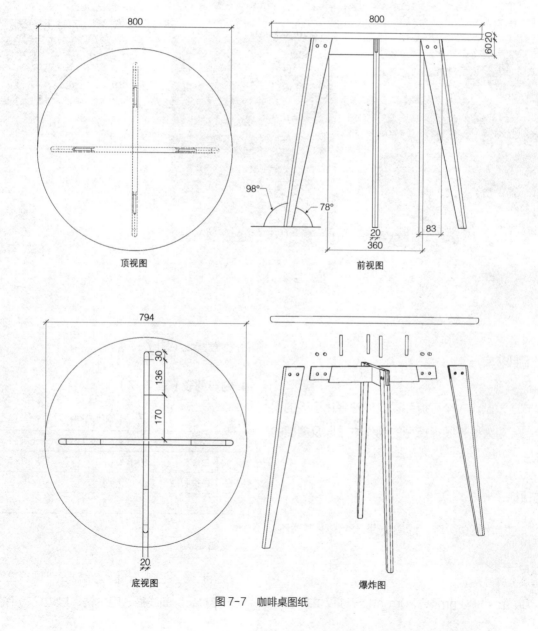

顶视图

前视图

底视图

爆炸图

图 7-7　咖啡桌图纸

扫码观看操作视频

注：本节以板块分类流程，具体工
作中可根据实际情况统筹工序，
交叉制作，节省时间。

第 1 步　制作桌面

1）根据桌面木料用量，优选足量
1in（约 25.4mm）白蜡木木材。

2）根据料单，使用卷尺测量标记，
使用斜断锯截料。

3）使用平刨刨光基准面和侧面，使
用直角尺校验垂直。

4）使用压刨刨光平行面。

5）使用台锯找直平行边，使用直角
尺校验垂直。

6）根据花纹选择拼板秩序并标记。
使用长臂圆规划出直径 820mm
左右的圆。

7）在拼缝位置划线标记，使用多米
诺榫机为木料开榫。

8）考虑压刨的加工规格限制，本例分两次为桌面拼板。上胶装入榫片，拼板，夹固，静置待干。

9）胶水固化后，使用压刨找平板面。

10）将两半桌面上胶组装、夹固待干。

11）胶水固化后，使用手工刨处理接缝。将板面反面向上，找出

中心点，使用长臂圆规画出直径为 800mm 的圆形。

12）使用曲线锯沿圆形外侧锯切，将余料去除，注意保留划线部分。

13）将电木铣底板卸下，对照螺丝孔位在 3mm 厚的人造板定位打孔，制作电木铣的圆形导轨底板。

14）将导轨底板安装在电木铣上，为电木铣安装刃长 30mm 的双刃直刀。

15）使用螺钉将电木铣导轨固定在圆桌板中心。

16）双手握持电木铣，开机，绕圆桌中心逆时针铣削，为圆桌修边。此处铣刀高度可先设置为板面厚度的一半，分两次铣削。

17）为电木铣安装 45° 斜边刀，沿逆时针为圆桌板底面铣削斜边。

18）为电木铣安装半径8mm的倒角刀，沿逆时针为圆桌板正面铣削倒出圆角。

19）使用砂磨机打磨桌面边角至240目，完成桌面制作。

第2步　制作腿牙

20）根据料单需求选料截料。本例所选木料宽度超出平刨最大刨削宽度，故先使用带锯剖切两半。

21）使用平刨和压刨刨削木料，定厚20mm。

22）使用台锯为腿牙料定长定宽。

23）根据图纸，在腿料和牙条划线。

24）使用斜断锯横截，为腿料端头锯切 8° 斜角，为牙条料两端锯切 12° 斜角。

25）使用带锯锯切腿料的斜边。

26）使用木工刨为腿料斜边找平。

27）使用带锯沿腿料和牙条的划线锯切开槽。注意不要过线。

28）调节横切靠山角度，使用台锯分别为腿料和牙条锯切榫肩。

29）在台锯台面装入直切工装，调
节锯片高度，多次锯切，为两
块牙条料锯切出半槽，组装测
试配合度。

30）使用手工锯将牙条上带锯未锯
切的夹角部分锯切完成。

31）使用扁凿或木工锉修整牙条
榫头。

32）使用木工凿制作出腿料的槽口
并修整找平。

33）组装牙条和腿料，测试配合效
果，进一步修整直至配合较好。

34）上胶组装两组腿牙。

35）使用木工夹夹固待干。

36）胶水固化后，在腿牙接合部分划线定位，准备打孔穿销。

37）为台钻安装直径 10mm 的钻头，为腿牙打孔。

38）锯切 8 段直径 10mm 的圆木棒，上胶敲入孔洞，使用平切锯锯切掉多余部分。

39）使用双刃锯锯切掉牙条出头部分。

40）为立铣安装 12mm 半径的圆角铣刀，为腿牙外侧倒圆。

41）为修边机安装半径5mm圆角刀，为腿牙内侧倒圆角（此步也可以继续使用立铣完成）。

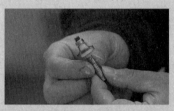

42）使用短刨或细刨找平腿牙上侧边。

43）使用砂磨机打磨腿牙料至240目。

第3步　表面处理

44）首先为木料漂白。将工件表面灰尘清理干净，取适量漂白前处理剂，加入适量配比的清水溶解，搅拌混合均匀。

45）分别在桌面和腿架涂刷处理剂，间隔10~30分钟再刷一遍。

46）将漂白剂倒入容器，使用毛刷涂刷在处理过的工件上，静置起泡，半小时后可重复涂刷，直至达到理想效果。

47）使用清水洗净表面。表面干燥后，使用 240 目砂纸打磨各工件，完成漂白工作。

48）为工件涂装透明清漆（具体方法参见第 6.4 节表面涂装）。

第 4 步　组装圆桌

49）将桌面倒扣在台面上，将腿架定位在圆桌面中心位置，然后在牙条上定点标记打孔位置。

50）根据要安装的螺杆帽径和杆径，选择合适的开孔钻和细钻，使用台钻在牙条上分别打出台阶孔。注意以先大孔后小孔的顺序打孔。

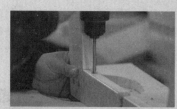

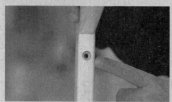

51）将腿架放置在桌面中心，使用手电钻标记内牙丝打孔位置，然后根据内牙丝外径和长度选择合适的钻头并标记打孔深度。

52）将钻头安装在手电钻支架上，在桌面标记位置为内牙丝打孔。

53）使用六角扳手将内牙丝拧入桌面。

54）在牙条孔洞装入螺杆，使用六角扳手依次将螺杆拧入内牙丝孔，完成组装。

55）在桌腿底部安装橡胶脚垫。

56）完成作品。

7.8 床头柜

本节通过制作一个床头柜，练习燕尾榫的制作方法、抽屉的结构方法以及斗柜的基本做法。

1. 工作目标

制作红橡木床头柜一个，擦涂木蜡油并做旧处理。

2. 整体尺寸

400mm×400mm×470mm（尺寸仅供参考）。

3. 参考图纸（图7-8）

4. 物料列表（表7-8）

表7-8　床头柜物料列表

部件	木料	尺寸（长宽高）（mm）	余量（长宽高）（mm）	数量
上下柜面	红橡木	400×400×20	—	2
两侧立板	红橡木	400×320×20	—	2
后背板	红橡木	380×300×10	—	1
腿	红橡木	150×40×40	—	4
牙条	红橡木	300×20×30	榫长 20+20	4
抽屉面板	红橡木	356×136×20	—	2
抽屉侧立板	红橡木	365×120×12	—	4
抽屉后挡板	红橡木	320×105×12	—	2
抽屉底板	红橡木	348×320×10	—	2

5. 设备工具

推台锯、平刨、压刨、台锯、带锯、方榫机、立铣、台钻、砂带机、多米诺榫机、电木铣、修边机、燕尾榫工装、手持砂磨机、手电钻、手工刨、划线工具、木工夹等。

6. 耗材辅料

砂纸、棉布、毛刷、螺丝钉、木工胶、多米诺榫片、木蜡油、染色剂、填缝剂、抽屉滑轨、单孔拉手、脚垫等。

7. 工作程序

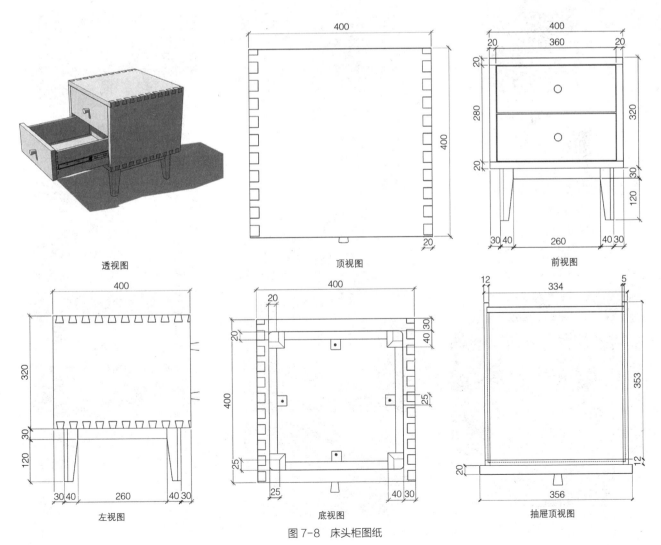

图 7-8　床头柜图纸

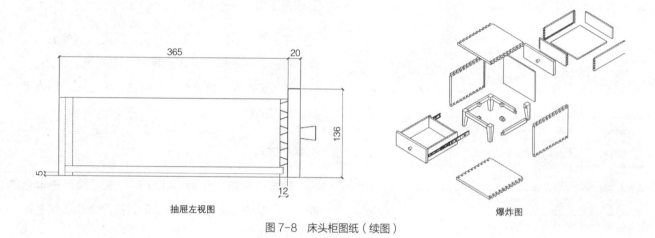

抽屉左视图

爆炸图

图 7-8　床头柜图纸（续图）

扫码观看操作视频

注：本节以板块分类流程，具体工作中可根据实际情况统筹工序，交叉制作，节省时间。为简洁起见，与前例相同的操作要点本例不再重复记述。

第1步　柜体制作

1）根据料单所需用料优选 2in（约 50.8mm）红橡木料，截料、刨平。本例选材较宽，使用带锯分切后刨平。

2）使用带锯剖料，再次刨平各板件。

3）使用台锯找直、定长。料长定为两个板面长度，留足余量，以方便拼板，提高效率。

4）选花拼板，静置待干。

5）胶水固化后，使用压刨找平板面，定厚 20mm。

6）根据料单尺寸，使用推台锯和台锯分别锯切出上下面板和侧立板。

8）为电木铣安装合适型号的燕尾榫刀和导套，根据划线调节好刀深，在燕尾榫工装模板上铣削，制作出侧板公榫。

9）为电木铣更换相应型号的直刀和导套，更换工装模板，将面板夹持在工装模板下方，调节开榫深度，开机制作出母榫，检查与公榫的配合程度（如初次使用工装及模板，应先使用边角料测试配合情况）同法制作底板母榫。

7）在台面固定好燕尾榫工装，将侧板夹持在工装模板下方，根据面板厚度标记下刀深度。

关机，待主轴停转后取下板面。

11）测量柜体长宽确定背板尺寸并使用台锯锯切。

12）使用砂磨机打磨各板面至240目。

13）上胶组装柜体（背板不上胶），检查柜体平正，夹固、静置待干。

10）为立铣更换开槽直刀，调节刀高和靠山位置，为四块板材开背板槽。为避免开槽出头，可从距离榫端10mm处将板面从垂直方向慢慢放下，待板面放平后铣至另一端，距边10mm时

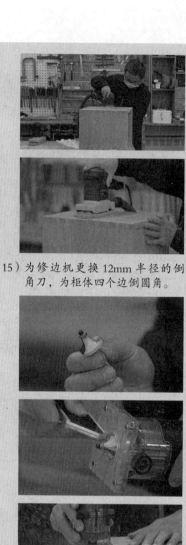

15）为修边机更换 12mm 半径的倒角刀，为柜体四个边倒圆角。

第2步 制作腿架

17）根据料单，使用台锯锯切出腿架所需木料。

16）使用手工刨和砂磨机等修整柜体边角，完成柜体制作。

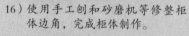

14）胶水固化后，修整打磨板面接合部分。

18）根据图纸为脚料和牙条划线。

20）使用带锯斜切，制作脚料的斜边。

21）使用砂带机修磨带锯锯切的斜面。

22）使用立铣为脚料外缘倒圆角。

24）将平板砂磨机倒装，打磨脚架各工件至 240 目。

19）使用方榫机为脚料开榫。

23）使用带锯和台锯为牙条锯切榫头，检查与榫眼的配合效果。

25）使用短刨为榫头倒棱以方便组装，为脚底倒棱以避免劈裂。

26）上胶组装脚架，检查平正，静
置待干。

第3步　制作抽屉

27）根据料单，锯切出抽屉面板、
侧板、后挡板料。

28）根据料单，锯切抽屉底板料，
然后拼板、刨平，按尺寸锯切。

29）使用燕尾榫工装制作抽屉前板
和侧板的燕尾榫造型并测试配
合效果。

32）打磨各板片至 240 目。

31）本例所用抽屉侧板木料有内应力裂缝，使用填缝剂填补。

33）上胶组装抽屉，检查平正，静置待干。

30）使用立铣和台锯为侧立板开出底板和后挡板的榫槽。

第4步 安装脚架

34）锯切尺寸为20mm×20mm×200mm
左右的料条，使用台锯开出18mm
宽、5mm深的槽口，然后横截锯
切出四个L形木扣。

35）使用削刀将木扣前部削圆，使
用手电钻在木扣制作锥孔以备
上钉。

36）使用多米诺榫机在牙条中间位
置打孔，孔深约15mm，宽度约
25mm，留出一定胀缩余量。

37）将柜体倒放在台面，将木扣插
入牙条榫孔，将脚架放置于底
板正中，距各边约30mm，使用
木螺丝钉将脚架固定在柜体底
板上。

第5步 表面涂装

38）使用填缝剂修补缺陷区域，使
用平板砂磨机配合手工打磨，
将柜子及抽屉打磨至240目，
吹掉粉尘。

39）在木蜡油中加入染色剂，在人体易接触部位随机涂抹，模拟污渍效果。

40）为柜子整体涂抹两遍木蜡油，第二遍涂装前打磨边角，模拟磨损褪色效果。

第 6 步　安装抽屉和拉手

41）根据抽屉深度选取合适型号的侧面滑轨，为抽屉安装滑轨（具体方法参见第 5.3 节五金接合）。

42）定位抽屉面板位置，采用胶粘或钉接的方式将面板固定在抽屉前板上。

43）选择合适的拉手和螺杆，在抽屉面板对角线中心位置打孔，安装单孔拉手。

44）开合抽屉，检查五金件是否正确安装，若开合顺畅，自动回弹，则可完成安装操作。

第7步 后期处理

45）使用砂纸、钢丝刷、铁锤、螺钉、染色剂等在柜体表面进行划痕和做旧处理，使用毛绒抛光细节。

46）完成作品。

7.9 餐边柜

本节通过制作一个餐边柜，练习板式柜体的结构方式以及玻璃双开门的制作方法。

1. 工作目标

制作黑胡桃木餐边柜一个，擦涂木蜡油。

2. 整体尺寸

1000mm×400mm×900mm（尺寸仅供参考）。

3. 参考图纸（图7-9）

4. 物料列表（表7-9）

（参照爆炸图序号）

表 7-9 餐边柜物料列表

部件	材料	尺寸（长宽高）（mm）	余量（长宽高）（mm）	数量
① 面板	黑胡桃	976×400×20	—	1
② 中隔板	黑胡桃	976×385×20	—	1
③ 活动板	黑胡桃	960×360×20	—	1
④ 底板	黑胡桃	976×400×20	—	1
⑤ 侧立板	黑胡桃	900×400×20	—	2
⑥ 踢脚板	黑胡桃	960×80×20	—	2
⑦ 上挡板	黑胡桃	976×55×20	榫长 8+8	1
⑧ 背板条	黑胡桃	746×103×10	10mm 企口	10
⑨ 柜门冒头	黑胡桃	480×50×20	榫长 40+40	4
⑩ 柜门边梃	黑胡桃	590×50×20	—	4
玻璃	长虹玻璃	510×400×5	—	2

5. 设备工具

推台锯、平刨、压刨、台锯、带锯、方榫机、立铣、台钻、多米诺榫机、饼干榫机、曲线锯、砂盘机、手持砂磨机、手电钻、划线工具、木工夹、安装锤等。

6. 耗材辅料

砂纸、棉布、胶刷、多米诺榫片、饼干榫片、木工胶、透明胶带、树脂胶（滴胶）、色精、填缝剂、木蜡油、板托、5mm 长虹玻璃、铜钉、阻尼铰链、双孔拉手、防撞垫等。

7. 工作程序

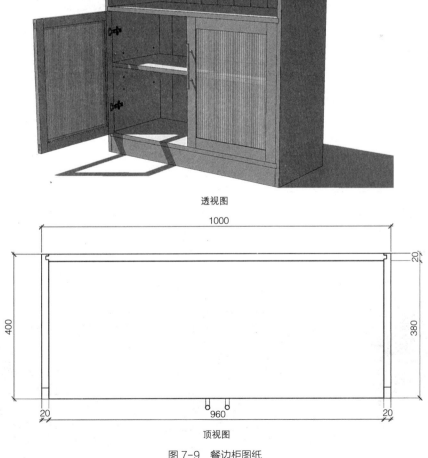

透视图

顶视图

图 7-9 餐边柜图纸

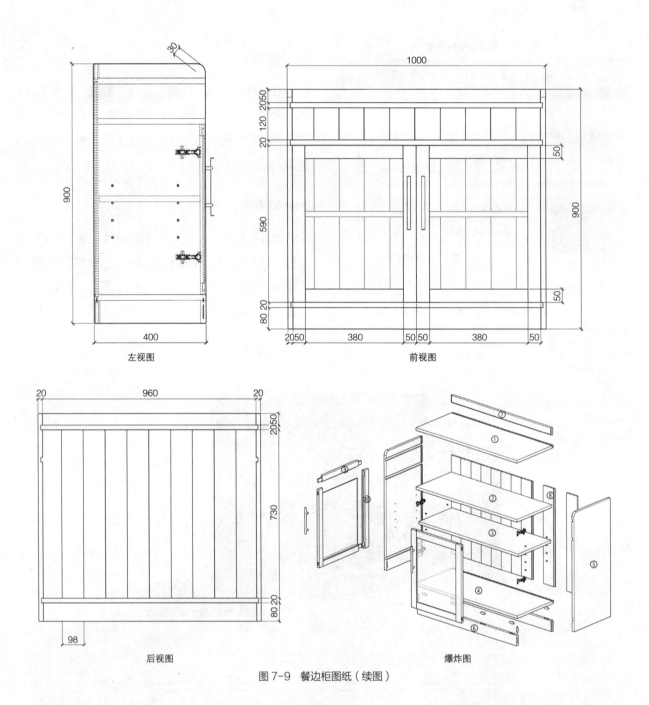

左视图

前视图

后视图

爆炸图

图 7-9 餐边柜图纸（续图）

扫码观看操作视频

注：本节以板块分类流程，具体工

作中可根据实际情况统筹工序，交叉制作，节省时间。为简洁起见，与前例相同的操作要点本例不再重复记述。

第1步 板料制作

1）综合统筹所用木料，选择足量1in（约25.4mm）黑胡桃木料 [本例因库存材料所限选用了2in（约50.8mm）木料]。

2）首先制作柜体板料。根据所需尺寸截料、刨料、剖料，使用台锯找直 [因本例选用了2in（约

50.8mm）木料，还需使用带锯
剖料并再次刨平]。

3）根据料单选花、开榫、拼板，夹
固待干。

4）板料胶水固化后，使用压刨找平
定厚，根据料单使用推台锯和台
锯锯切出所需①～⑤号板面。

5）接下来制作⑧背板条。根据料单，背板条开料刨平后，使用带锯分切成片，使用压刨刨平，使用台锯按尺寸锯切成所需规格。

6）因本例所选木料有死节、活节及开裂等瑕疵，使用环氧树脂胶加入色精混合后填平缝隙（具体方法参见第 6.5 节表面修复），胶干后使用压刨再次找平。

第2步　造型制榫

7）为台锯安装 Dado 锯片，调节合适的锯片高度和靠山位置，切出各个板面上的榫槽。

8）使用圆规在侧板上部前缘位置绘制半径 30mm 的 1/4 圆弧，使用曲线锯锯切出造型，使用砂盘机修磨圆角。

9）使用台锯为背板制作企口榫接，拼合后检查宽度，注意留出一定余量。

10）锯切⑥踢脚板和⑦上挡板的料条，并为上挡板制作三个边的榫舌。

11）定位划线，使用饼干榫机为踢脚板、底板和侧板开榫槽。

第3步　修平组装

12）使用填缝剂填补各板材的孔洞和裂缝并打磨至240目。

13）在两个侧板上定位标记，使用手电钻根据板托帽的直径打孔，使用小铁锤将板托帽敲入孔洞。

14）按照底板＋踢脚板＋侧立板1＋中隔板＋面板＋背板条＋侧立板2＋上挡板的顺序上胶组装柜体（注意背板条不上胶），检查平正，夹持静置待干。

16）为柜门各零件划线。

第 4 步　制作柜门

15）根据料单锯切柛门木料。

17）使用方榫机、带锯和台锯为边梃和冒头制榫，并用台锯锯切出用于安装玻璃的裁口。

18）上胶组装柛门，检查平正，夹固待干。

第5步　表面处理

20）打磨柜体和柜门至240目并清理灰尘。

21）为柜体和柜门涂抹两遍木蜡油（具体方法参见第6.4节表面涂装）。

第6步　安装配件

22）柜门木蜡油干燥后，将提前定制的5mm钢化超白长虹玻璃装入门框内。

23）准备好自制的玻璃封边条和合适长度的黄铜钉，选择合适直径的细钻在封边条上打孔，使用安装锤敲钉，借助封边条固定玻璃。

19）柜门框架的胶水固化后，根据所用铰链在边梃上定位，使用台钻夹持35mm直径开孔钻，制作杯型铰链的嵌孔。

24）在柜门和柜体上安装铰链（具体方法参见第 5.3 节五金接合）。

25）安装柜门拉手。取出双孔拉手，测量孔距并在边梃上定位，使用 4mm 钻头打通孔（边梃背面根据钉帽做台阶孔），装入螺杆，将拉手固定。

26）将层板托拧入侧板的板托帽，在柜体装入活动层板。

27）在柜门两侧或活动层板上粘贴防撞胶垫。

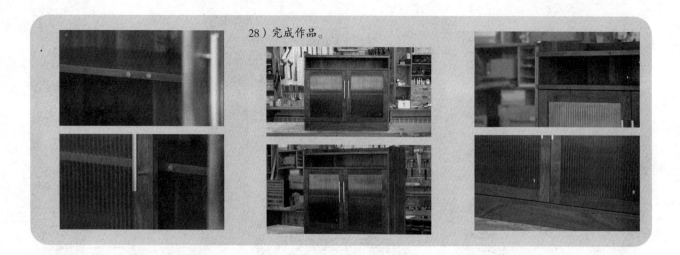

28）完成作品。

7.10 木隔断

本节通过制作一架木隔断，练习格栅框架和圆形框架的制作方法。

1. 工作目标

制作赤杨木隔断一架，喷涂水性透明漆。

2. 整体尺寸

2400mm×1014mm×60mm（尺寸仅供参考）。

3. 参考图纸（图7-10）

4. 物料列表（表7-10）

表7-10 木隔断物料列表

部件	木料	尺寸（长宽高）(mm)	余量（长宽高）(mm)	数量
立框	赤杨木	2400×60×40	—	2
横框	赤杨木	1014×60×40	榫长40+40	2
横格条	赤杨木	974×30×16	榫长20+20	8
竖格条	赤杨木	2360×30×16	榫长20+20	18
前圆窗	赤杨木	（φ=735）1/4×40×40	—	4
后圆窗	赤杨木	（φ=735）1/4×40×20	—	4

5. 设备工具

推台锯、平刨、压刨、台锯、斜断锯、带锯、方榫机、多米诺榫机、砂盘机、砂轴机、手持砂磨机、手工凿、夹背锯、空压机、喷枪、木工夹、划线工具、砂板等。

6. 耗材辅料

砂纸、棉布、木工胶、水性清漆等。

7. 工作程序

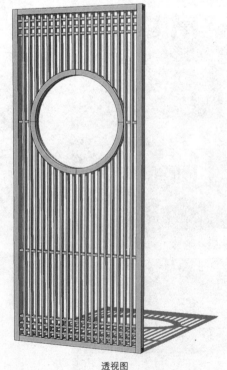

透视图

图7-10 木隔断图纸

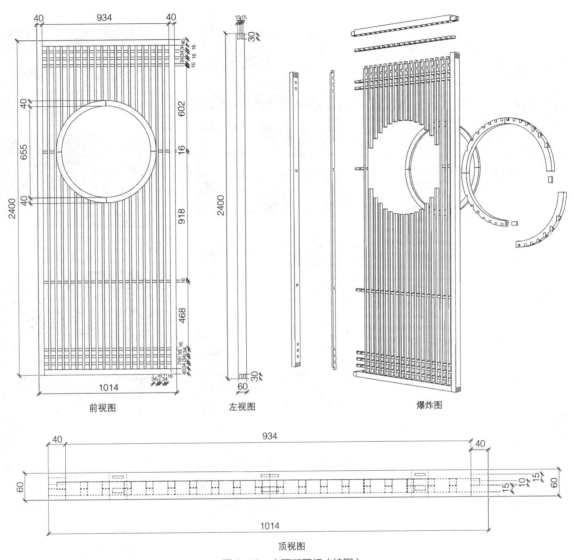

前视图

左视图

爆炸图

顶视图

图 7-10　木隔断图纸（续图）

扫码观看操作视频

注：本节以板块分类流程，具体工
作中可根据实际情况统筹工序，
交叉制作，节省时间。为简洁
起见，与前例相同的操作要点
本例不再重复记述。

第 1 步　格栅框架制作

1）根据料单选料，截料。

2）刨平木料，使用压刨定厚。

3）根据图纸尺寸，使用台锯定宽，锯切出框架和格条木料。

4）在框架划线，使用斜断锯定长。

5）根据图纸在框架画线。

6）为方榫机更换16mm凿钻，使用方榫机制作框架榫眼。

7）使用带锯和台锯为横框架制作榫头。

8）使用扁凿去除榫头余料。

9）在台锯安装 Dado 刀，设宽度为16mm，锯片高度为15mm，为格条锯切槽口。

10）使用填缝剂填补各料条的孔洞和裂缝。

11）打磨各料条至240目。

12）组装框架，格条部分不上胶，外框架上胶组装。

15）使用细木工带锯沿划线锯出1/4圆窗木料共8件。

16）分别在两组圆窗木料端头使用多米诺榫机打孔。

第2步　圆窗部分制作

13）使用薄板制作1/4圆模板，使用砂盘机和砂轴机修边。

14）借助模板在木料上画出1/4圆的锯切线。

17）嵌榫上胶组装两组圆窗，使用绑带夹来紧。

18）胶水固化后，将两个圆盘使用木工夹对齐夹紧，使用砂盘机和砂轴机打磨修边。

第3步 安装圆窗

19）将厚圆窗放置于格栅框架相应位置，标记出圆窗上制作榫槽的位置。

20）在厚圆窗侧边划线，使用夹背锯、手工凿等工具在厚圆窗标记位置凿出榫槽。

21）榫槽制作完成后，将厚圆窗嵌入格栅，表面刷胶，放置另一组圆窗对齐并使用木工夹固定。

22）填缝并打磨边角细节，完成组
装工作。

第4步　表面处理

23）为木隔断喷涂水性漆（具体方
法参见第6.4节表面涂装）。

24）完成作品。

附 录

术语释义

矮老：在罗锅枨或直枨与板框或牙条之间垂直连接的圆形或方形部件。

暗榫：隐藏在家具中不可见的榫卯，又称为闷榫。

白皮：木材的边材部分。

板材：宽度大于厚度3倍的木材。

被子植物：种子植物中的一个最大类群，其胚珠被包藏于闭合的子房内，由子房发育成果实，一般具有花朵。

边梃：门窗等框架长而出榫的两根称为边梃，家具中又称为大边。

饼干榫：椭圆形的形似饼干的木片，一般由榉木或桦木压缩制成，用于饼干榫机所制作的榫槽的连接。

冰盘沿：上部喷出、下部收入的一类线脚的统称。

拨料：为了减少木材与金属锯条侧面的摩擦，使用工具将锯齿分别拨向两侧，以便形成宽于锯条厚度的锯路。

拨料器：木工中用于调整锯齿向两侧倾斜角度的工具。

部件：由零件组装成的独立装配件。

插肩榫：腿足肩部开口并将外皮削出八字斜肩，与牙子相交的榫卯形态。

长纹理：木料上与树木高度方向平行的纹理。

沉孔：与螺钉头近似直径的深孔，可以将螺钉头沉入其中，表面塞入木塞，可达到隐藏螺钉的目的。

枨：指连接家具腿或柱结构的横向部件。

椽：又称为椽子，与桁正交，是屋面的上层支撑构件。

大进小出榫：将直榫的榫头一半做成透榫，当榫头插入榫眼时，只有一半的透榫外露，而半榫则藏在榫眼中。

搭脑：椅子等家具最上的横梁。

单肩榫：榫头在方材一侧，只有一个榫肩。

倒棱：将尖利的棱角修圆磨光的工艺，又称为倒楞。

端面：特指木材的横截断面，可看到生长轮等木质构造。

防腐木：将木材添加化学防腐剂，使其具有防腐蚀、防潮、防虫蛀的特性。

浮雕：在材料表面上进行的雕刻，深度上具有一定的凹凸变化，是一种半立体的雕刻形态。

复斜角：木材端面相对于长度方向形成两个方向的非垂直角度，一般可以借助锯片角度和靠山角度的倾斜切割实现。

钢丝绒：又称为钢丝棉，是丝绒形态的钢丝，多条组织为带状。

格角：指木件之间以一定角度进行接合，通常为45°切角。

各向异性：指物质的全部或部分化学、物理等性质随着方向的改变而改变，在不同的方向上呈现出差异的性质。

工装：在木工制作中用于辅助锯切或夹持的自定义装置，可根据制作需求和木工工具的特点自行制备。

管脚枨：安装在椅、凳、桌四条腿下部的横枨，安装位置靠近足部。

含水率： 木材中水分的含量，含水率（ $w\%$ ）=（含水木材之重量 – 干木材之重量）/（干木材之重量）x100%。

挤楔： 将一头宽厚、一头窄薄的三角形木片，嵌入榫卯之间，有助于接合严密。

净料： 经过精确刨削和切割的木料。

基本密度： 木材的绝干重量与饱水时体积的比值。

基准面： 经过刨削平整的面，用作其他表面测量的基准。

锯痕： 锯齿在锯割表面留下的痕迹。

锯卡： 专指用于约束带锯锯条的两个定位轴承。

锯路： 由锯片或锯条锯切出的线性开口，锯路宽度由锯片或锯条的厚度决定。

绝干密度： 是木材经人工干燥，使含水率为零时的木材密度。绝干密度 = 绝干材重量 / 绝干材体积。

开口榫： 榫头侧面外露。

壶门： 由弧形曲线从中间起，向两边各分出一道或多道弧线，最后连接形成一个装饰图案的家具装饰结构。

梁： 夹在墙上或柱子上支撑房顶的横木。

零件： 用于组装部件或产品的单件。

裸子植物： 植物界的 1 门，既是颈卵器植物，又是种子植物，胚珠裸露，心皮不包裹为子房。

埋头孔： 在螺丝孔与木材表面之间制作出的锥形凹陷，可以让螺钉头埋入其中，与木材表面取得平齐或低于木材表面。

毛刺： 成束或成片的木纤维一部分脱离木材表面形成的现象。

毛料： 截段后初步锯切的木料。

冒头： 门窗框等框架的短而凿眼的两根为冒头，家具中又称为抹头。

明式家具： 明代中期形成、具有造型简洁、结构严谨、装饰适度、纹理优美等风格的家具。

明榫： 外露可见的榫卯，又称为出榫、过榫、透榫、通榫、穿榫、马口榫。

木材韧性： 木材吸收和抵抗反复冲击荷载的能力。

木材塑性： 木材受外力作用产生变形，外力消除后形状保持不变的性质。

木质素： 在木材支持组织中的复杂有机聚合物，是形成木材细胞壁的主要元素。

裁口榫： 木材相接时在板边分别制作半边通槽口，一上一下搭合拼接在一起的榫卯结构。

卡子花： 卡在两条横枨之间的装饰花型部件。

戗茬： 因刨削导致成片纤维撕裂后形成的木材表面凹坑。

起线： 边框突起的阳线。

清底： 清理榫眼或槽底中的木屑或杂物，使底部光滑平整。

清式家具： 清代中后期形成、具有造型浑厚、用材厚重、注重雕刻纹饰等风格的家具。

人因工程学： 按照人的特性设计和改进人—机—环境系统的科学。

软屉： 椅面、榻面采用的藤编面芯。

生材密度： 木材刚伐倒时新鲜木材的重量与体积的比值。

双肩榫： 榫头两边都有榫肩。

榫颊： 榫头部分的侧面称为榫颊。

榫肩： 榫头除榫舌外，出榫料断面与榫眼料接合的部分。

榫头： 榫卯接合中突出的部分。

榫眼： 榫卯接合中凹陷的部分。

托泥： 明清家具中有的腿足不直接着地，另有横木或木框在下承托，此木框称为托泥。

握钉力： 木材抵抗钉子拔出的能力。

吸着滞后： 在相同的温湿度条件下，由吸着过程达到的木材平衡含水率总是低于由解吸过程达到的平衡含水率，这个现象称为吸着滞后现象。

楔钉榫： 在长度方向出单肩扣合后在中部插入木销钉的榫卯形态，又称为双头扣手榫、巴掌榫、来去榫。

楔子： 三角形的尖锐木块，用于楔入榫头的缺口，加固榫卯。

研磨剂： 使用磨料、研磨剂和辅助材料制成的混合剂，用于研磨和抛光。有液体、膏状和固体三种形态。

压缩形变： 木材膨胀受阻后会被压缩而无法还原，多次受压后会逐渐收缩变形。

牙条： 面板下边连接两腿的部件，用于加固腿和面的接合，又称为牙板、牙头、牙子。

银锭榫： 两头大，中腰细，形似银锭的榫。

诱导面： 手工刨的底面平面部分。

鱼鳔胶： 传统木工使用鱼鳔熬制成的胶水，用作木工粘合剂。

羽毛板： 形似羽毛的辅具，梳齿状的羽毛板能够将木料紧贴靠山，并能防止木料回弹。

圆棒榫： 圆柱形的木棒，市场上有不同直径和长度的圆棒榫可选，也可以自制。

圆雕： 是在三维方向雕刻而成的立体雕塑，可从不同角度观察和欣赏。

原木： 树干按规定长度截出的圆木段。

轴套： 带有开口的圆管型金属件，嵌套在铣刀柄径上，用于适配更粗的柄径要求的机械工具中。

猪皮胶： 传统木工使用猪皮熬制成的胶水，用作木工粘合剂。

木工工作经验与建议 ❶

1. 思维认知

1）学木工要做好长期战斗的思想准备，不要急于求成，不要贸然行动，耐心与定力是木工工作者的优秀品质。

2）安全意识是最重要的意识！

3）用正确、安全的方法及工作姿势来完成每一项工作和每一道工序。

4）三思而后行。多动脑再动手，不要白白浪费工作时间。

5）设计木作要以人为本，注意尺度、比例和审美。

6）合理安排自己的工作位置，在工作中避免不必要的走动。

7）每一项操作之前，都要问自己几个问题：防护装备（围裙、口罩、护目镜、面罩、防噪耳罩、劳保鞋等）是否需要佩戴？安全注意事项是否铭记？操作思路是否清晰？集尘装置是否开启？

8）常常对工作进行反思，寻找工作中的缺点，并不断地进行改进。

2. 工具与场地

1）木匠永远缺工具，需要时再买。在预算范围内买最好的工具，好的工具事半功倍。虽然多数情况下一分价格一分货，但工具要选自己最顺手的而不是价格最高的，不要迷信别人的使用经验。

2）中式手工工具对工匠个人水平要求较高，产品良莠不齐，物美价廉的也很多，要有一双善于发现的眼睛。日式手工工具价格偏高，耐用性较好。欧式手工工具种类丰富，价格上下浮动大，易上手，易调节，但灵活性一般。

3）选购木工机械和手持电动工具因人而异，应

---

❶ 仅供参考。

以安全性、可靠性为先，其次再考虑场地面积、使用需求、功能、功率、型号、规格、上手难度、价格、便携性、耐久、配件。

4）木工夹具永远不嫌多，如果可能，多准备一些。

5）所有工具安置在工作场所的固定位置，用完后及时归位，可节省大量找工具的时间。

6）工欲善其事，必先利其器。工具好用很大原因是工作部（锯片、铣刀、刨刀、锯条、钻头）锋利。磨刀不误砍柴工，永远采用完善的、调整好的和磨得锋利的工具。

7）学会辨听机器运行的声音，声音不对时要及时关机检查。

8）善于利用各种能够减轻劳动强度、提高安全性的工装辅具，尽量避免使用蛮力。多制作一些可靠的工装辅具，有助于提高工作效率和操作安全性。

9）当天的工作完成后，要及时整理工具，打扫场地卫生。卫生良好，井然有序的工作环境能够让人身心愉悦，工作效率更高。

10）及时为木工机械和电动工具内外各部件除尘，防止灰尘覆盖导致电机故障或者摩擦引燃等情况。

11）及时检查集尘袋中的木屑是否已经集满并及时清理，过满的木屑可能会淹没电机导致烧毁。

12）离开机器时一定要关机断电。

13）离开木工工作室前检查门窗是否关闭，确保电控箱总闸关闭。

3. 操作技巧

1）选材锯切要有余量意识。

2）（木材和木制品）干千年，湿千年，干干湿湿两三年。

3）水可以软化木材，夹锯、难锯、端面刨削时可以考虑先将木材润水。

4）三分选材七分工，三分划线七分工，三分做

工七分磨，三分家具七分漆。

5）用于不同位置的木料要有所选择，好料用在好地方，看面与背面、腿料与面料对木材的要求是不一样的。

6）"木匠看尖"，接缝和端角的处理反映了木工的操作水平。

7）"铅笔要削尖、尺寸要掐准"，把线划好是制作精准的先决条件。

8）对角线可以用来找中心，检查木料方正。

9）统筹工作、批量制作、成束划线、锯切。

10）手工锯切需要的不是力气，而是姿势和节奏。

11）"推刨如撼山""前要弓，后要绷，肩背着力往前冲"。掌握好刨削的姿势和力度。

12）在刨削过程中，避免戗茬很重要。要善于观察木纹走向调整刨削方向、角度和单次刨削量。

13）先检查机器开关是否处于关机状态，检查锯片、锯条、刀具是否正确且牢固安装，再接通电源。开机后，机器达到正常转速并平稳运转时再进行加工操作。

14）应根据机器功率、转速、锐利度、木料硬度、含水率、节疤情况等综合考虑木料或机器推进速度，推进时应匀速且平稳，不得对操作单元施加过大压力。

15）工具发热烫手时，应及时停机，降温后再使用。

16）制榫要严密。"一分紧一分牢，十分紧一分也不牢"，应根据材料硬度等特性制作不同的配合度，过盈配合不一定好，间隙配合不一定差。

17）制作时要考虑木材的干缩湿胀特性，心板和穿带不上胶，留足膨胀空间。

18）锯切时应时刻记得将锯片（锯条）放在划线的余料一侧。

19）拼板时应确保木料侧面的垂直度与平直度，拼板不能出现缝隙。

20）手工拼板时，可以使用快速夹同时夹持并对齐多块木板，在其侧面刷胶，然后分散拼板。

21）拼板或组装使用夹具时，要在夹口位置垫上木块，分散压力，防止夹伤表面。还要在夹杆与木料接触的位置垫上木块，防止夹杆遇水生锈污染木作表面。

22）家具制作时要为工件边缘倒棱，尖锐的角端一方面影响表面涂装，另一方面也容易造成使用过程中的磕碰损伤。

23）不要在低温（气温低于 10℃）环境下施胶或涂饰，胶水和涂料可能会失效。

24）"干工怕一斗"，组装木作时要头脑清醒，思维清晰，提前做好各种准备工作。上胶前应试组装，过紧的榫接要修正，防止组装时劈裂。上胶过程要干脆利落，控制好时间，防止胶水硬化无法修正。

25）组装完木作时，一定要检查方正和垂直度，趁胶未干及时修正。

26）用湿布及时擦除组装时溢出的胶水，胶水干燥后难以清除，影响表面涂装。

参考文献

[1] 罗建举，等．木与人类文明 [M]．北京：科学出版社，2015．

[2] 尚景．木文化 [M]．合肥：黄山书社，2016．

[3] 罗建举，吴义强，等．木材美学 [M]．北京：科学出版社，2021．

[4] 王传成，王志达．木文化简谱 [M]．北京：中国林业出版社，2018．

[5] （明）王圻，王思羲．三才图会 [M]．上海：上海古籍出版社，1985．

[6] （明）计成．园冶 [M]．倪泰一，译注．重庆：重庆出版社，2021．

[7] （清）孙诒让．考工记 [M]．邹其昌，整理．北京：人民出版社，2020．

[8] 闻人军，译注．考工记译注 [M]．上海：上海古籍出版社，2021．

[9] 戴吾三，译注．考工记图说 [M]．济南：山东画报出版社，2020．

[10] （宋）李诚．营造法式 [M]．萧炳良，译注．北京：团结出版社，2021．

[11] （宋）李诚．营造法式 [M]．方木鱼，译注．重庆：重庆出版社，2018．

[12] （明）文震亨．长物志 [M]．胡天寿，译注．重庆：重庆出版社，2017．

[13] 贾洪波，艾红．图文新解鲁班经：建筑营造与家具器用 [M]．南京：江苏凤凰科学技术出版社，2019．

[14] 梁思成．清工部《工程做法则例》图解 [M]．北京：清华大学出版社，2006．

[15] 李浈．中国传统建筑木作工具 [M]．上海：同济大学出版社，2015．

[16] 王世襄．明式家具研究 [M]．北京：生活·读书·新知三联出版社，2007．

[17] 王世襄．明式家具珍赏 [M]．北京：文物出版社，2003．

[18] 王世襄．中国古代漆器 [M]．北京：生活·读书·新知三联出版社，2013．

[19] 田家青．清代家具 [M]．北京：文物出版社，2012．

[20] 刘燕．广东潮州木雕·陈培臣 [M]．深圳：海天出版社，2017．

[21] 黄永健．浙江东阳木雕·陆光正 [M]．深圳：海天出版社，2017．

[22] 陆心远．中国工艺美术大师王笃纯：黄杨木雕 [M]．南京：江苏美术出版社，2013．

[23] 岳福荣，刘小余．中国工艺美术大师林学善：福州木雕 [M]．南京：江苏美术出版社，2012．

[24] 徐有明．木材学 [M]．北京：中国林业出版社，2019．

[25] 郭喜良，冉俊祥．进口木材原色图鉴 [M]．上海：上海科学技术出版社，2013．

[26] （英）特里·波特．识木 [M]．洪健，译．武汉：华中科技大学出版社，2018．

[27] 周默．木鉴——中国古代家具用材鉴赏 [M]．北京：科学出版社，2013．

[28] 高建民，王喜明．木材干燥学 [M]．北京：科学出版社，2018．

[29] 李坚．木材保护学 [M]．北京：科学出版社，2013．

[30] 郭明辉，孙伟伦．木材干燥与炭化技术 [M]．北京：化学工业出版社，2017．

[31] 郭晓磊，曹平祥．木材切削原理与刀具 [M]．北京：中国林业出版社，2018．

[32] 花军，陈光伟．木材加工机械 [M]．北京：科学出版社，2017．

[33] （澳）拉凡．木旋全书 [M]．吴晓芸，余韬，译．北京：北京科学技术出版社，2016．

[34] 英国 DK 出版社．木工全书 [M]．张亦斌，李文一，译．北京：北京科学技术出版社，2014．

[35] （英）阿尔伯特·杰克逊，（英）戴维·戴特．柯林斯木工全书 [M]．李辰，译．北京：北京科学技术出版

社，2020.

[36]（法）蒂埃里·盖洛修，戴维·费迪罗.木工完全手册 [M].刘雯，译.北京：北京科学技术出版社，2020.

[37]（美）彼得·科恩.彼得·科恩木工基础 [M].王来，马菲，译.北京：北京科学技术出版社，2013.

[38] 郭子荣.木工基础手工具 [M].南京：江苏凤凰文艺出版社，2019.

[39] 薛坤.京作硬木家具·李永芳 [M].深圳：海天出版社，2017.

[40] 叶双陶.中华榫卯：古典家具榫卯构造之八十一法 [M].北京：中国林业出版社，2017.

[41] 乔子龙.匠说构造：中华传统家具作法 [M].南京：江苏凤凰科学技术出版社，2020.

[42]（美）泰利·诺尔.木工接合——为木家具选择正确的接合方式 [M].丁玮琦，译.北京：北京科学技术出版社，2019.

[43] 大工道具研究会.日式榫接 [M].林书娴，译.台北：易博士文化，城邦文化出版，2016.

[44]（美）鲍勃·弗莱克斯纳.木工表面处理：正确选择和使用涂料 [M].曹值，陈洁，译.北京：北京科学技术出版社，2019.

[45]（日）工藤茂喜，西川荣明.漆器髹涂·装饰·修缮技法全书 [M].吴珍珍，译.北京：化学工业出版社，2017.

[46] 郭小一.髹漆工艺 [M].北京：化学工业出版社，2020.

[47] 中国国家标准化管理委员会.红木：GB/T18107—2017 [S].北京：中国标准出版社，2017.

[48] 中国国家标准化管理委员会.中国主要木材名称：GB/T 16734—1997 [S].北京：中国标准出版社，1997.

[49] 中国国家标准化管理委员会.中国主要进口木材名称：GB/T 18513—2022 [S].北京：中国标准出版社，2022.

[50] 中国国家标准化管理委员会.原木缺陷：GB/T 155—2017 [S].北京：中国标准出版社，2017.

[51] 中国国家标准化管理委员会.针叶树锯材：GB/T 153—2019 [S].北京：中国标准出版社，2019.

[52] 中国国家标准化管理委员会.阔叶树锯材：GB/T 4817—2019 [S].北京：中国标准出版社，2019.

[53] 中国国家标准化管理委员会.中国传统家具名词术语：GB/T 37646—2019 [S].北京：中国标准出版社，2019.

[54] 中国国家发展和改革委员会.中国主要木材流通商品名称：WB/T 1038—2008 [S].北京：中国计划出版社，2008.

图片来源

第1章

图 1-1　引自：潘谷西．中国建筑史（第七版）[M]．北京：中国建筑工业出版社，2015．

图 1-2　来自中国科学院官网。

图 1-3　来自人民资讯官网。

图 1-4　来自中国国家博物馆官网。

图 1-5　来自故宫博物院官网。

图 1-6　引自：（北宋）张择端《清明上河图》。

图 1-7~ 图 1-10　来自中国科学院官网。

图 1-11　来自余姚市人民政府官网。

图 1-12　引自：1978 年第 1 期《考古学报》。

图 1-13　来自浙江省博物馆官网。

图 1-14　来自东京旧林原企业藏——铜镜·带钩·刀剑专场。

图 1-15　引自：（明）王圻，王思義．三才图会[M]．上海：上海古籍出版社，1985．

图 1-16　引自：（北宋）张择端《清明上河图》。

图 1-17　由尚斌，拍摄。

图 1-18　引自：李浈．中国传统建筑木作工具[M]．上海：同济大学出版社，2015．

图 1-19~ 图 1-26　由经销商提供。

图 1-27　来自中国国家博物馆官网。

图 1-28　来自良渚博物院官网。

图 1-29　来自余姚市人民政府官网。

图 1-30　来自（清）《垂典百工图》。

图 1-31　引自：（宋）李诫．营造法式[M]．萧炳良，注译．北京：团结出版社，2021．

图 1-32　来自晋祠博物馆官网。

图 1-33　来自山西博物院官网。

图 1-34　来自应县人民政府官网。

图 1-35　来自人民网。

图 1-36、图 1-37　来自新华网。

图 1-38、图 1-39　来自故宫博物院官网。

图 1-40、图 1-41　来自苏州市园林局官网。

图 1-42、图 1-43　由尚斌，拍摄。

图 1-44、图 1-45　来自柳州市三江侗族自治县人民政府门户网站。

图 1-46~ 图 1-62　引自：王世襄．明式家具珍赏[M]．北京：文物出版社，2003．

图 1-63、图 1-64　引自：黄永健．浙江东阳木雕·陆光正[M]．深圳：海天出版社，2017．

图 1-65、图 1-66　引自：陆心远．中国工艺美术大师王笃纯：黄杨木雕[M]．南京：江苏美术出版社，2013．

图 1-67~ 图 1-70 来自中国非物质文化遗产网。

第2章

图 2-1　来自 lordfloor 官网。

图 2-2　来自 britannica 官网。

图 2-3　来自 americanforests 官网。

图 2-4　来自 forestryforum 官网。

图 2-5　来自 shutterstock 官网。

图 2-6　来自 instructables 官网。

图 2-7~ 图 2-9　来自 forestryforum 官网。

图 2-10　来自 wordpress 官网。

图 2-11　来自 britannica 官网。

图 2-12、图 2-13　来自 popularwoodworking 官网。

图2-14~图2-16　来自wood-database官网。

图2-17~图2-19　来自mathewstimber官网。

图2-20~图2-23　来自savagewoods官网。

图2-24　由经销商提供。

图2-25　来自familyhandyman官网。

图2-26　来自handywomanshop官网。

图2-27　引自：Efthymios K，Theodora A. Cellulosic Ethanol and the future of Biofuels：From carbohydrates to hydrocarbons[D]. Los Angeles：University of Southern California，2007.

图2-28　由经销商提供。

图2-29　由尚斌，绘制。

图2-30　来自隈研吾设计作品。

图2-31　来自上海博物馆官网。

图2-32　由尚斌，绘制。

图2-33　来自浙江广播电视集团官网。

图2-34　由尚斌，绘制。

图2-35　来自woodlandia官网。

图2-36　由尚斌，绘制。

图2-37　来自dezeen官网。

图2-38　由尚斌，绘制。

图2-39~图2-41　来自deviantart官网。

图2-42　来自sanaazetu官网。

图2-43　由尚斌，拍摄。

图2-44　由尚斌，拍摄。

图2-45、图2-46　来自woodworkfair官网。

图2-47~图2-50　来自woodcraft官网。

图2-51~图2-54　来自skogsforum官网。

图2-55　来自popularwoodworking官网。

图2-56　来自wikimedia官网。

图2-57　来自woodstairs官网。

图2-58　来自familyhandyman官网。

图2-59　来自plywoodexpress官网。

图2-60　来自workshopcompanion官网。

图2-61　来自routerforums官网。

图2-62、图2-63　来自startwoodworking官网。

图2-64　引自：徐有明. 木材学[M]. 北京：中国林业出版社，2019.

图2-65　来自houtzagerijdepoffert官网。

图2-66、图2-67　来自woodcraft官网。

图2-68　引自：Elustondo DM，Oliveira L. Model to Assess Energy Consumption In Industrial Lumber Kilns[J]. MADERAS-CIENCIA Y TECNOLOGIA，2009(1) 11：33-46.

图2-69、图2-70　由经销商提供。

图2-71　来自stejarmasiv官网。

图2-72　来自homedepot官网。

图2-73　来自woodcraft官网。

图2-74　来自britannica官网。

图2-75　来自wood-forum官网。

图2-76~图2-78　来自pexels官网。

图2-79　由经销商提供。

图2-80　来自tumblr官网。

图2-81　来自pexels官网。

图2-82　由尚斌，绘制。

图2-83　来自pexels官网。

图2-84　来自homedepot官网。

图2-85　来自stockvault官网。

图2-86　来自flickr官网。

图2-87　来自terminix官网。

图2-88　由尚斌，整理。

图2-89~图2-97　来自anywood官网。

图2-98　来自wood-veneers官网。

图2-99　整理自artfoxlive、peopleart官网。

图2-100　来自anywood官网。

图2-101　来自wood365官网。

图2-102~图2-105　来自anywood官网。

图2-106　来自thehandymansdaughter官网。

图 2-107　来自 anywood 官网。

第 3 章

图 3-1~ 图 3-5　由尚斌，拍摄。

图 3-6~ 图 3-11　由经销商提供。

图 3-12、图 3-13　来自 wordpress 官网。

图 3-14　来自 wonkeedonkeetools 官网。

图 3-15~ 图 3-25　由经销商提供。

图 3-26　来自 imgur 官网。

图 3-27　来自 workshopcompanion 官网。

图 3-28　来自 woodmagazine 官网。

图 3-29~ 图 3-36　由经销商提供。

图 3-37　来自 finewoodworking 官网。

图 3-38~ 图 3-40　由经销商提供。

图 3-41　来自 garrettwade 官网。

图 3-42　来自 familyhandyman 官网。

图 3-43~ 图 3-59　由经销商提供。

图 3-60　来自 evolutionpowertools 官网。

图 3-61　来自 tedsplansdiy 官网。

图 3-62~ 图 3-66　由经销商提供。

图 3-67、图 3-68　来自 woodmagazine 官网。

图 3-69　来自 woodsmith 官网。

图 3-70~ 图 3-72　由经销商提供。

图 3-73、图 3-74　来自 woodmagazine 官网。

图 3-75~ 图 3-77　由经销商提供。

图 3-78　来自 woodcraft 官网。

图 3-79　来自 familyhandyman 官网。

图 3-80、图 3-81　来自 popularwoodworking 官网。

图 3-82~ 图 3-83　来自 factorydirectsupply online 官网。

图 3-84　来自 woodsmith 官网。

图 3-85、图 3-86　由经销商提供。

图 3-87　来自 sawsonskates 官网。

图 3-88　来自 woodmagazine 官网。

图 3-89~ 图 3-91　由经销商提供。

图 3-92　来自 woodsmith 官网。

图 3-93　来自 sawsonskates 官网。

图 3-94　来自 lumberjocks 官网。

图 3-95　来自 woodsmith 官网。

图 3-96　由经销商提供。

图 3-97　来自 kregjig.ning 官网。

图 3-98~ 图 3-106　由经销商提供。

图 3-107　来自 familyhandyman 官网。

图 3-108~ 图 3-109　来自 woodsmith 官网。

图 3-110~ 图 3-115　由经销商提供。

图 3-116　来自 rubankom 官网。

图 3-117~ 图 3-123　由经销商提供。

图 3-124　来自 finewoodworking 官网。

图 3-125、图 3-126　由经销商提供。

图 3-127　来自 familyhandyman 官网。

图 3-128~ 图 3-144　由经销商提供。

图 3-145　来自 woodturnersresource 官网。

图 3-146~ 图 3-151　由经销商提供。

图 3-152、图 3-153　来自 woodworkersjournal 官网。

图 3-154　由经销商提供。

图 3-155　来自 handymantips 官网。

图 3-156　来自 bamboobamboo 官网。

图 3-157~ 图 3-162　由经销商提供。

图 3-163　整理自 hereafter、sosuperawesome、ponoko 官网。

图 3-164~ 图 3-181　由经销商提供。

图 3-182、图 3-183　来自 toolup 官网。

图 3-184~ 图 3-209　由经销商提供。

图 3-210~ 图 3-218　来自 anglegrinder101 官网。

图 3-219~ 图 3-244　由经销商提供。

图 3-245　整理自 jimrobison、systemed、oocities、woodsmithplans 官网。

图 3-246~ 图 3-255　由经销商提供。

图 3-256　由经销商提供，来自 kregjig.ning 官网。

图 3-257　来自 woodsmith 官网。

图 3-258、图 3-259　来自 lumberjocks 官网。

图 3-260　来自 monolocoworkshop 官网。

图 3-261　来自 familyhandyman 官网。

图 3-262　来自 woodsmithplans 官网。

图 3-263　来自 familyhandyman 官网。

图 3-264　来自 instructables 官网。

图 3-265、图 3-266　来自 woodsmithplans 官网。

图 3-267　来自 woodworkersjournal 官网。

图 3-268　来自 lazyguydiy 官网。

图 3-269　来自 fbtmt 官网。

图 3-270　来自 fwoodworkersjournal 官网。

图 3-271　来自 fwoodmagazine 官网。

图 3-272　来自 fwoodsmith 官网。

图 3-273　来自 familyhandyman 官网。

图 3-274　来自 woodmagazine 官网。

图 3-275~ 图 3-281　由经销商提供。

图 3-282　来自 familyhandyman 官网。

图 3-283~ 图 3-297　由经销商提供。

图 3-298　来自 familyhandyman 官网。

图 3-299　来自 woodcarvingillustrated 官网。

图 3-300~ 图 3-371　由经销商提供。

第 4 章

图 4-1~ 图 4-13　由尚斌，整理绘制。

图 4-14　来自 woodmagazine 官网。

图 4-15　由经销商提供。

图 4-16　整理自 woodsmithplans、woodand-shop、woodstore、leevalley 官网。

图 4-17　整理自 woodmagazine、finewood-working 官网。

图 4-18　整理自 popularwoodworking、fam-ilyhandyman、woodsmith 官网。

图 4-19　整理自 familyhandyman、motherea-rthnewsmag、sawsonskates 官网。

图 4-20　整理自 thisoldhouse、thriftdiving、sandandsisal、lumberjocks 官网。

第 5 章

图 5-1　来自 woodschool 官网。

图 5-2　来自 finewoodworking 官网。

图 5-3　来自 familyhandyman 官网。

图 5-4~ 图 5-27　由尚斌，绘制。

图 5-28　整理自 woodandshop、finewood-working、familyhandyman、woodmagazine 官网。

图 5-29　由经销商提供。

图 5-30　整理自 mccrayandco、strongtie、3sbd、morrisonprairie 官网。

第 6 章

图 6-1　整理自：路玉章 . 木工雕刻技术与传统雕刻图谱 [M]. 北京：中国建筑工业出版社，2001.

黄永健 . 浙江东阳木雕 · 陆光正 [M]. 深圳：海天出版社，2017.

岳福荣，刘小余 . 中国工艺美术大师林学善：福州木雕 [M]. 南京：江苏美术出版社，2012.

杨坚平，吴它军 . 木雕 [M]. 武汉：湖北美术出版社，2014.

图 6-2　整理自故宫博物院官网、上海博物馆官网、中国国家博物馆官网、观复博物馆官网。

图 6-3　整理自 johnyarema、pinimg 官网。

图 6-4　整理自故宫博物院官网、中国国家博物馆官网。

图 6-5　整理自 alaintruong、foter、christies、lapada 官网。

图 6-6　整 理 自 flickr、zentnercollection、

web-japan 官网。

图 6-7　整理自 web-japan、wordpress 官网。

图 6-8　整理自 attrip、web-japan、boredart 官网。

图 6-9　整理自 flickr、foter、ishka、shopify、homesdirect365、toysace 官网。

图 6-10　整理自 dododsondesigns、fusionmineralpaint、thetopdrawerrva、architonic 官网。

图 6-11　整理自 homebnc、houzz、gogofurniture 官网。

图 6-12　整理自 familyhandyman、jennasuedesign、pneumaticaddict、familyhandyman 官网。

图 6-13　来自 wood365 官网。

图 6-14　整理自 direct、smzdm 官网。

图 6-15　整理自 medium、myjapanesehome 官网。

图 6-16　整理自 designerpeople、zhongsenffm 官网。

图 6-17　整理自 woodoc、instructables、generalfinishes 官网。

图 6-18　由经销商提供。

图 6-19　来自 thecreativityexchange 官网。

图 6-20　来自 familyhandyman 官网。

图 6-21　来自 amelialawrencestyle 官网。

图 6-22　由经销商提供，整理自 cuckoo4design、startathomedecor、awellpurposedwoman、h2obungalow、cottonstem 官网。

图 6-23~图 6-25　由经销商提供。

图 6-26　来自 onecrazyhouse 官网。

图 6-27　来自 manmadediy 官网。

图 6-28　来自 ourhandcraftedlife 官网。

图 6-29　整理自 superarbor、familyhandyman 官网。

图 6-30　来自 canadianwoodworking 官网。

图 6-31　来自 oldhouseonline 官网。

图 6-32　来自 familyhandyman 官网。

图 6-33　整理自 fusionmineralpaint、porchdaydreamer 官网。

图 6-34　整理自 woodsmith、mounteen、sawsonskates 官网。

图 6-35　来自 frepurposeandupcycle 官网。

图 6-36　整理自 familyhandyman、thisoldhouse、wagnerspraytech 官网。

图 6-37~图 6-40　由经销商提供。

图 6-41　由经销商提供，来自 popularwoodworking 官网。

图 6-42　由经销商提供，来自 woodweb 官网。

图 6-43　由经销商提供，来自 thriftyfun 官网。

图 6-44　由经销商提供，来自 familyhandyman 官网。

图 6-45　由经销商提供，整理自 gentlemint、jessicabrigham 官网。

图 6-46　整理自 blesserhouse 、hometalk、danslelakehouse、retique 官网。

第 7 章

全部为作者自绘图片。